전기(산업)기사.전기공사(산업)기사

전력공학 ②

전기(산업)기사 핵심시리즈

전기검정연구회 저

동영상 촬영

한번에 합격

Emgimeer Electricity

명인북스
Myungin Books

머리말

본서는 오랜 기간 산업현장에서의 실무경험과 학원에서의 강의 경험을 통해 터득한 교육 노하우를 접목하여 전기기사.산업기사 자격증을 준비하는 수험생들에게 단기간에 가장 효율적인 학습이 되도록 구성 하였다.
또한 수험생들이 최단 시간에 자격증을 취득할 수 있도록 이론을 핵심 요약하여 시간을 절약할 수 있도록 하였다.
최신 기출문제를 복원하여 본 도서로 공부하고 합격할 수 있도록 해설에 최선을 다하였다.

【본 교재의 특징】

- 핵심 이론을 요약하여 시간을 절약할 수 있도록 하였다.
- 수험자가 단기간에 완성할 수 있도록 한국산업인력공단의 출제 기준안에 맞도록 체계적으로 정리하였다.
- 수험생들의 편의를 위해 그림과 도표를 많이 수록하였다.
- 계산 문제는 공식과 풀이 과정을 상세하게 정리하였다.
- 수험생 스스로 문제를 해결할 수 있도록 상세하게 해설을 수록하였다.

본 교재를 충분히 활용하여 전기기사.산업기사 자격시험에 합격 되시기를 기원하며 차후 변경되는 출제 경향 및 과년도 문제 등을 추가로 수록하여 계속 보완하도록 하겠다.

저자 씀

전기(산업)기사 출제기준(전력공학)

직무분야	전기	자격종목	전기기사 전기공사	적용기간	2024.1.1 ~ 2026.12.31

○ 직무내용 : 전기설비에 관한 공학적 기초 지식을 바탕으로 전기기계기구의 회로와 용량 설계, 제작 관리 및 전기설비의 계획, 용량 산정, 구조 계산, 재료 선정, 설계서 작성, 유지 및 운용과 시설 관리 등의 업무를 수행할 수 있다.

주요항목	세부항목	세세항목
1. 발변전 일반	1. 수력발전	1. 수력발전의 원리와 종류 2. 수력학의 개요 3. 유량과 낙차 4. 수력설비 5. 수차 및 부속설비 6. 수력발전소의 전기설비와 운전
	2. 화력발전	1. 화력발전의 원리와 종류 2. 열역학의 개요 3. 연료와 연소 4. 보일러 및 부속장치 5. 증기터빈과 터빈발전기 6. 화력발전소의 전기설비와 운전 7. 내연력 및 복합발전
	3. 원자력 발전	1. 원자력의 이론과 원자로 2. 핵연료 및 핵연료 주기 3. 원자력 발전설비
	4. 특수발전	1. MHD발전 2. 태양광발전 3. 풍력발전 4. 태양열 발전 5. 지열발전 6. 연료전지 7. 조력발전 8. 바이오메스 및 초전도
	5. 변전방식 및 변전설비	1. 변압기의 종류 2. 변압기의 결선과 운전 3. 변압기의 손실 및 효율 4. 조상설비

주요항목	세부항목	세 세 항 목
2. 송배전선로의 전기적 특성	6. 발전설비	5. 개폐장치 및 모선 6. 보호계전방식 1. 소내 전원 설비 2. 발전 전기 설비 3. 발·변전소의 보호계전방식
	1. 선로정수	1. 표피작용 및 근접효과 2. 저항, 인덕턴스, 정전용량, 누설컨덕턴스
	2. 전력원선도	1. 전력의 벡터표시 2. 전력방정식 3. 전력원선도 및 손실원선도 4. 전압이 변할 때의 원선도
	3. 코로나 현상 및 유도장해	1. 코로나 임계전압 2. 코로나 손실과 코로나에 의한 각종 장해 3. 코로나 방지 4. 정전유도 및 전자유도
	4. 단거리 송전선로의 특성	1. 단거리 송전선로의 구성 2. 단거리 송전선로의 특성
	5. 중거리 송전선로의 특성	1. T회로 2. π회로
	6. 장거리 송전선로의 특성	1. 전파방정식 2. 특성임피던스와 전파정수 3. 일반회로정수 및 4단자정수 4. 위상각 5. 등가 T회로 및 π회로
	7. 분포정전용량의 영향	1. 페란티 현상 2. 자기여자를 방지시키는 조건 3. 발전기의 자기여자
	8. 가공전선로 및 지중전선로	1. 가공전선로의 구성 및 특성 2. 전선의 종류 및 선정 3. 전선의 진동과 도약 4. 전선의 이도 5. 애자의 종류 및 그 특성과 강도 6. 절연재료의 열화 7. 지중전선로의 구성 및 특성 8. 케이블의 종류 및 구조와 전기적 특성 9. 지중선로의 배전방식 및 케이블 부설 10. 케이블의 고장점 탐색법

주요항목	세부항목	세세항목
3. 송배전방식과 설비 및 운용	1. 송전방식	1. 직류송전방식 2. 교류송전방식 3. 전압별 송전방식 및 송전전압 4. 전력전송방식에 따른 송전방식
	2. 배전방식	1. 공급방식 및 전기방식 2. 배전선의 구성 3. 배전선의 형태 4. 배전선의 전기적 특성 및 배전계획
	3. 중성점접지방식	1. 중성점접지의 목적과 종류 및 구성과 그 특성 2. 접지사고 발생에 따르는 이상 전압의 발생 3. 1선접지사고와 등가회로 4. 중성점 잔류전압
	4. 전력계통의 구성 및 운용	1. 전력계통의 구성 2. 주파수제어 3. 급전시설 4. 계통 운전 및 신뢰도 5. 전력계통의 경제운용 6. 루프운전 7. 전력용 통신
	5. 고장계산과 대책	1. 고장계산의 필요성 2. 송전계통의 공진 및 고장 3. 계통의 고장전류와 전압분포 계산 4. 발전기 단자에서의 고장계산
4. 계통 보호방식 및 설비 운용	1. 이상전압과 그 방호	1. 이상전압의 종류 2. 내부 이상전압 3. 외부 이상전압 4. 진행파 5. 이상전압의 방호 6. 절연협조
	2. 전력계통의 운용과 그 보호	1. 전압조정 2. 전력손실의 경감 3. 송배전선로의 보수 및 시험 4. 송배전선로의 운용과 보호
	3. 전력계통의 안정도	1. 안정도의 개요 2. 정태안정도 및 그 해석 3. 과도안정도 및 그 해석 4. 동태안정도 및 그 해석

주요항목	세부항목	세세항목
5. 옥내배선 일반		5. 안정도의 증진 6. 송전용량 7. 상차각으로 표시되는 전달전력 8. 동기기의 관성정수 9. 직렬콘덴서 보상방법
	4. 차단보호방식	1. 차단현상 및 소호이론 2. 차단기의 책무 3. 고속도재폐로방식
	1. 저압 옥내배선	1. 옥내 배선용 재료와 기구 2. 배선공사 3. 옥내배선의 설계 4. 옥내배선의 시험과 검사
	2. 고압옥내배선	1. 옥내 배선용 재료와 기구 2. 배선공사 3. 옥내배선의 설계 4. 옥내배선의 시험과 검사
	3. 수전설비	1. 전원설비 2. 수전설비의 기기 및 구성 3. 예비전원설비 4. 전력의 수용과 공급 5. 수용설비와 공급설비 6. 분전반 및 분기회로
6. 배전반 및 제어 기기의 종류와 특성	4. 동력배전설비 및 전력운용 설비	1. 동력설비 2. 동력의 운전제어
	1. 배전반의 종류와 배전반 운용	1. 배전반의 종류 2. 배전반의 구성 3. 배전반의 운용
	2. 전력제어와 그 특성	1. 전력조류제어 2. 주파수 – 유효전력제어 3. 전압 – 무효전력제어
	3. 보호계전기 및 보호계전방식	1. 보호계전기의 종류 및 동작원리 2. 보호계전방식의 종류와 그 구성 및 특성
	4. 조상설비	1. 동기조상기 2. 전력용 콘덴서
	5. 전압조정	1. 변압기에 의한 전압 조정 2. 무효전력 조정에 의한 전압조정 3. 전압조정기에 의한 전압조정

주요항목	세부항목	세세항목
7. 개폐기류의 종류와 특성	6. 원격조작 및 원격제어	1. 전력계통의 원격 조작 2. 전력계통의 원격제어
	1. 개폐기	1. 개폐기의 종류 2. 개폐기의 원리와 그 특성
	2. 차단기	1. 차단기의 종류 2. 차단시간과 차단용량
	3. 퓨즈	1. 퓨즈의 종류와 그 특성
	4. 기타개폐장치	1. 전자개폐기 2. 전력용 반도체 소자

전력공학 목차

머리말 ··· 3

전기(산업)기사 출제기준(전력공학) ·· 5

Chapter 01. 전선로 ··· 15
1. 전선 ·· 15
2. 지지물 ··· 17
3. 애자 ·· 18
4. 지선 ·· 21
5. 전선의 이도 ··· 23
6. 전선의 하중 ··· 23
7. 전선의 보호 ··· 24
출제예상핵심문제 ··· 25

Chapter 02. 선로정수 및 코로나 현상 ··· 36
1. 저항(도선) ··· 36
2. 인덕턴스 ·· 37
3. 정전용량 ·· 39
4. 누설컨덕턴스 ··· 40
5. 등가선간거리 및 등가 반지름 ·· 40
6. 지중전선로 ·· 42
7. 코로나 현상 ··· 43
출제예상핵심문제 ··· 45

Chapter 03. 송전특성 및 조상설비 ··· 59
1. 단거리 송전선로 ·· 59
2. 중거리 송전선로 ·· 62

3. 장거리 송전선로 ··· 65
4. 전력원선도법 ··· 66
5. 송전용량 및 가장 경제적인 송전전압 ·· 68
6. 조상설비 ·· 69
출제예상핵심문제 ··· 74

Chapter 04. 고장계산 ·· 102
1. %Z법 ·· 102
2. 대칭 좌표법 ··· 104
3. 전원을 포함한 3상 발전기 기본식과 고장계산 ·· 106
4. 대칭분 회로 ··· 110
출제예상핵심문제 ··· 112

Chapter 05. 중성점 접지방식 ·· 126
1. 중성점 접지의 목적 ·· 126
2. 비접지 방식 ··· 126
3. 직접 접지 방식 ·· 127
4. 저항 접지 방식 ·· 128
5. 소호리액터 접지 방식(PC접지) ··· 128
출제예상핵심문제 ··· 131

Chapter 06. 유도장해 및 안정도 ··· 141
1. 정전 유도 장해 ·· 141
2. 전자 유도 장해 ·· 144
3. 안정도 ·· 146
출제예상핵심문제 ··· 148

Chapter 07. 이상전압 및 개폐기 ··· 160
1. 이상전압 ·· 160
2. 피뢰기 ·· 162

3. 가공지선 ··· 164
4. 매설지선 ··· 164
5. 서지흡수기 ··· 165
6. 단로기 ·· 166
7. 차단기 ·· 167
8. 계전기 ·· 169
9. 계기용 변성기 ·· 172
10. 전원 종류별 송배전 방식의 특징 ··· 178
출제예상핵심문제 ·· 179

Chapter 08. 배전계통의 구성 및 배전선로 운용 ································ 216
1. 배전선로의 배전방식 ·· 216
2. 배전선로의 전기 공급방식 ·· 218
3. 단상 3선식의 특징 ··· 221
4. 전압의 n배 승압 ··· 222
5. 배전선로의 전압조정 ·· 224
출제예상핵심문제 ·· 229

Chapter 09. 배전선로의 전기적 특성 및 부하특성 ································ 248
1. 선로정수 ··· 248
2. 전압강하 ··· 248
3. 부하특성 ··· 251
4. 배전선로 손실 경감 및 플리커 현상 ··· 254
출제예상핵심문제 ·· 256

Chapter 10. 수력 발전 ·· 266
1. 수력학 개요 ·· 266
2. 하천 유량 및 유량의 측정 ··· 267
3. 낙차 및 발전소 출력 ·· 267
4. 댐의 부속설비 ·· 268

5. 수차와 부속 설비 ·· 270
출제예상핵심문제 ·· 274

Chapter 11. 화력 발전 ·· 283
1. 열역학 개요 ·· 283
2. 화력 발전소의 열 사이클 ·· 285
3. 보일러와 부속 설비 ·· 287
4. 증기 터빈 및 발전소 효율 ·· 288
5. 복수기와 급수 장치 ·· 289
6. 통풍설비와 집진 장치 ·· 291
출제예상핵심문제 ·· 292

Chapter 12. 원자력 발전 ·· 300
1. 핵분열 연쇄 반응 ·· 300
2. 원자로의 구성 ·· 301
3. 원자력 발전소의 종류 ·· 303
출제예상핵심문제 ·· 304

2025년 전기기사 전력공학 기출문제풀이
전기기사 전력공학 2025년 1회 기출문제 ·· 313
전기기사 전력공학 2025년 2회 기출문제 ·· 318
전기기사 전력공학 2025년 3회 기출문제 ·· 323

2025년 전기산업기사 전력공학 기출문제풀이
전기산업기사 전력공학 2025년 1회 기출문제 ·· 328
전기산업기사 전력공학 2025년 2회 기출문제 ·· 333
전기산업기사 전력공학 2025년 3회 기출문제 ·· 338

Chapter 01 전선로

⇨ **송전선로, 배전 선로**
① 송전 선로 : 발전소에서 변전소, 변전소에서 변전소 상호 간을 연결하기 위한 전선로
② 배전 선로 : 발전소에서 수용가 또는 변전소에서 수용가 간을 연결하기 위한 전선로

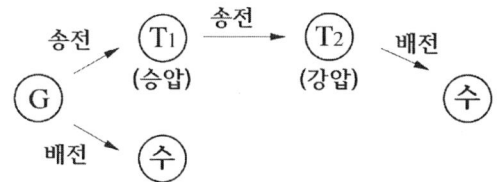

③ 전선로 : 발전소, 변전소, 개폐소, 상호간 또는 이들과 수용가 간을 연결하는 전선 및 이를 지지, 보강하기 위한 설비 전체
  • 가공전선로   • 지중전선로   • 옥상전선로   • 옥측전선로
  • 수상전선로   • 물밑전선로   • 터널내전선로
④ 변전소
  ① 구외에서 전송된 전기를 변압기, 정류기 등을 통하여 변성한 후 구외로 전송하는 곳
  ② 50,000[V] 이상의 전압을 변성하는 곳
⑤ 개폐소 : 발·변전소 및 수용 장소 이외의 곳으로 50,000[V] 이상의 선로를 개폐하는 곳

⇨ **가공 전선로의 구성 : 전선, 지지물, 애자, 지선**

1. 전선

(1) 전선의 구비조건
  ① 도전율이 클 것(고유저항 작을 것)   ② 기계적 강도가 클 것
  ③ 가요성이 클 것   ④ 내구성이 클 것
  ⑤ 가격이 싸고 대량 생산 가능   ⑥ 신장율(팽창율)이 클 것
  ⑦ 비중이 작을 것(중량이 가벼울 것)

(2) 전선의 구조에 따른 분류

① 단선 : 전선의 구성이 1개의 도체만으로 이루어진 전선
- 전선의 크기 : 직경[mm]으로 표시
- 전선의 종류 : 1.6, 2.0, 2.6, 3.2, 4.0[mm]

② 연선 : 전선의 구성이 여러 개의 단선을 꼬아 만든 전선
- 전선의 크기 : 공칭단면적[mm^2]으로 표시
- 전선의 종류 : 1.5, 2.5, 4, 6, 10, 16, 25, 35, 50, 70, 95, 100…[mm^2]
- ⓐ 연선의 소선 총 수 : N=1+3n(n+1) [가닥] (n : 층수)
- ⓑ 연선의 바깥지름 : D=(1+2n)d[mm]
  여기서, n은 층수, d[mm]는 소선의 직경
- ⓒ 연선의 공칭단면적 : $S = \frac{\pi}{4}d^2 \times N [\text{mm}^2]$
  여기서, d[mm]는 소선의 직경, N은 소선의 총 수

③ 중공연선 : 초고압 송전 계통에서의 코로나 방지 목적 사용

④ 합성연선 : ACSR(강심알루미늄연선)

【참고】 코로나 방지 대책 : 코로나 임계 전압을 높게 하기 위하여 전선의 직경을 크게 한다.
① 중공연선 ② ACSR ③ 복도체(다도체) 채용

(3) 전선의 구성 재료에 의한 분류

① 동선
- ⓐ 경동선(옥외용) : 고유 저항 $\rho = \frac{1}{55}[\Omega \text{mm}^2/\text{m}]$, %도전율 97~98[%], 인장 강도 35~48[kg/mm^2]
- ⓑ 연동선(옥내용) : 고유 저항 $\rho = \frac{1}{58}[\Omega \text{mm}^2/\text{m}]$, %도전율 100~102[%], 인장 강도 20~25[kg/mm^2]

② 경알루미늄연선(옥내용) : 고유저항 $\rho = \frac{1}{35}[\Omega \text{mm}^2/\text{m}]$, %도전율 61[%], 인장강도 15~20[kg/mm^2]

③ 강심알루미늄연선(ACSR) : 장경간 송전선로, 온천 지역 채용, 코로나 방지 목적.

④ 합금선 : 규동선 (Cu + Si), 카드뮴 동선(Cu+Cd), 알루미늄 합금선(Al+Mg)

⑤ 쌍금속선(동복강선) : 장경간 송전선로, 가공지선 (뇌해 방지 목적)채용

(4) 전선의 굵기 선정

① 전선의 굵기 선정 시 고려사항 : 허용전류, 전압강하, 기계적 강도

② 가장 경제적인 전선의 굵기 선정 : 캘빈의 법칙

『전선 시설비에 대한 1년간의 이자 및 감가삼각비
 = 1년간의 전력손실량에 대한 환산전기요금』이 같을 때의 굵기』

【참고】송전선의 전선 굵기 결정 시 고려 사항:
- 허용 전류
- 전압 강하
- 기계적 강도
- 전력손실(코로나 손실)
- 경제성

2. 지지물

(1) 목주

- 말구지름 12[cm] 이상 , 지름증가율 $\frac{9}{1000}$ 이상

(2) 철근콘크리트주

① 말구 지름 14[cm] 이상 (14, 17, 19[cm], 지름 증가율 $\frac{1}{75}$ 이상

② 철근콘크리트주 종류
- A종 : 길이 16[m]이하, 설계하중 6.8[kN]이하의 지지물
- B종 : A종 이외의 것.

(3) 철주

① A종 : 강판, 강관 조립주

② B종 : A종 이외의 것

(4) 철탑

⇨ 철탑의 형태에 따른 분류

① 4각 철탑 : 서로 마주 보는 4면이 동일한 모양과 강도를 가진 철탑

② 방형(구형)철탑 : 서로 마주 보는 2면이 동일한 모양과 강도를 가진 철탑

③ 우두형 철탑 : 철탑의 중심부를 좁게 하고, 그 윗 부분을 넓게 한 형태의 철탑으로 초고압 송전선로나 산악 지대에서의 1회선용으로 이용하는 철탑

④ 문형(갠트리)철탑 : 문(門)모양을 한 형태의 철탑으로 전차 선로나 도로, 하천 횡단 시 사용하는 철탑

⑤ 회전형 철탑 : 철탑의 중간부에서 45°회전시킨 형태의 철탑

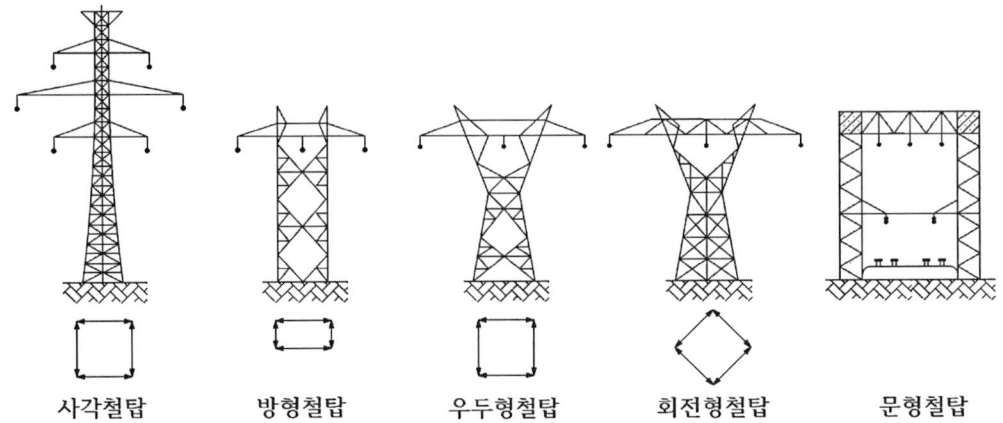

사각철탑   방형철탑   우두형철탑   회전형철탑   문형철탑

➪ 사용 장소 및 용도에 의한 분류(B종 지지물 포함)
① 직선형 (A형) : 수평각도 3°이하 직선 전선로 부분에 사용하는 철탑
② 각도형 : 수평각도 3°를 초과하는 부분에 채용
  ⓐ 경각도형(B형) : 3°~20°이하
  ⓑ 중각도형(C형) : 20°초과
③ 인류형 (D형) : 전선로가 끝나는 부분에 사용하는 철탑
④ 내장형 (E형) : 전선로 양쪽의 경간차가 큰 부분에 사용하는 철탑
⑤ 보강형 : 전선로의 직선 부분을 보강할 경우 사용하는 철탑

3. 애자

(1) 애자의 설치 목적
① 전선과 대지 간 (지지물)의 절연
② 전선을 지지물에 고정

(2) 애자의 구비조건
① 충분한 절연내력을 가질 것
② 충분한 절연저항을 가질 것
③ 충분한 기계적 강도를 가질 것
④ 누설전류가 적을 것
⑤ 온도변화에 잘 견디고 습기를 흡수하지 말 것
⑥ 가격이 싸고 다루기 쉬울 것

(3) 애자의 종류

① 핀 애자 : 직선 전선로를 지지하기 위한 곳에 채용하는 애자
   ⓐ 사용전압 : 이론상 66[kV]이하, 실제상 30[kV]이하(철탑 사용 불가)
   ⓑ 사용 전압별 애자의 색상 : 저·고압용(백색), 특고압용(자주색)

② 현수애자 : 철탑에서 전선을 아래로 늘어뜨려 지지하기 위한 애자로 인류, 분기 장소 등에 채용하는 것.

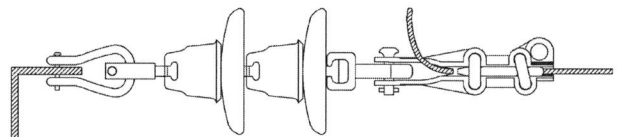

① 현수애자의 종류 : 191[mm]애자(중성선 지지용), 254[mm]애자(전압선 지지용)
② 전압별 애자련의 개수 :

전압[kV]	22, 22.9	66	154	345	765
애자 개수[개]	2~3	4~5	9~11	18~23	40~45

③ 장간 애자 : 장경간이나 해안 지역에서의 염·진해 대책 및 코로나 방지 목적으로 채용하는 애자
④ 내무 애자 : 해안이나 공장 지대에서의 염분이나 먼지, 매연 대책용으로 채용하는 애자
⑤ 지지 애자 : 전선로에서의 점퍼선이나 발전소, 변전소에서 단로기 등을 절연, 지지하기 위한 애자
⑥ 가지 애자 : 배전 선로 등에서 전선로의 방향을 전환하는 곳에 채용하는 애자

(4) 현수애자의 섬락 시험 (254[mm] 애자)

① 건조 섬락시험 : 애자가 건조한 상태에서의 섬락시험, 절연파괴 전압 80[kV]
② 주수 섬락시험 : 애자가 젖은 상태에서의 섬락시험, 절연파괴 전압 50[kV]
③ 유중 섬락시험 : 애자를 절연유 속에 넣은 상태에서의 섬락시험. 절연파괴 전압 140[kV]
   (①,②,③ : 상용 주파수 전압 인가)
④ 충격 섬락시험 : $1 \sim 1.5 \times 40[\mu s]$ 충격파 전압(서지)상태에서의 섬락시험. 절연 파괴전압 125[kV]

【참고】현수애자의 표준 절연 내력 : 1200~1500[MΩ]

(5) 애자련의 능률

- $\eta = \dfrac{\text{애자련의 섬락전압}(V_n)}{\text{애자의 개수}(n) \times \text{애자1개의 섬락전압}(V_1)} \times 100[\%]$

① 이론상 애자련의 섬락전압 : $V_n = nV_1$

② 실제상 애자련의 섬락전압 : $V_n < nV_1$ (원인 : 정전용량)

【참고】 정전용량의 개념 :
- 임의의 콘덴서에서 콘덴서의 전하 축적 능력을 나타내는 비례상수

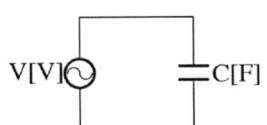

- 전기량 $Q \propto V$, $Q = CV[C]$
- 정전용량 $C = \varepsilon \dfrac{A}{d} = \varepsilon_o \varepsilon_s \dfrac{A}{d} [F]$
- $\varepsilon[F/m]$: 유전율, 전하를 축적하는 비율

(6) 애자련의 전압 분담

- 전선과 애자, 애자와 지지물 간의 정전 용량은 애자의 그 위치에 따라 각각 다르게 나타나므로 각각의 애자가 분담하는 전압 분담도 다르게 된다.

⇨ 애자련의 전압 분담 백분율

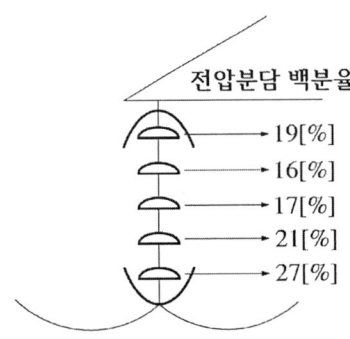

① 전압분담이 가장 큰 애자 : 전선에서 가장 가까운 애자

② 전압분담이 가장 작은 애자 : 전선에서 지지물 쪽으로 약 $\dfrac{3}{4}$ 이상 지점에 위치한 애자

　ⓐ 5련 애자 : 철탑에서 두 번째 애자
　ⓑ 10련 애자 : 철탑에서 세 번째 애자

(7) 애자련의 보호 : 아킹혼(링) 소호각(환)

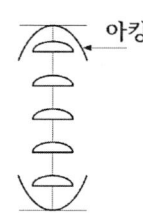
아킹혼

① 뇌격으로 인한 섬락 사고 시 애자련의 보호
② 애자련의 전압분담 균등화(아킹혼으로 인한 정전용량의 균등)
③ 전선의 이상 현상으로 인한 열적 파괴 방지
④ 전기적 접지에 의한 코로나 발생의 억제

4. 지선

(1) 지선의 설치 목적
① 지지물의 강도 보강 (철탑에서는 임시용인 경우만 시설)
② 전선로의 안정성을 증대

(2) 지선의 종류
① 보통지선(인류지선) : 전선로가 끝나는 부분에 시설하는 지선
② 수평지선 : 도로나 하천 등을 횡단하는 부분에서 지선 주를 사용하여 시설하는 지선
③ 가공지선 : 직선 전선로에서 전선로 방향으로 불평균 장력이 발생하는 경우 수평 지선의 지선 주 대신 인접하는 지지물을 사용하여 시설하는 지선
④ 공동지선 : 장력이 거의 같은 인류 주, 분기 주 또는 곡선로 주가 인접하여 있는 경우 양 주 간에 공동으로 수평이 되게 시설하는 지선
⑤ Y 지선 : 다수의 완금을 설치하거나 장력이 큰 경우 또는 H주 등에 시설하는 지선
⑥ 궁지선 (A지선, R지선) : 주위의 건조물 등으로 인하여 지선의 밑넓이를 충분히 넓게 할 수 없는 경우에 시설하는 지선

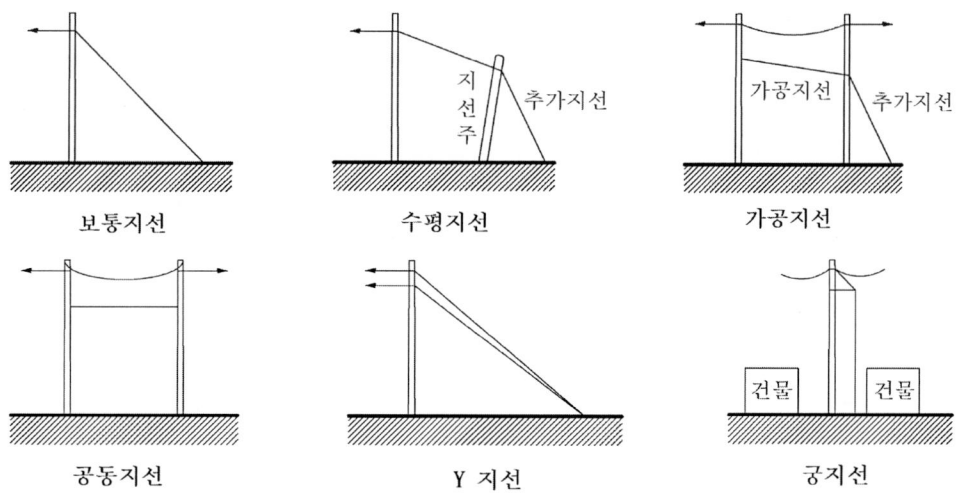

(3) 지선의 구비조건

① 안전율 (여유계수)은 2.5이상일 것 (단, 목주나 A종은 1.5이상)
② 소선은 지름 2.6[mm]이상의 금속선을 3조 이상 꼬아서 시설할 것
 (단, 인장강도 0.68[kN/mm²]이상인 아연도금강연선은 2.0[mm]이상)
③ 허용 인장하중의 최저는 4.31[kN] 이상일 것.
④ 지중의 부분 및 지표상 30[cm]까지의 부분은 아연 도금한 철봉 등을 사용할 것
⑤ 지선 근가는 지선의 인장 하중에 충분히 견디도록 시설할 것.
⑥ 도로 횡단 시 지선의 높이는 5[m] 이상으로 할 것
 (단, 교통에 지장이 없을 경우 4.5[m] 이상, 보도의 경우 2.5[m] 이상을 유지할 것)

(4) 지선의 가닥수 결정

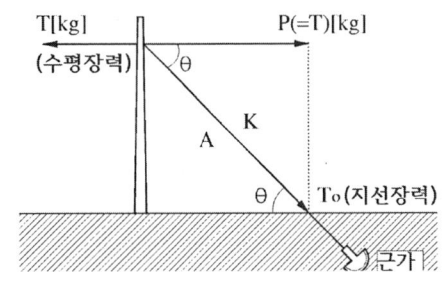

- $\cos\theta = \dfrac{P}{T_o} \rightarrow T_o = \dfrac{P}{\cos\theta}$
- 지선 가닥 수 $n = \dfrac{T_o}{A} \times K$ [가닥]
- A[kg] : 지선 1가닥의 인장하중
- K : 안전율

⇨ 지선의 가닥수 구하는 법
① $\cos\theta$로부터 먼저 지선장력 T_o를 구한다.
② 지선 장력 T_o를 지선 1가닥의 인장하중으로 나누고 안전율은 곱한다.
③ 계산 결과 소수점 이하는 무조건 절상하여 가닥수를 선정한다.

【보기】 전선의 수평장력 T = 800[kg]인 지선의 가닥수는 몇 가닥인가 ? (단. 지선 1가닥의 인장하중은 440[kg]으로 하고 안전율은 2.5이다.)

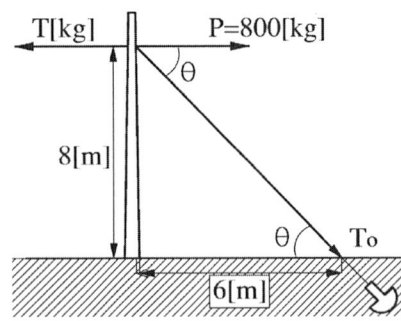

- $\cos\theta = \dfrac{P}{T_o}$ 에서

 지선장력 $T_o = \dfrac{P}{\cos\theta} = \dfrac{800}{\frac{6}{10}} = \dfrac{8000}{6}$

- 지선 가닥 수

 $n = \dfrac{T_o}{A} \times K = \dfrac{\frac{8000}{6}}{440} \times 2.5 = 7.6$ 이므로

 8가닥 선정

5. 전선의 이도

이도(Dip) : 전선 자체의 중량으로 인해 전선의 밑으로 쳐진 정도를 나타내는 곡선(→커티너리곡선)의 수직거리

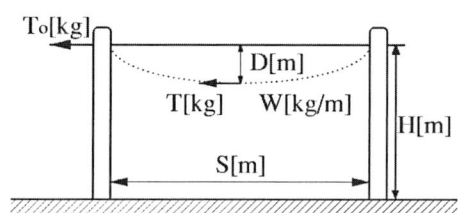

- $D[m]$: 이도
- $W[kg/m]$: 합성하중
- $S[m]$: 경간
- $T[kg]$: 최저점에서의 수평장력
- $H[m]$: 전선 지지 점 높이

① 이도 : $D = \dfrac{WS^2}{8T}[m]$ ($T[kg]$: 최저점에서의 수평장력 $T = \dfrac{인장하중}{안전률}$)

② 전선의 실제 길이 : $L = S + \dfrac{8D^2}{3S}[m]$ ($\dfrac{8D^2}{3S}$: S의 약 0.1[%]정도)

③ 지지 점에서의 전선 장력 : $T_o = T + WD[kg]$ (WD : T의 약 0.1[%]정도)

④ 전선의 평균 높이 : $H_o = H - \dfrac{2}{3}D[m]$

⑤ 높이차가 존재하는 경우의 이도 : $D_o = D\left(1 - \dfrac{H}{4D}\right)^2[m]$

6. 전선의 하중

(1) 빙설하중 : 저온 계에서만 적용
- 전선 주위에 두께 6[mm], 비중 0.9[g/cm³]의 빙설이 균일하게 부탁된 상태에서의 하중
  $W_i = 0.017(d+6)[kg/m]$ ($d[mm]$: 전선의 바깥지름)

(2) 풍압하중 : 철탑 설계 시 최우선적인 고려 사항
① 고온계 (빙설이 적은 곳) : $W_o = Pkd \times 10^{-3}[kg/m]$
② 저온계 (빙설이 많은 곳) : $W_\omega = Pk(d+12) \times 10^{-3}[kg/m]$

【참고】풍압하중의 종류 :
① 갑종 : 고온계에서 30~40[m/sec]풍압에 의한 하중으로 전선로 구성재의 수직 투영 면적 1[m²]에 대한 풍압을 기초로 하여 계산한 것.

② 을종 : 전선 기타 가섭선 주위에 두께 6[mm], 비중 0.9[g/cm³]의 빙설이 균일하게 부착된 상태에서의 하중 (빙설이 많은 저온 계에 적용)

③ 병종 : 인가가 밀집된 도시 지역의 35[kV]이하 가공전선로에서 적용하는 풍압 하중 (빙설이 적은 저온계 및 인가 밀집 지역에 적용)

(3) 합성하중

① 고온계 (빙설하중 $W_i = 0$)

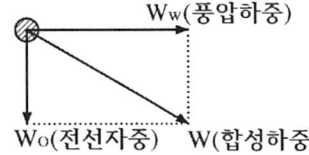

- 합성하중 $W = \sqrt{W_0^2 + W_w^2}$
- 전선의 부하 계수 $= \dfrac{\text{합성하중}}{\text{전선하중}} = \dfrac{\sqrt{W_0^2 + W_w^2}}{W_0}$

② 저온계 (빙설하중 W_i 고려)

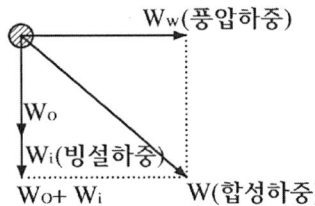

- 합성하중 $W = \sqrt{(W_0 + W_i)^2 + W_w^2}$
- 전선의 부하계수 $= \dfrac{\text{합성하중}}{\text{전선하중}} = \dfrac{\sqrt{(W_0 + W_i)^2 + W_w^2}}{W_0}$

7. 전선의 보호

(1) 전선의 진동 방지 : 댐퍼 (damper)

① stock bridge damper : 전선의 좌·우 진동 방지

② torsional damper : 전선의 상·하 도약 현상 방지

③ bate damper : 클램프 전후에 첨선을 감아 진동을 방지하는 것.

【참고】 아머로드(armor rod) : 전선의 지지 부분을 전선과 같은 재질의 금속선으로 감아서 보강하는 설비로 전선 진동 시 전선 지지 점에서의 단선 방지 목적으로 채용.

(2) 전선의 도약 방지

피빙 도약에 의한 상·하부 전선의 단락사고 방지 : 오프셋(off-set)

【참고】 오프셋(off-set) : 전선의 도약에 의한 단락 사고를 방지하기 위하여 전선을 배열할 때 상하간에 전선 간격을 수평으로 두어 설치하는 것.

Chapter 01 전선로

출제예상핵심문제

01 가공전선로에 사용하는 전선의 구비조건으로 바람직하지 못한 것은 ?

① 비중(밀도)이 클 것   ② 도전율이 좋을 것
③ 가요성이 클 것   ④ 내구성이 있을 것

해설 전선의 구비 조건
- 도전율이 클 것(고유저항이 작을 것)
- 기계적 강도 및 내구성이 클 것.
- 가요성 및 신장률(팽창률)이 클 것.
- 가격이 싸고 대량 생산이 가능할 것.
- 비중이 작을 것(중량이 가벼울 것)

02 19/1.8[mm] 경동연선의 바깥지름은 몇 [mm]인가?

① 34.2   ② 10.8   ③ 9   ④ 5

해설 19/1.8[mm]에서 19는 소선의 전체 가닥수, 1.8[mm]는 소선 직경을 의미한다.
소선 전체 가닥수 $N = 1 + 3n(n + 1)$[가닥]에서
$19 = 1 + 3n(n + 1)$이므로 소선 층 수 $n = 2$
연선 바깥지름 $D = (1 + 2n)d = (1 + 2 \times 2) \times 1.8 = 9$[mm]

03 해안 지방의 송전용 나선에 가장 적당한 것은?

① 동선   ② 강선   ③ 알루미늄 합금선   ④ 강심 알루미늄 연선

해설 소금은 알루미늄을 부식시키고, 황은 구리를 부식시킨다.
① 해안 지역 : 동선 채용
② 온천 지역 : 강심알루미늄선

정답 01.① 02.③ 03.①

04 ACSR은 동일 길이에서 동일한 전기 저항을 갖는 경동연선에 비하여 어떠한가?

① 바깥지름은 크고 중량은 크다.   ② 바깥지름은 크고 중량은 작다.
③ 바깥지름은 작고 중량은 크다.   ④ 바깥지름은 작고 중량은 작다.

해설 알루미늄선은 경동선에 비하여 고유저항은 크고 비중이 정도로 작아서 동일 길이에서 동일한 저항을 얻기 위해서는 지름이 큰 전선을 사용하므로 바깥지름은 커지고, 또한 ACSR의 경우 전선 중심에 강선을 고려하더라도 알루미늄의 비중이 경동선에 비해 작으므로 전체적인 중량도 작아진다.

05 전선에서 전류 밀도가 도선의 중심으로 들어갈수록 작아지는 현상은?

① 페란티 효과   ② 표피효과   ③ 근접효과   ④ 접지효과

해설 표피효과 : 전선에 교류 전류가 흐를 경우 전류 밀도가 전선 중심부보다 전선 표피로 갈수록 더 집중되어 흐르는 현상으로 전선의 직경, 주파수가 클수록 커진다.

06 "전선의 단위 길이 내에서 연간에 손실되는 전력량에 대한 전기 요금과 단위길이의 전선 값 등의 연간 경비의 합계가 같게 되는 전선 단면적이 가장 경제적인 전선의 단면적이다."라는 것은 누구의 법칙인가?

① 뉴크의 법칙   ② 캘빈의 법칙   ③ 플레밍의 법칙   ④ 스틸의 법칙

해설 법칙 정의
- 캘빈의 법칙 : 가장 경제적인 전선의 굵기를 정의한 법칙
- 스틸의 식 : 가장 경제적인 송전전압을 정의한 식

07 전선로 지지물 중 양쪽 경간차가 큰 곳에 쓰이며 E형 철탑이라고도 하는 철탑은?

① 인류형   ② 보강형   ③ 각도형   ④ 내장형

해설 사용 장소 및 용도에 따른 분류(B종 지지물 포함)
- 직선형 (A형) : 수평각도 3°이하인 직선 전선로 부분에 채용
- 각도형 : 수평각도 3°를 초과하는 부분에 채용
- 인류형 (D형) : 전선로가 끝나는 부분에 채용
- 내장형 (E형) : 전선로 양쪽의 경간차가 큰 부분에 채용

정답 04.② 05.② 06.② 07.④

08 핀 애자는 보통 몇 [kV]이하의 선로에서 사용되는가?

① 30   ② 60   ③ 154   ④ 354

해설 핀 애자 : 직선 전선로를 지지하기 위한 곳에 채용하는 것.
- 사용전압 : 이론상 66[kV]이하, 실제상 30[kV]이하(철탑 사용 불가)
- 사용 전압별 애자의 색상 : 저 · 고압용(백색), 특고압용(자주색)

09 우리나라에서 가장 많이 사용하는 현수 애자의 표준은 몇[mm]인가?

① 160   ② 250   ③ 280   ④ 320

해설 현수애자 : 철탑에서 전선을 아래로 늘어뜨려 지지하기 위한 애자로 인류하거나 분기하는 장소에 채용
- 191[mm]애자 : 중성선 지지 목적으로 채용
- 254[mm]애자 : 전압선 지지 목적으로 채용

10 345[kV] 초고압 송전 선로에 사용되는 현수 애자는 1련 현수인 경우 대략 몇 개 정도 사용되는가?

① 6~8   ② 12~14   ③ 18~20   ④ 28~30

해설 전압별 애자련의 개수

전압[kV]	22, 22.9	66	154	345	765
현수애자 수	2~3	4~5	9~11	18~23	40~45

11 애자의 전기적 특성에서 가장 높은 전압은?

① 건조 섬락 전압   ② 주수 섬락 전압
③ 충격 섬락 전압   ④ 유중 파괴 전압

해설 현수애자 섬락전압(250[mm] 애자)
- 건조섬락시험 : 애자가 건조한 상태에서의 섬락시험, 절연파괴 전압 80[kV]
- 주수섬락시험 : 애자가 젖은 상태에서의 섬락시험, 절연파괴 전압 50[kV]
- 유중섬락시험 : 애자를 절연유 속에 넣은 상태에서 섬락시험, 절연파괴 전압 140[kV]
- 충격섬락시험 : 1~1.5×40[μs] 표준파형의 충격파 전압(서지)상태에서의 섬락시험, 절연파괴전압 125[kV]

정답 08.① 09.② 10.③ 11.④

12 현수 애자의 연 효율 n는? (단, V_1 은 현수 애자 1개의 섬락 전압, n은 1련의 사용 애자 수이고, V_n 은 애자련의 섬락전압이다.)

① $\eta = \dfrac{V_n}{nV_1} \times 100 [\%]$ ② $\eta = \dfrac{nV_1}{V_n} \times 100 [\%]$

③ $\eta = \dfrac{nV_n}{V_1} \times 100 [\%]$ ④ $\eta = \dfrac{V_1}{nV_n} \times 100 [\%]$

해설 애자련의 능률 $\eta = \dfrac{애자련의\ 섬락\ 전압(V_n)}{애자의\ 개수(n) \times 애자\ 1개의\ 섬락\ 전압(V_1)} \times 100 [\%]$

이론상 애자련의 섬락전압 : $V_n = nV_1$
실제상 애자련의 섬락전압 : $V_n < nV_1$ (정전용량이 원인)

13 가공 송전선에 사용하는 애자련 중 전압 부담이 최대인 것은?

① 전선에 가장 가까운 것
② 중앙에 있는 것
③ 철탑에 가까운 것
④ 모두 같다.

해설 애자련의 전압 분담 : 전선과 애자, 애자와 지지물 간의 정전 용량은 애자의 그 위치에 따라 각각 다르게 나타나므로 각각의 애자가 분담하는 전압 분담도 다르게 된다.
• 전압분담이 가장 큰 애자 : 전선에서 가장 가까운 애자
• 전압분담이 가장 작은 애자 : 전선에서 지지물 쪽으로 약 $\dfrac{3}{4}$ 이상 지점에 위치 한 애자

14 154[kV] 송전 선로에 10개의 현수 애자가 연결 되어 있다. 전압 부담이 가장 작은 것은?

① 철탑에서 가장 가까운 것
② 철탑에서 3번째
③ 전선에서 가장 가까운 것
④ 전선에서 3번째

해설 전압 분담이 가장 작은 애자 : 전선에서 지지물 쪽으로 약 $\dfrac{3}{4}$ 이상 지점에 위치한 애자
• 5련 애자 : 철탑에서 두 번째 애자
• 10련 애자 : 철탑에서 세 번째 애자

정답 12.① 13.① 14.②

15 송전 선로에서 소호환을 설치하는 이유는?

① 전력 손실 감소

② 송전전력 증대

③ 애자에 걸리는 전압분포의 균일화

④ 누설 전류에 의한 편열 방지

해설 아킹혼(소호환)의 설치목적
- 애자련의 전압분담 균등화(정전용량의 균등)
- 뇌격으로 인한 섬락 사고 시 애자련의 보호
- 전선의 이상 현상으로 인한 열적 파괴방지
- 전기적 접지에 의한 코로나 발생의 억제

16 그림과 같이 지선을 가설하여 전주에 가해진 수평 장력 800[kg]을 지지하고자 한다. 지선으로써 4[mm] 철선을 사용한다고 하면 몇 가닥을 사용하여야 하는가? (단, 4[mm] 철선 1가닥의 인장하중은 440[kg]으로 하고 안전율은 2.5이다)

① 7
② 8
③ 9
④ 10

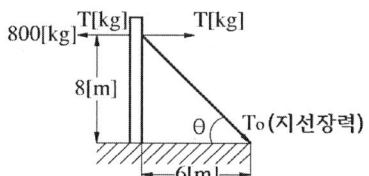

해설 지선 가닥수 계산 : $\cos\theta$ 를 적용하여 지선장력 T_o 를 구한다.

$\cos\theta = \dfrac{P}{T_o}$ 에서 지선 장력 $T_o = \dfrac{P}{\cos\theta} = \dfrac{800}{\frac{6}{\sqrt{6^2+8^2}}} = \dfrac{8000}{6}$[kg]

지선 가닥 수 $n = \dfrac{T_o}{A}K = \dfrac{\frac{8000}{6}}{440} \times 2.5 = 7.6$ 이므로 8가닥 선정

17 풍압이 P[kg/m²]이고 빙설이 많지 않은 지방에서 전선 직경 d[mm]인 전선 1[m]가 받는 풍압[kg/m²]은 표면 계수를 k라고 할 때 얼마가 되겠는가?

① $\dfrac{Pk(d+12)}{1000}$
② $\dfrac{Pk(d+6)}{1000}$
③ $\dfrac{Pkd}{1000}$
④ $\dfrac{Pkd^2}{1000}$

해설 풍압하중 계산
- 고온계 (빙설이 적은 곳) : $W_o = Pkd \times 10^{-3} = \dfrac{Pkd}{1000}$[kg/m]
- 저온계 (빙설이 많은 곳) : $W_w = Pk(d+12) \times 10^{-3}$ [kg/m]

정답 15.③ 16.② 17.③

18 전선에 가해지는 하중으로 전선의 자중을 W_c, 풍압하중을 W_w, 빙설 하중을 W_i 라 할 때 고온계 하중 시의 전선 부하 계수는?

① $\dfrac{\sqrt{W_c^2 + W_w^2}}{W_c}$ ② $\dfrac{W_c}{\sqrt{W_c^2 + W_w^2}}$

③ $\dfrac{\sqrt{W_c^2 + W_w^2}}{W_i}$ ④ $\dfrac{W_i}{\sqrt{W_c^2 + W_w^2}}$

해설 고온계는 전선의 부하계수 계산 시 빙설하중은 고려하지 않는다.
- 합성하중 $W = \sqrt{W_c^2 + W_w^2}$
- 전선의 부하 계수 $= \dfrac{합성하중}{전선하중} = \dfrac{\sqrt{W_c^2 + W_w^2}}{W_c}$

19 가공 전선로에서 전선의 단위 길이 당 중량과 경간이 일정할 때 이도는 어떻게 되는가?

① 전선의 장력에 비례한다.
② 전선의 장력에 반비례한다.
③ 전선의 장력의 제곱에 비례한다.
④ 전선의 장력의 제곱에 반비례한다

해설 이도 $D = \dfrac{WS^2}{8T}$ [m] 에서 중량 W와 경간 S가 일정이면 전선의 수평장력 T에 반비례한다.

20 고저차가 없는 가공 전선로에서 이도 및 전선 중량을 일정하게 하고 경간을 2배로 했을 때 전선의 수평 장력은 몇 배가 되는가?

① 2배   ② 4배   ③ 6배   ④ 8배

해설 이도 $D = \dfrac{WS^2}{8T}$ [m] 에서 W 일정 시 이도 D가 일정이기 위해서는 수평장력 T와 경간 S는 $T \propto S^2$ 인 관계가 성립하여야 하므로 경간을 2배로 하면 수평장력은 4배가 되어야 한다.

정답 18.① 19.② 20.②

21 이도 D 이고, 경간 S 인 가공 선로에서 지지물의 고저차가 없을 때 $\dfrac{8D^2}{3S}$ 은 경간에 비하여 몇[%]인가?

① 0.1 ② 0.5 ③ 1.0 ④ 1.5

해설 전선의 실제 길이 $L = S + \dfrac{8D^2}{3S}$[m] 에서 $\dfrac{8D^2}{3S}$[m] 는 경간 S의 대략 0.1[%]정도이다.

22 가공송전선로를 가선할 때에는 하중조건과 온도조건을 고려하여 적당한 이도(dip)를 주도록 하여야 한다. 다음 중 이도에 대한 설명으로 옳은 것은?

① 이도가 작으면 전선이 좌우로 크게 흔들려서 다른 상의 전선에 접촉하여 위험하게 된다.
② 전선을 가선할 때 전선을 팽팽하게 가선하는 것을 이도를 크게 준다고 한다.
③ 이도를 작게 하면 이에 비례하여 전선의 장력이 증가되며, 너무 작으면 전선 상호간에 꼬임 현상이 발생한다.
④ 이도의 대소는 지지물의 높이를 좌우한다.

해설 이도의 특징
- 이도의 대소는 지지물의 높이를 좌우한다.
- 이도가 작으면 전선이 팽팽해져서 전선 장력이 증가하므로 전선이 단선될 수도 있다.
- 이도가 너무 크면 전선은 그에 비례하여 좌우로 진동으로 인해 다른 상이나 수목에 접촉하여 위험을 초래할 수 있다.

23 경간 200[m]의 지지점이 수평인 가공 전선로가 있다 전선 1[m]의 하중은 2[kg] 풍압 하중은 없는 것으로 하고, 전선의 인장 하중을 4,000[kg], 안전율을 2.2로 하면 이도 [m]는?

① 4.7 ② 5 ③ 5.5 ④ 6

해설 이도 $D = \dfrac{WS^2}{8T}$[m] (최저점에서의 수평장력 $T = \dfrac{\text{인장하중}}{\text{안전률}}$)

이도 $D = \dfrac{WS^2}{8T} = \dfrac{2 \times 200^2}{8 \times \dfrac{4000}{2.2}} = 5.5$[m]

정답 21.① 22.④ 23.③

24 공칭 단면적 200[mm²], 전선 무게 1.838[kg/m], 전선의 바깥지름 18.5[mm]인 경동연선을 경간 200[m]로 가설하는 경우 이도[m]는? (단, 경동 연선의 인장 하중은 7,910[kg], 빙설 하중은 0.416[kg/m], 풍압 하중은 1.525[kg/m]이고, 안전율은 2.2라 한다.)

① 3.28 ② 3.78 ③ 4.28 ④ 4.78

해설 이도 $D = \dfrac{WS^2}{8T}[\text{m}]$

합성하중 $W = \sqrt{(W_c + W_i)^2 + W_w^2} = \sqrt{(1.838 + 0.416)^2 + 1.525^2} = 2.72[\text{kg/m}]$

이도 $D = \dfrac{WS^2}{8T} = \dfrac{2.72 \times 200^2}{8 \times \dfrac{7910}{2.2}} = 3.78[\text{m}]$

25 단면적 330[mm²]의 강심 알루미늄 전선을 경간이 300[m]이고 지지점의 높이가 같은 철탑 사이에 가설하였다. 전선의 이도가 7.4[m]이면 전선의 실제 길이는 몇 [m]인가? (단, 풍압, 온도 등의 영향은 무시하다)

① 300.282 ② 300.487 ③ 300.685 ④ 300.875

해설 전선의 실제 길이 $L = S + \dfrac{8D^2}{3S} = 300 + \dfrac{8 \times 7.4^2}{3 \times 300} = 300.487[\text{m}]$

26 경간이 200[m]인 가공 선로가 있다 사용 전선의 길이[m]는 경간보다 얼마나 크면 되는가? (단, 전선의 1[m]당 하중은 2.0[kg], 인장 하중은 4,000[kg]이며, 풍압 하중은 무시하고 전선의 안전율은 2라 한다.)

① $\dfrac{1}{3}$ ② $\dfrac{1}{2}$ ③ $\sqrt{2}$ ④ $\sqrt{3}$

해설 전선의 실제 길이 $L = S + \dfrac{8D^2}{3S}[\text{m}]$ 에서

이도 $D = \dfrac{WS^2}{8T} = \dfrac{2 \times 200^2}{8 \times \dfrac{4000}{2}} = 5[\text{m}]$

$\dfrac{8D^2}{3S} = \dfrac{8 \times 5^2}{3 \times 200} = \dfrac{1}{3}[\text{m}]$ 만큼 크다.

정답 24.② 25.② 26.①

27 가공 전선을 200[m]의 경간에 가설하여 그 이도가 5[m] 이었다. 이도를 6[m]로 하려면 이도를 5[m]로 하였을 때 보다 전선이 몇 [cm] 더 필요한가?

① 8 　　　② 10 　　　③ 12 　　　④ 15

해설 전선의 실제 길이 : $L = S + \dfrac{8D^2}{3S}$ [m]

이도가 6[m]인 경우가 5[m]인 경우보다 전선의 실제 길이가 더 크므로 6[m]인 경우 실제 길이에서 5[m]인 경우 실제 길이를 빼서 구할 수 있다. 그런데 경간은 일정이므로 이도가 $D_1 = 6$[m], $D_2 = 5$[m]인 경우 전선의 실제길이를 구하면 다음과 같다.

$\dfrac{8D_1^2}{3S} - \dfrac{8D_2^2}{3S} = \dfrac{8 \times 6^2}{3 \times 200} - \dfrac{8 \times 5^2}{3 \times 200} = 0.15$[m]

28 그림과 같이 지지점 A, B, C에는 고저차가 없으며, 경간 AB와 BC사이에 전선이 가설되어 그 이도가 12[cm]이었다고 한다. 지금 지지점 B에서 전선이 떨어져 전선의 이도가 D로 되었다면 D는 몇[cm]가 되겠는가?

① 18
② 24
③ 30
④ 36

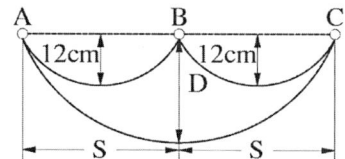

해설 전선의 실제 길이 $L = S + \dfrac{8D^2}{3S}$ [m]

지지점 B에서 전선이 떨어지기 전이나 떨어진 후 AC 간의 전선의 실제 길이에는 변함이 없으므로 이도 D_1인 경우의 AB간 실제 길이 2배와 이도 D인 경우 AC 간 실제 길이는 같다 로부터 이도 D를 구할 수 있다.

이도 D_1인 경우 실제 길이 $L_1 = 2\left(S + \dfrac{8D_1^2}{3S}\right)$[m]

이도 D인 경우 실제 길이 $L_2 = 2S + \dfrac{8D^2}{3 \times 2S}$[m]

로부터 $D = 2D_1 = 2 \times 12 = 24$[cm]

$2 \times \left(S + \dfrac{8D_1^2}{3S}\right) = 2S + \dfrac{8D_2^2}{3 \times 2S}$ 로부터 　$D = 2D_1 = 2 \times 12 = 24$[cm]

정답　27.④　28.②

29 전선의 지지점 높이가 31[m]이고 전선의 이도가 9[m]라면 전선의 평균 높이는 몇 [m]가 적당한가?

① 25　　　② 26.5　　　③ 28.5　　　④ 30

해설 전선로의 평균높이 $H_o = H - \frac{2}{3}D$ [m] (H는 전선 지지점 높이)

평균 높이 $H_o = H - \frac{2}{3}D = 31 - \frac{2}{3} \times 9 = 25$ [m]

30 가공 전선로의 전선 진동을 방지하기 위한 방법으로 옳지 않은 것은?

① 토셔널 댐퍼의 설치
② 스프링 피스톤 댐퍼와 같은 진동 제지권을 설치
③ 경동선을 ACSR 로 교환
④ 클램프나 전선접촉기 등을 가벼운 것으로 하고, 클램프 부근에 적당한 전선을 첨가

해설 전선의 진동이나 도약 현상은 일반적으로 전선이 가벼울수록, 경간이 길수록 그리고 가선 장력이나 전선의 바깥지름이 클 경우 발생하기 쉽다. 따라서 전선 직경에 비하여 중량이 가벼운 중공연선이나 ACSR은 전선진동의 원인이 된다.

31 다음 설비 중에서 전선 진동 방지를 설치하는 것이 아닌 것은?

① 아머로드　　　② 스톡브리지 댐퍼
③ 토셔널 댐퍼　　　④ 스페이서

해설 전선의 진동 방지 설비
- 아머로드 : 전선 지지 점 부근 보강 및 진동 방지
- 댐퍼 : 스톡브리지 댐퍼(좌우 진동 방지), 토셔널 댐퍼(상하 진동 방지)
- 스페이서 : 복도체에서 소도체 간의 간격을 유지하고 고임 현상을 방지하는 설비

정답　29.①　30.③　31.④

32 3상 수직 배치인 선로에서 오프셋를 주는 이유는?

① 전선의 진동억제
② 단락 방지
③ 철탑 중량 감소
④ 전선의 풍압 감소

해설 철탑에서 전선의 진동 발생 시 상하부 전선 간의 단락 사고를 방지하기 위하여 상하부 전선의 수평 간격을 이격시키는 것

정답 32.②

Chapter 02 선로정수 및 코로나 현상

⇨ **선로정수** : 임의의 송배전선로가 연속될 때 선로 상에 나타나는 "도선의 저항, 인덕턴스, 정전용량 및 누설콘덕턴스"의 네 가지 상수를 선로정수라 하며, 이 정수는 전선의 종류, 굵기 및 그 배치 형태에 따라 결정된다.

1. 저항(도선)

(1) 전기 저항(전선의 저항)

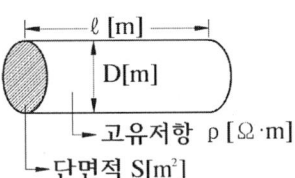

- 전기 저항 $R = \rho \dfrac{\ell}{S}[\Omega]$

- 전선의 고유저항 $\rho = R\dfrac{S}{\ell} = R\dfrac{S}{\ell}[\Omega \cdot m]$

- 표준연동선의 고유 저항 $\rho = \dfrac{1}{58}[\Omega\, mm^2/m]$

(2) 도전율(도전도)

① 도전도 : 길이 1[m], 단면적 1[mm^2]인 도선의 고유 저항 역수

$\sigma = \dfrac{1}{\rho}[\mho \cdot m/mm^2]$

② %도전율 : $k = \dfrac{\sigma}{\sigma_s} \times 100[\%]$

(σ : 전선의 도전율(도), σ_s : 표준 연동선의 도전율($\sigma_s = 58[\mho \cdot m/mm^2]$)

③ 여러 가지 도체의 고유저항과 %도전율

ⓐ 경동선 $\rho = \dfrac{1}{55}[\Omega \cdot mm^2/m]$, $k = 97 \sim 98[\%]$

ⓑ 연동선 $\rho = \dfrac{1}{58}[\Omega \cdot mm^2/m]$, $k = 100 \sim 102[\%]$

ⓒ 알루미늄선 $\rho = \dfrac{1}{35}[\Omega \cdot mm^2/m]$, $k = 61[\%]$

(3) 도선의 온도변화에 의한 저항의 변화

- 금속 도선(Al, Cu)은 온도가 상승하거나 길이가 증가, 단면적이 감소하면 저항이 다음과 같이 증가한다.
- 온도 증가에 따른 증가된 저항값 $R_T = R_t[1 + \alpha_t(T-t)][\Omega]$
- Rt[Ω] : 기준 온도 t[℃]에서의 저항
- $\alpha_t = \dfrac{1}{234.5 + t}$: 기준 온도 t[℃]에서의 저항 온도 계수

【참고】 도선의 온도가 1[℃] 상승 → 저항은 약 0.4[%] 증가

【보기】 도선의 온도 0[℃]일 때의 저항이 0.12[Ω]인 ACSR 전선에서 도선의 온도가 50[℃]일 때의 저항은 몇 [Ω]이 되는가?

【해설】 $R_T = R_t[1 + \alpha_t(T-t)][\Omega]$
$$= 0.12\left[1 + \dfrac{1}{234.5}(50-0)\right] = 0.1456\,[\Omega]$$

【별해】 도선 온도 1[℃] 상승 시 저항은 약 0.4[%] 증가하므로 50×0.4 = 20[%] 증가한다.
$R_{50} = 0.12(1+0.2) = 0.144\,[\Omega]$

2. 인덕턴스

(1) 인덕턴스의 개념 및 전자 유도 현상

① 자기인덕턴스, 자기유도 현상

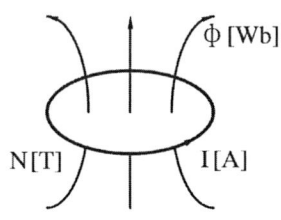

$\Phi \propto I$

$\Phi = LI\,[\text{Wb}]$

$N\Phi = LI\,[\text{Wb}]$에서 $L = \dfrac{N\Phi}{I}[\text{H}]$

$e \propto \dfrac{d\phi}{dt} = \dfrac{di}{dt}$에서 $e = -N\dfrac{d\phi}{dt} = -L\dfrac{di}{dt}[\text{V}]$

여기서, Φ[Wb], I[A]는 실효값, ø[Wb], i[A]는 순시값이다.

【참고】 인덕턴스 L : 임의의 도선에 전류가 흘러 자속 Φ가 발생할 때 도선의 굵기나 권수, 코일의 형태, 재질 등에 따라 자속 Φ의 발생 정도를 나타내는 유도 계수

② 상호 인덕턴스, 전자유도 현상

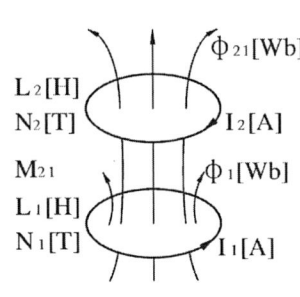

$$\Phi_{21} \propto I_1$$
$$\Phi_{21} = M_{21} I_1 [\text{Wb}]$$
$$N_2 \Phi_{21} = M_{21} I_1 [\text{Wb}] \text{ 에서 } M_{21} = \frac{N_2 \Phi_{21}}{I_1} [\text{H}]$$
$$e_2 \propto \frac{d\phi_{21}}{dt} = \frac{di_1}{dt} \text{ 에서 } e_2 = -N_2 \frac{d\phi_{21}}{dt} = -M_{21} \frac{di_1}{dt} [\text{V}]$$

여기서, $\Phi_{21}[\text{Wb}]$, $I_1[\text{A}]$는 실효값, $\phi_{21}[\text{Wb}]$, $i_1[\text{A}]$는 순시 값이다.

【참고】상호인덕턴스 M : 자기적으로 결합되어 있는 서로 다른 두 개의 코일에서 임의의 코일에 흐르는 전류에 의해 발생된 자속 Φ가 또 다른 코일을 통과, 쇄교하는 정도를 나타내는 상호 유도 계수

③ 전선로의 특성 : 전선로 자체에는 항상 자기인덕턴스 L_i와 상호 인덕턴스 L_m이 존재한다.

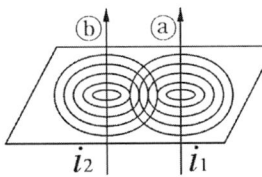

ⓐ 도선 $e = -L_i \frac{di_1}{dt}[\text{V}]$ $e = -L_m \frac{di_2}{dt}[\text{V}]$

ⓑ 도선 $e = -L_i \frac{di_2}{dt}[\text{V}]$ $e = -L_m \frac{di_1}{dt}[\text{V}]$

(2) 작용 인덕턴스

전선로에 전류가 흐를 때 1상에 나타나는 자기 인덕턴스와 상호 인덕턴스의 합

$$\dot{V}_a = \omega L_i \dot{I}_a + \omega L_m \dot{I}_b + \omega L_m \dot{I}_c$$
$$= \omega L_i \dot{I}_a + \omega L_m (\dot{I}_b + \dot{I}_c) = \omega L_i \dot{I}_a - \omega L_m \dot{I}_a$$
$$= \omega \dot{I}_a (L_i - L_m)$$

① 전선 1가닥에 대한 작용 인덕턴스 : $L = L_i - L_m [\text{H}]$

② 단도체 : $L = 0.05 + 0.4605 \log_{10} \frac{D}{r} [\text{mH/km}]$

③ n복도체 : $L = \frac{0.05}{n} + 0.4605 \log_{10} \frac{D}{r_e} [\text{mH/km}]$

3. 정전용량

(1) 정전용량의 개념
- 임의의 콘덴서에서 콘덴서의 전하 축적 능력을 나타내는 비례상수

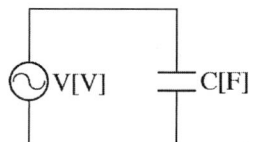

- 전기량 $Q \propto V$, $Q = CV$ [C]
- 정전용량 $C = \varepsilon \dfrac{A}{d} = \varepsilon_o \varepsilon_s \dfrac{A}{d}$ [F]
- ε[F/m] : 유전율, 전하를 축적하는 비율

(2) 작용정전용량

① 단상 작용정전용량(1선분) : $C = C_s + 2C_m$

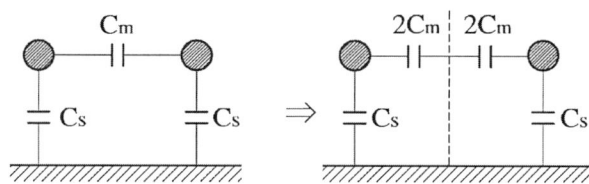

② 3상 작용정전용량(1상분) : $C = C_s + 3C_m$

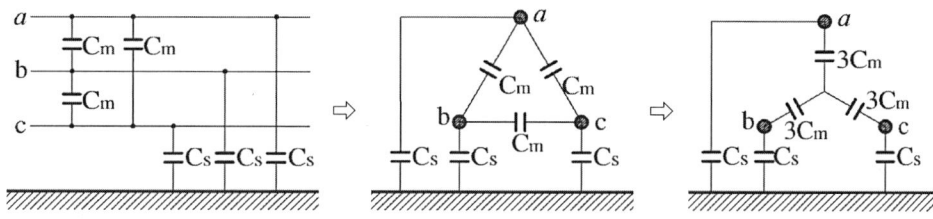

③ 단도체 $C = \dfrac{0.02413}{\log_{10}\dfrac{D}{r}}$ [μF/km]

④ n복도체 $C = \dfrac{0.02413}{\log_{10}\dfrac{D}{r_e}}$ [μF/km]

(3) 충전용량 및 충전전류

① 충전전류(1상) : 임의의 송배전선로에서 선로 상에 존재하는 대지정전용량과 상호정전용량으로 인해 발생하는 충전 전류

- $I_c = \omega C E \ell = 2\pi f C \dfrac{V}{\sqrt{3}} \ell \; (C = C_s + 3C_m)$ [A]

② 충전용량(3상) : $Q_c = 3EI_c = 3\omega CE^2 \ell = 2\pi f CV^2 \times 10^{-3} \ell$ [kVA]

【참고】 충전전류, 지락전류 계산 시 고려하는 정전용량
① 충전전류 : 작용 정전용량
② 지락전류 : 대지 정전용량

4. 누설컨덕턴스

송배전 선로 지지물 위에 설치한 애자에서 애자 표면 등에서 발생하는 누설전류에 대한 저항인 누설저항의 역수

- 누설컨덕턴스 $G = \dfrac{1}{절연저항}[\mho]$

5. 등가선간거리 및 등가 반지름

(1) 등가선간거리

임의의 송배전선로에서 각 상 도체 간에 성립되는 모든 선간거리의 기하학적 평균거리

- $D_o = \sqrt[n]{D_1 \times D_2 \times D_3 \cdots D_n}\,[\text{m}]$

① 직선 배열

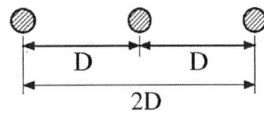

$D_o = \sqrt[3]{D \times D \times 2D} = \sqrt[3]{2}\,D\,[\text{m}]$

② 정삼각형 배열

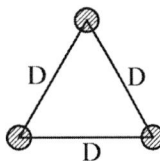

$D_o = \sqrt[3]{D \times D \times D} = D\,[\text{m}]$

③ 정사각형 배열

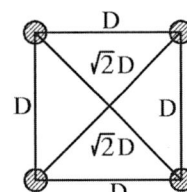

$D_o = \sqrt[6]{D \times D \times D \times D \times \sqrt{2}\,D \times \sqrt{2}\,D} = \sqrt[6]{2}\,D\,[\text{m}]$

(2) 등가반지름

① 복도체, 다도체 : 1상의 도체를 2~4개 정도로 분할하여 시설하는 전선

② 스페이서 : 전선의 소도체 간격을 일정하게 유지시키기 위한 기구

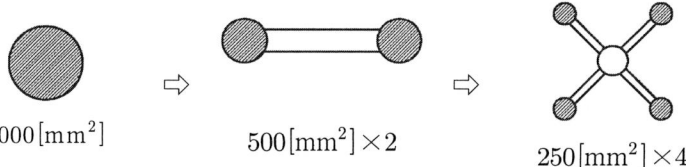

③ 등가반지름 : $r_e = r^{\frac{1}{n}} s^{\frac{n-1}{n}}$ [m]

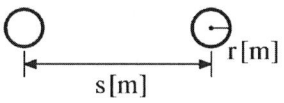

- r[m] : 소도체의 반지름
- n[가닥] : 소도체의 가닥 수
- s[m] : 소도체 간 간격

【보기】 단도체 면적 $1000[mm^2]$인 전선을 소도체 간격 40[cm]인 2복도체로 분할하여 시설할 경우 복도체의 등가 반지름 [cm]은?

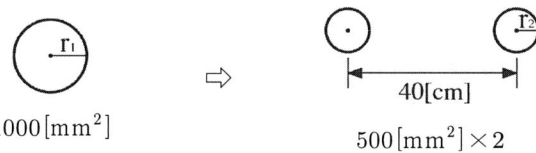

단도체 면적 $\pi r_1^2 = 1000$ 에서 단도체 반지름 $r_1 = \sqrt{\dfrac{1000}{\pi}} \fallingdotseq 18[mm]$

소도체 면적 $\pi r_2^2 = 500$ 에서 소도체 반지름 $r_2 = \sqrt{\dfrac{500}{\pi}} \fallingdotseq 12.6[mm] = 1.26[cm]$

2복도체의 등가반경 $r_e = r^{\frac{1}{n}} s^{\frac{n-1}{n}} = r^{\frac{1}{2}} s^{\frac{2-1}{2}} = \sqrt{rs} = \sqrt{1.26 \times 40} = 7[cm]$

④ 복도체 채용 효과 : 전선의 직경(등가 반경)이 커지는 효과가 발생한다.

(3) 복도체 채용 시의 L, C

① $L = \dfrac{0.05}{n} + 0.4605 \log_{10} \dfrac{D}{r_e}$ [mH/km] 에서 등가반지름 r_e 증가 → 인덕턴스 L 감소

② $C = \dfrac{0.02413}{\log_{10} \dfrac{D}{r_e}}$ [μF/km] 에서 등가반지름 r_e 증가 → 정전용량 C 증가

③ 복도체 채용 시 선로 상에서 L은 약 20[%]정도 감소하고, C는 약 20[%]정도 증가한다.

(4) 복도체 채용 효과
① 작용인덕턴스 L의 감소와 작용정전용량 C의 증가
② 전선로의 특성 임피던스 $Z_0 = \sqrt{\dfrac{L}{C}}$ 감소
③ 전선로의 안정도 향상 및 송전용량 증가
④ 코로나 임계전압 상승에 따른 코로나 방지 효과 증대

6. 지중전선로

(1) 지중전선로의 장, 단점
① 도시의 미관상 좋다.
② 기상조건(뇌, 풍수해)에 의한 영향이 적다.
③ 통신선에 대한 유도장해가 작다.
④ 전선로 통과지(경과지)의 확보가 용이하다.
⑤ 감전 우려가 적다.
⑥ 공사비가 비싸고, 고장의 발견, 보수가 어렵다.

(2) 지중전선로(케이블)의 전력손실
① 케이블의 구조 : 가교폴리에틸렌절연 비닐외장 케이블(CV케이블)

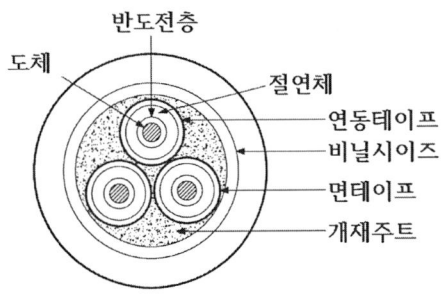

② 저항손(도체) : $P_c = nI^2 R\,[\text{W/km}]$
③ 유전체손(절연체) : $P_d = \omega C \left(\dfrac{V}{\sqrt{3}}\right)^2 \tan\delta\,[\text{W/m}]$
④ 연피손, 시즈손(차폐층) : 맴돌이 전류에 의해 발생

(3) 지중전선로에서의 L, C
지중전선로는 케이블을 채용하므로 가공전선로에 비해 선간거리가 작아진다. 따라서 지중전선로에서의 L, C는 가공전선로에 비하여 L은 감소하고, C는 증가한다.

(4) 지중전선로의 부설 방식

① 직접매설식 : 콘크리트 트러프 등을 이용하여 케이블을 직접 매설하는 방식

② 관로식 : 철근콘크리트관 등을 부설한 후 관 상호 간을 연결한 맨홀을 통하여 케이블을 인입하는 방식

③ 전력구식 (암거식) : 터널과 같은 콘크리트 구조물을 설치하여 다회선의 케이블을 수용하는 방식

(5) 지중전선로의 시설 원칙

① 직접매설식, 관로식의 매설 깊이
  ⓐ 차량이나 기타 중량에 의한 압력을 받는 장소 : 1.0[m]이상일 것
  ⓑ 차량이나 기타 중량에 의한 압력을 받지 않는 장소 : 0.6[m]이상일 것

② 관로식의 지중함 시설 : 1[m³]이상인 경우 가스발산통풍장치를 시설할 것

③ 지중선선과 가공전선의 접속 시 지중전선 노출 부분의 방호 범위 : 지표상 2[m]에서 지중 20[cm]이상으로 할 것

7. 코로나 현상

(1) 코로나 현상

초고압 송전계통에서 전선 표면의 전위경도가 높은 경우 전선의 주위의 공기 절연이 파괴되면서 발생하는 일종의 부분 방전 현상

① 방전현상
  ⓐ 전면(불꽃) 방전 : 단선
  ⓑ 부분 방전 : 연선

② 공기의 절연 파괴 전압
  ⓐ D.C : 30[kV/cm]
  ⓑ A.C : 21[kV/cm]

(2) 코로나 발생 결과

① 코로나 손실 발생 (Peek의 식)

$$P_\ell = \frac{241}{\delta}(f+25)\sqrt{\frac{d}{2D}}(E-E_0)^2 \times 10^{-5}[\text{kW/km/1선당}]$$

- δ : 상대 공기밀도 ($\delta \propto \frac{기압}{온도}$)
- f : 주파수,
- d : 전선의 지름[cm]
- E : 전선의 대지전압[kV]
- E_0 : 코로나 임계전압[kV]

② 코로나 잡음 발생

③ 고조파 장해 발생 : 정현파 → 왜형파 (= 직류분 + 기본파 + 고조파)

④ 질산에 의한 전선, 바인드 선의 부식 : O_3, $NO + H_2O = NHO_3$ 생성

⑤ 전력선 이용 반송전화 장해 발생

⑥ 소호리액터 접지방식의 장해 발생 : 절연 파괴 시 C의 불균형에 의한 공진 현상의 미 발생.

⑦ 서지(이상전압)의 파고치 감소(장점)

(3) 코로나 임계전압 : 코로나가 발생하기 시작하는 최저 한도 전압으로서 임계전압이 높을수록 코로나 현상이 줄어드는 효과가 있다.

$$E_o = 24.3\, m_o m_1 \delta d \log_{10} \frac{D}{r}\,[\text{kV}]$$

- m_o : 전선표면계수 (단선 1, ACSR 0.8)
- m_1 : 기상 (날씨)계수 : (청명 1, 비 0.8)
- δ : 상대공기밀도($\delta \propto \frac{기압}{온도}$)
- $d = 2r[\text{cm}]$: 전선의 직경

(4) 코로나 방지 대책

① 코로나 임계 전압을 높게 하기 위하여 전선의 직경을 크게 한다.
  (복도체 , 중공연선, ACSR 채용)

② 가선 금구류를 개량한다.

Chapter 02 선로정수 및 코로나 현상

출제예상핵심문제

33 송전 선로의 선로 정수가 아닌 것은?

① 저항　② 리액턴스　③ 정전 용량　④ 누설 컨덕턴스

해설　선로 정수 : 저항, 인덕턴스, 정전용량, 누설컨덕턴스

34 도선의 온도 0[℃]일 때의 저항이 0.12[Ω]인 ACSR 전선에서 도선의 온도가 50[℃]일 때의 저항은 몇 [Ω]이 되는가?

① 0.1244　② 0.1368　③ 0.1456　④ 0.1642

해설　도체 온도 증가에 따른 저항 : $R_T = R_t \{1 + \alpha_t (T-t)\}[\Omega]$

① $R_t[\Omega]$: 기준 온도 t[℃]에서의 저항

② $\alpha_t = \dfrac{1}{234.5 + t}$: 기준 온도 t[℃]에서의 저항 온도 계수

　0[℃]에서의 저항온도 계수 $\alpha_0 = \dfrac{1}{234.5 + 0}$

　50[℃]에서 저항 $R_T = R_t [1 + \alpha_t (T-t)] = 0.12[1 + \dfrac{1}{234.5}(50-0)] = 0.1456[\Omega]$

35 선로정수에 영향을 가장 많이 주는 것은?

① 전선의 배치　② 송전전압　③ 송전전류　④ 역률

해설　선로 정수 중 작용인덕턴스나 작용정전용량은 그 크기에 영향을 미치는 것이 전선의 재질 및 반지름, 복도체 방식에서 소도체 구성에 따른 등가반지름, 전선의 배치에 다른 등가선간 거리 등에 따라 변화하므로 가장 큰 영향을 주는 것은 전선의 배치라 할 수 있다.

36 그림과 같은 전선 배치에서 등가 선간 거리[cm]는?

① $10\sqrt{2}$　② $\sqrt{10}$　③ $3\sqrt[3]{10}$　④ $10\sqrt[3]{2}$

정답　33.②　34.③　35.①　36.④

해설 일직선 배열 등가 선간거리 $D = \sqrt[3]{D_1 \times D_1 \times 2D_1} = \sqrt[3]{2}\,D_1\,[\text{m}]$

등가 선간거리 $D = \sqrt[3]{2}\,D_1 = \sqrt[3]{2} \times 10\,[\text{cm}]$

37 3상 3선식에서 선간 거리가 각각 50[cm], 60[cm], 70[cm]인 경우 기하학적 평균 선간 거리는 몇 [cm]인가?

① 64.8 ② 60.4 ③ 62.8 ④ 59.4

해설 삼각형 배열 등가선간거리

$$D = \sqrt[3]{D_1 \times D_2 \times D_3} = \sqrt[3]{50 \times 60 \times 70} = 59.4\,[\text{cm}]$$

38 4각형으로 배치된 4도체 송전선이 있다. 소도체의 반지름이 1[cm] 한 변의 길이가 32[cm]일 때 소 도체 간의 기하학적 평균 거리[cm]는?

① $32 \times 2^{\frac{1}{3}}$ ② $32 \times 2^{\frac{1}{4}}$ ③ $32 \times 2^{\frac{1}{5}}$ ④ $32 \times 2^{\frac{1}{6}}$

해설 정사각형 배열 등가선간거리

$$D = \sqrt[6]{2}\,D_1 = \sqrt[6]{2} \times 32 = 2^{\frac{1}{6}} \times 32\,[\text{cm}]$$

39 복도체에서 2본의 전선이 서로 충돌하는 것을 방지하지 위하여 2본의 전선 사이에 적당한 간격을 두어 설치하는 것은?

① 아머로드 ② 댐퍼 ③ 아킹혼 ④ 스페이서

해설 스페이서 : 복도체에서 전선의 소도체 간 간격을 일정하게 유지하기 위해 사용하는 것으로 그 요구 특성은 다음과 같다
① 단락전류에 대한 구심 하중에 견딜 것
② 전선의 과 진동에 대하여 장시간 견딜 것
③ 전선을 손상하게 하지 않을 것
④ 전선보다 코로나 특성이 좋을 것

40 복도체에 있어서 소도체의 반지름을 r[m], 소도체 사이의 간격을 s[m]라고 할 때 2개의 소도체를 사용한 복도체의 등가 반지름은?

정답 37.④ 38.④ 39.④

① $\sqrt{rs}$ ② $\sqrt{r^2 s}$ ③ $\sqrt{rs^2}$ ④ rs

해설 복도체 등가 반지름 : $r_e = r^{\frac{1}{n}} s^{\frac{n-1}{n}}$ [m] (n은 소도체 개수)

2복도체 등가 반지름 $r_e = r^{\frac{1}{n}} s^{\frac{n-1}{n}} = r^{\frac{1}{2}} s^{\frac{2-1}{2}} = (rs)^{\frac{1}{2}} = \sqrt{rs}$ [m]

41 3상 3선식 송전선에서 L을 작용인덕턴스라 하고 L_i 및 L_m는 대지로 귀로로 하는 1선의 자기 인덕턴스 및 상호인덕턴스라고 할 때 이들 사이의 관계식은?

① $L = L_m - L_i$ ② $L = L_i - L_m$ ③ $L = L_i + L_m$ ④ $L = \dfrac{L_i}{L_m}$

해설 작용인덕턴스 : 3상 전선로에 전류가 흐를 때 1상에 나타나는 자기 인덕턴스와 상호 인덕턴스의 합으로 a상의 자기인덕턴스와 b, c상의 상호인덕턴스에 의하여 a상에 유도되는 기전력으로부터 다음과 같이 구할 수 있다.

$$V_a = \omega L_i \dot{I}_a + \omega L_m \dot{I}_b + \omega L_m \dot{I}_c$$
$$= \omega L_i \dot{I}_a + \omega L_m (\dot{I}_b + \dot{I}_c) = \omega L_i \dot{I}_a - \omega L_m \dot{I}_a$$
$$= \omega \dot{I}_a (L_i - L_m)$$

따라서 한 상에 작용하는 작용인덕턴스는 자기인덕턴스에서 상호인덕턴스를 빼서 구할 수 있다.

42 3상 3선식 송전선로의 선간 거리가 D_1, D_2, D_3[m]이고 전선의 지름이 d[m]로 연가 된 경우라면 전선 1[km]당 인덕턴스는 몇 [mH]인가?

① $0.5 + 0.4605 \log_{10} \dfrac{\sqrt[3]{D_1 D_2 D_3}}{d}$

② $0.05 + 0.4605 \log_{10} \dfrac{2\sqrt[3]{D_1 D_2 D_3}}{d}$

③ $0.05 + 0.4605 \log_{10} \dfrac{d \sqrt[3]{D_1 D_2 D_3}}{d}$

④ $0.5 + 0.4605 \log_{10} \dfrac{d}{\sqrt[3]{D_1 D_2 D_3}}$

해설 작용인덕턴스(단도체) : $L = 0.05 + 0.4605 \log_{10} \dfrac{D}{r}$ [mH/km]

전선 반지름 $r = \dfrac{d}{2}$ [m], 등가선간거리 $D = \sqrt[3]{D_1 \times D_2 \times D_3}$ [m]

작용인덕턴스 $L = 0.05 + 0.4605 \log_{10} \dfrac{\sqrt[3]{D_1 \times D_2 \times D_3}}{\dfrac{d}{2}}$

$= 0.05 + 0.4605 \log_{10} \dfrac{2 \sqrt[3]{D_1 D_2 D_3}}{d}$ [mH/km]

정답 40.① 41.② 42.②

43 7/3.7[mm]인 경동연선(반지름 0.555[cm])을 그림과 같이 배치, 완전 연가 한 66[kV] 1회선 송전선이 있다. 1[km]당 작용 인덕턴스는 몇 [mH/km]인가?

① 1.237
② 1.287
③ 2.849
④ 2.899

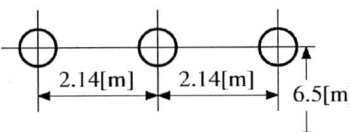

해설 작용인덕턴스(단도체) : $L = 0.05 + 0.4605\log_{10}\dfrac{D}{r}$ [mH/km]

전선의 반지름 $r = 0.00555$[m], 등가선간거리 $D = \sqrt[3]{2}D_1 = \sqrt[3]{2}\times 2.14$[m] 이므로

작용인덕턴스 $L = 0.05 + 0.4605\log_{10}\dfrac{\sqrt[3]{2}\times 2.14}{0.0055} = 1.287$ [mH/km]

44 전선로에서 선간거리 D, 도체 반지름 r, 소도체 간의 간격 s인 복도체의 인덕턴스는 몇 [mH/km]인가?

① $0.4605\log_{10}\dfrac{D}{\sqrt{rs}} + 0.05$
② $0.4605\log_{10}\dfrac{D}{\sqrt{rs}} + 0.025$
③ $0.4605\log_{10}\dfrac{D}{rs} + 0.05$
④ $0.4605\log_{10}\dfrac{D}{rs} + 0.05$

해설 작용인덕턴스(복도체) $L_n = \dfrac{0.05}{n} + 0.4605\log_{10}\dfrac{D}{r_e}$ [mH/km]

2복도체 등가반지름 $r_e = \sqrt{rs}$ [m]

2복도체 작용인덕턴스 $L_2 = \dfrac{0.05}{2} + 0.4605\log_{10}\dfrac{D}{\sqrt{rs}}$ [mH/km]

$= 0.025 + 0.4605\log_{10}\dfrac{D}{\sqrt{rs}}$ [mH/km]

45 등가 선간 거리 9.37[m], 공칭 단면적 330[mm²], 도체 외경 25.3[mm], 복도체 ACSR인 3상 송전선의 인덕턴스는 몇[mH/km]인가? (단, 소도체 간격은 40[cm]이다.)

① 1.0018   ② 0.010   ③ 0.100   ④ 1.100

해설 작용인덕턴스(복도체) : $L_n = \dfrac{0.05}{n} + 0.4605\log_{10}\dfrac{D}{r_e}$ [mH/km]

2복도체 등가반지름 : $r_e = \sqrt{rs}$ [m]

전선의 반지름 $r = 12.65$ [mm],

2복도체 등가반지름 : $r_e = \sqrt{rs} = \sqrt{12.65\times 400} = 70.88$ [mm]

정답 43.② 44.② 45.①

작용인덕턴스 $L = \dfrac{0.05}{2} + 0.4605 \log_{10} \dfrac{9370}{70.88} = 1.001 \, [\text{mH/km}]$

46 3상 3선식 선로에 있어서 대지 정전용량이 C_s, 선간정전용량이 C_m일 때 1선당 작용정전용량은?

① $C_s + 2C_m$ ② $2C_s + C_m$ ③ $3C_s + C_m$ ④ $C_s + 3C_m$

해설 송전선로의 1선당 작용정전용량
① 단상 2선식 : $C = C_s + 2C_m \, [\mu\text{F/km}]$
② 3상 3선식 : $C = C_s + 3C_m \, [\mu\text{F/km}]$

47 3상 3선식 송전 선로에서 각 선의 대지 정전 용량이 $0.5096[\mu F]$이고 선간 정전용량이 $0.1295[\mu F]$일 때 1선의 작용 정전 용량은 몇 $[\mu F]$인가?

① 0.6391 ② 0.7686 ③ 0.8981 ④ 1.5288

해설 3상 3선식 1상 작용정전용량 : $C = C_s + 3C_m \, [\mu\text{F/km}]$
1상 작용정전용량 $C = C_s + 3C_m = 0.5096 + 3 \times 0.1295 = 0.8981 \, [\mu\text{F/km}]$

48 송전 선로의 정전용량은 등가 선간거리 D가 증가하면 어떻게 되는가?

① 증가한다. ② 감소한다.
③ 변하지 않는다. ④ D^2에 반비례하여 감소한다.

해설 작용정전용량 $C = \dfrac{0.02413}{\log_{10} \dfrac{D}{r}} \, [\mu\text{F/km}]$ 에서 선간 거리 D에 반비례하므로
D가 증가하면 작용정전용량 C는 감소한다.

49 3상 3선식 1회선의 가공 송전 선로에서 D를 선간거리, r을 전선의 반지름이라고 하면 1선당 정전용량 C는?

① $\log_{10} \dfrac{D}{r}$ 에 비례 ② $\log_{10} \dfrac{D}{r}$ 에 반비례

③ $\dfrac{D}{r^2}$ 에 반비례 ④ $\dfrac{r^2}{D}$ 에 비례

정답 46.④ 47.③ 48.② 49.②

해설 작용정전용량 $C = \dfrac{0.02413}{\log_{10} \dfrac{D}{r}} [\mu F/km]$ 는 $\log_{10} \dfrac{D}{r}$ 에 반비례한다.

50 선간 거리 2D[m]이고 선로 도선 지름이 d[m]인 선로의 단위 길이 당 정전용량 [μF/km]은?

① $\dfrac{0.02413}{\log_{10} \dfrac{4D}{d}}$ ② $\dfrac{0.02413}{\log_{10} \dfrac{2D}{d}}$ ③ $\dfrac{0.02413}{\log_{10} \dfrac{D}{d}}$ ④ $\dfrac{0.2413}{\log_{10} \dfrac{4D}{d}}$

해설 작용정전용량(단도체) : $C = \dfrac{0.02413}{\log_{10} \dfrac{D_0}{r}} [\mu F/km]$

전선 반지름 $r = \dfrac{d}{2}[m]$, 등가선간거리 $D_0 = 2D[m]$

작용정전용량(단도체) : $C = \dfrac{0.02413}{\log_{10} \dfrac{2D}{\dfrac{d}{2}}} = \dfrac{0.02413}{\log_{10} \dfrac{4D}{d}} [\mu F/km]$

51 소도체 두 개로 된 복도체 방식 3상 3선식 송전 선로가 있다 소도체의 지름 2[cm], 소도체 간격 16[cm], 등가 선간 거리 200[cm]인 경우 1상 당 작용 정전용량 [μF/km]은?

① 0.014 ② 0.14 ③ 0.065 ④ 0.090

해설 작용정전용량(복도체) : $C_n = \dfrac{0.02413}{\log_{10} \dfrac{D}{r_e}} [\mu F/km]$

2복도체 등가반지름 $r_e = \sqrt{rs} = \sqrt{1 \times 16} = 4[cm]$

작용정전용량 $C = \dfrac{0.02413}{\log_{10} \dfrac{200}{4}} = 0.014 [\mu F/km]$

52 송배전 선로의 작용 정전용량은 무엇을 계산하는데 사용되는가?

① 비접지 계통의 1선 지락 고장 시 지락 고장 전류 계산
② 정상 운전 시 선로의 충전 전류 계산
③ 선간 단락 고장 시 고장 전류 계산
④ 인접 통신선의 정전 유도 전압 계산

정답 50.① 51.① 52.②

해설 정전용량 계산
- 작용정전용량 : 선로의 상전압 평형 시 선로의 충전용량 계산 시 적용
- 대지정전용량 : 선로의 1선 지락 같은 고장 발생의 경우 지락전류 계산 시 적용

53 3상 1선과 대지 간의 충전 전류가 0.25[A/km]일 때 길이가 18[km]인 선로의 충전 전류는 몇 [A]인가?

① 1.5   ② 4.5   ③ 13.5   ④ 40.5

해설 선로 충전용량 = 선로 대지전압×선로 충전전류
충전전류 = 0.25×18 = 4.5[A]

54 전압 66,000[V], 주파수 60[Hz], 선로길이 20[km], 심선 1선당 작용 정전용량 0.3464[μF/km]인 3상 지중전선로의 무부하 충전전류는 몇[A]인가? (단, 정전용량 이외의 선로정수는 무시한다)

① 83.4   ② 91.4   ③ 99.4   ④ 107.4

해설 충전전류(1상) $I_C = \omega C \dfrac{V}{\sqrt{3}} \ell [A]$

여기서, $C = C_s + 3C_m [\mu F/km]$, $V[V]$는 선간전압, $\ell[km]$는 선로 길이이다.

$I_c = \omega C \dfrac{V}{\sqrt{3}} \ell = 2\pi \times 60 \times 0.3464 \times 10^{-6} \times \dfrac{6600}{\sqrt{3}} \times 20 = 99.4[A]$

55 대지 정전용량 0.007[μF/km], 상호 정전용량 0.001[μF/km], 선로의 길이 100[km]인 3상 송전선이 있다. 여기에 154[kV], 60[Hz]를 가했을 때 1선 당 흐르는 충전 전류는?

① 33.5   ② 42.6   ③ 0.335   ④ 0.426

해설 충전전류(1상) : $I_C = \omega C \dfrac{V}{\sqrt{3}} \ell [A]$

여기서, $C = C_s + 3C_m [\mu F/km]$, $V[V]$는 선간전압, $\ell[km]$는 선로 길이이다.

1상 작용정전용량 $C = C_s + 3C_m = 0.007 + 3 \times 0.001 = 0.01 [\mu F/km]$

$I_c = \omega C \dfrac{V}{\sqrt{3}} \ell = 2\pi \times 60 \times 0.01 \times 10^{-6} \times \dfrac{154,000}{\sqrt{3}} \times 100 = 33.5[A]$

정답   53.②   54.③   55.①

56 22,000[V], 60[Hz], 1회선의 3상 지중 송전선의 무 부하 충전용량[kVA]은? (단, 송전선의 길이는 20[km], 1선 1[km]당 정전용량은 0.5[μF]이다.)

① 1750　　② 1825　　③ 1900　　④ 1925

해설 3충전용량(3상) = 3 × 선로대지전압 × 선로충전전류(1상)

3상 전체 충전용량 : $Q = 3\omega C \left(\dfrac{V}{\sqrt{3}}\right)^2 \ell \times 10^{-3}$ [kVA]

$Q = 3\omega CE^2 \ell = 3 \times 2\pi \times 60 \times 0.5 \times 10^{-6} \times \left(\dfrac{22,000}{\sqrt{3}}\right)^2 \times 20$

$= 1,824,637$ [Var] ≒ $1,825 \times 10^3 = 1,825$ [kVar]

57 현수 애자 4개를 1연으로 한 66[kV] 송전 선로가 있다 현수 애자 1개의 절연 저항이 1,500[MΩ]이라면 표준 경간을 200[m]로 할 때 1[km]당 누설 컨덕턴스는?

① 0.83×10^{-9}　　② 0.83×10^{-6}
③ 0.83×10^{-3}　　④ 0.83×10^{9}

해설 누설 컨덕턴스 : $G = \dfrac{1}{절연저항}$ [℧]

현수애자 1련의 절연저항 $R = 4 \times 1500 = 6000$ [MΩ] $= 6 \times 10^9$ [Ω]

200[m] 누설컨덕턴스 $G_{200} = \dfrac{1}{6 \times 10^9} = \dfrac{1}{6} \times 10^{-9}$ [℧]

1[km]분 누설컨덕턴스 $G_{1000} = 5 \times G_{200} = 5 \times \dfrac{1}{6} \times 10^{-9} = 0.83 \times 10^{-9}$ [℧]

58 복도체 방식이 가장 적당한 송전선로는?

① 저전압 송전 선로　　② 고압 송전 선로
③ 특고압 송전 선로　　④ 초고압 송전 선로

해설 복도체 : 초고압 3상 송전선로에서 1상 전선을 가는 전선 2가닥 이상으로 분할하여 사용하는 전선으로 현재 2복도체나 4복도체가 많이 사용되고 있다.

59 초고압 송전선로에 단도체 대신 복도체를 사용할 경우 옳지 않은 것은?

① 전선로의 작용 인덕턴스를 감소시킨다.
② 선로의 작용 정전용량은 증가시킨다.

정답　56.②　57.①　58.④　59.④

③ 전선표면의 전위경도를 저감시킨다.
④ 전선의 코로나 임계전압을 저감시킨다.

해설 복도체 사용 : 전선의 등가반지름 r_e 증가

작용인덕턴스 $L = \dfrac{0.05}{n} + 0.4605 \log_{10} \dfrac{D}{r_e}$[mH/km] 이므로 L감소

작용정전용량 $C = \dfrac{0.02413}{\log_{10} \dfrac{D}{r_e}}$[μF/km] 이므로 C증가

전선 표면의 전위경도 감소 → 코로나 임계전압 상승(코로나 방지 효과)

특성임피던스 $Z_o = \sqrt{\dfrac{L}{C}}$[Ω] 이므로 특성임피던스가 감소

60 송전선에 복도체를 사용할 때 그 설명으로 옳지 않은 것은?

① 코로나손이 경감된다.
② 인덕턴스는 감소하고 정전용량이 증가한다.
③ 안정도가 상승하고 송전용량이 증가한다.
④ 정전반발력에 의한 전선의 진동이 감소한다.

해설 복도체에서 각 상 소도체에 흐르는 전류는 같은 방향이므로 정전흡인력이 발생한다.
① 전류 방향이 같은 경우 : 정전 흡인력 발생
② 전류 방향이 반대인 경우 : 정전 반발력 발생

61 케이블의 전력 손실과 관계가 없는 것은?

① 도체 저항손   ② 유전체손   ③ 연피손   ④ 철손

해설 케이블의 전력 손실
① 저항손 (도체) $P_c = nI^2 R$[W/m]

② 유전체손(절연체) $P_d = \omega C \left(\dfrac{V}{\sqrt{3}}\right)^2 \tan\delta$ [W/m]

③ 연피손, 시즈손(차폐층) : 맴돌이 전류에 의해 발생

정답 60.④ 61.④

62 주파수 f, 전압 V일 때 유전체 손실은 다음 어느 것에 비례하는가?

① $\dfrac{V}{f}$ ② fV ③ $\dfrac{f}{V^2}$ ④ fV^2

해설 케이블 유전체손 $P_d = \omega C \left(\dfrac{V}{\sqrt{3}}\right)^2 \tan\delta \, [\text{W/m}]$

여기서 V[V]는 선간전압, tanδ는 유전정접

63 케이블의 연피손의 원인은?

① 표피 작용 ② 히스테리시스 현상 ③ 전자유도작용 ④ 유전체손

해설 연피손은 케이블에서 도체에 전류가 흐를 때 발생하는 전자유도작용으로 인해 유도기전력이 유기되어 흐르는 맴돌이 전류 등에 의해서 발생한다.

64 케이블을 부설한 후 현장에서 절연 내력 시험을 할 때 직류로 하는 이유는?

① 절연 파괴 시까지의 피해가 적다. ② 절연 내력은 직류가 크다.
③ 시험용 전원의 용량이 작다. ④ 케이블의 유전체손이 없다.

해설 절연내력 시험을 교류로 하면 충전전류가 커지고 유전체손이 많으므로 시험용 전원의 용량이 커진다. 따라서 정류기를 사용하여 직류로 변성한 후 시행한다.

65 지중 케이블에 있어서 고장점을 찾는 방법이 아닌 것은?

① 머리루프 시험기에 의한 방법 ② 메거에 의한 측정방법
③ 수색 코일에 의한 방법 ④ 펄스에 의한 측정법

해설 지중 케이블 고장점 검출
- 머레이루프법 : 휘스톤브리지 평형 조건을 이용하여 고장점까지 거리 측정
- 정전용량법 : 정전용량으로 고장점까지 거리를 측정, 단선 사고 시 고장점 측정에 이용
- 펄스레이더법 : 펄스파를 입사시켜 반사되어 돌아오는 전파속도로 고장점까지 거리 측정
- 수색코일법 : 수색코일에 증폭기와 수화기를 가지고 케이블을 따라서 고장점을 수색하는 방법

정답 62.④ 63.③ 64.③ 65.②

66 표준 상태의 기온, 기압 하에서 공기의 절연이 파괴되는 전위 경도는 정현파 교류의 실효 값 [kV/cm]로 얼마인가?

① 30 ② 40 ③ 21 ④ 12

해설 공기의 절연파괴 전압 : D.C : 30 [kV/cm], A.C : 21 [kV/cm]

67 1선 1[km]당 코로나 손실 P[kW]를 나타내는 Peek의 식을 구하면 다음 어느 것인가? (단, δ : 상대공기밀도, D : 선간 거리[cm], d : 전선 지름[cm], 주파수 f[Hz], E : 전선에 걸리는 대지 전압[kV], E_0 : 코로나 임계 전압[kV]이다)

① $P = \dfrac{241}{\delta}(f+25)\sqrt{\dfrac{d}{2D}}(E-E_0)^2 \times 10^{-5}$ [kW/km/1선당]

② $P = \dfrac{241}{\delta}(f+25)\sqrt{\dfrac{2D}{d}}(E-E_0)^2 \times 10^{-5}$ [kW/km/1선당]

③ $P = \dfrac{241}{\delta}(f+25)\sqrt{\dfrac{d}{2D}}(E-E_0)^2 \times 10^{-3}$ [kW/km/1선당]

④ $P = \dfrac{241}{\delta}(f+25)\sqrt{\dfrac{2D}{d}}(E-E_0)^2 \times 10^{-3}$ [kW/km/1선당]

68 송전 선로의 코로나 손과 가장 관계가 깊은 것은?

① 상대 공기밀도   ② 송전선의 정전용량
③ 송전 거리   ④ 송전선의 전압변동률

해설 코로나 손실(Peek의 식) $P_\ell = \dfrac{241}{\delta}(f+25)\sqrt{\dfrac{d}{2D}}(E-E_0)^2 \times 10^{-5}$ [kW/km/1선당] 에서

상대공기밀도($\delta \propto \dfrac{기압}{온도}$)에 반비례하므로 기압이 상승시 코로나 손실은 감소한다.

(δ : 상대공기밀도, d[cm] : 전선 지름, D[cm]: 등가선간거리,
E[kV] : 전선 대지전압, E_0[kV] : 코로나 임계전압)

69 송전선에 코로나가 발생하면 전선이 부식된다. 다음 무엇에 의하여 부식되는가?

① 산소   ② 질소   ③ 수소   ④ 오존

해설 코로나 방전 중에 공기 중에 O_3(오존) 및 NO(산화질소)가 생기고 여기에 물이 첨가 되면 NHO_3(질산)이 되어 전선을 부식시킨다.

정답 66.③ 67.① 68.① 69.④

70 코로나 현상에 대한 설명 중 옳지 않은 것은?

① 코로나 현상은 전력손실을 일으킨다.
② 소호리액터 접지방식에서의 소호 능력이 증가한다.
③ 코로나 방전에 의한 전파 장해가 일어난다.
④ 전선의 코로나 진동이 발생한다.

해설 코로나 발생 결과
- 코로나 손실, 잡음(노이즈 장해) 발생
- 통신선에 대한 유도장해(고조파 장해) 발생
- 전선의 부식 및 코로나 진동 발생
- 소호리액터 접지방식에서의 소호능력 감소

71 송전 선로에 코로나가 발생했을 때 이점이 있다면 다음 중 어느 것인가?

① 계전기의 신호에 영향을 준다.
② 라디오 수신에 영향을 준다.
③ 전력선 반송에 영향을 준다.
④ 고전압의 진행파가 발생하였을 때 뇌 서지에 영향을 준다.

해설 3송전선에 낙뢰 등으로 이상 전압 발생 시 이상전압 진행파의 파고값을 코로나의 저항 작용으로 빨리 감쇠시키는 이점이 있다.

72 3상 3선식 송전선로에서 코로나의 임계전압 E_0[kV]의 계산식은? (단, d = 2r 전선의 지름[cm], D = 전선(3선)의 평균선간거리[cm]이다

① $E_0 = 24.3 d \log_{10} \dfrac{D}{r}$
② $E_0 = 24.3 d \log_{10} \dfrac{r}{D}$
③ $E_0 = \dfrac{24.3}{d \log_{10} \dfrac{D}{r}}$
④ $E_0 = \dfrac{24.3}{d \log_{10} \dfrac{r}{D}}$

해설 코로나 임계전압 : $E_o = 24.3 m_o m_1 \delta d \log_{10} \dfrac{D}{r}$ [kV]

(m_o : 전선표면계수, n_1 : 날씨 계수, δ : 상대공기밀도($\delta \propto \dfrac{기압}{온도}$)

r : 전선 반지름, D[cm] : 등가선간거리)

정답 70.② 71.④ 72.①

73 코로나 임계 전압에 직접 관계가 없는 것은?

① 전선의 굵기 ② 기상조건 ③ 애자의 강도 ④ 선간 거리

해설 코로나 임계전압 결정 요소 : 기상 조건, 전선 구성 및 굵기, 등가선간거리

74 송전선로의 코로나 임계 전압이 높아지는 경우가 아닌 것은?

① 상대 공기 밀도가 적다. ② 전선의 반지름과 선간거리가 크다.
③ 낡은 전선을 새 전선으로 교체하였다. ④ 날씨가 맑다.

해설 코로나 임계전압 $E_o = 24.3 m_o m_1 \delta d \log_{10} \frac{D}{r}$ [kV]에서 상대공기밀도에 비례하므로 코로나 임계전압은 높아지려면 상대공기밀도가 커야 한다.
(m_o 전선표면계수, m_1 : 날씨 계수, δ : 상대공기밀도($\delta \propto \frac{기압}{온도}$))
r : 전선 반지름, D[cm] : 등가선간거리)

75 송전선에서 코로나 방지에 가장 효과적인 방법은?

① 선로의 애자수를 증가시킨다. ② 전선의 지름을 크게 한다.
③ 선간거리를 증가시킨다. ④ 선로의 높이를 증가시킨다.

해설 코로나 방지 대책
- 굵은 전선을 사용하여 코로나 임계전압을 상승(ACSR, 중공연선 채용)
- 다도체(복도체) 채용
- 가선 금구류 개량(국부적인 코로나 방지)
- 매끈한 전선 표면 유지

76 코로나 방지 대책으로 적당하지 않은 것은?

① 전선의 바깥지름을 크게 한다. ② 선간 거리를 증가시킨다.
③ 복도체를 사용한다. ④ 가선 금구류를 개량한다.

해설 코로나 임계전압 식에서 이론상으로는 선간거리를 증가시키는 것도 코로나 방지 대책이지만 임계전압 식에서 선간거리 관련 전압식이 상용로그이므로 실효성이 없다.

정답 73.③ 74.① 75.② 76.②

77 송전선로에 복도체나 다도체를 사용하는 주된 목적은 다음 중 어느 것인가?

① 뇌해의 방지 ② 건설비의 절감
③ 진동 방지 ④ 코로나 방지

해설 복도체를 채용하면 전선의 직경이 커지는 효과가 있으므로 코로나 임계전압을 상승시키므로 코로나 방지 효과가 있다.

【참고】 코로나 방지 목적 채용 : 복도체, 중공연선, ACSR

정답 77.④

Chapter 03 송전특성 및 조상설비

⇨ 송배전 선로 : 선로정수 R, L, C, G의 연속적인 전기회로
① 단거리 선로(20~30[km]) : R, L적용 → 집중 정수 회로 취급 해석.
② 중거리 선로(50[km] 내외) : R, L, C적용 → 집중 정수 회로 취급 해석.
③ 장거리 선로(100[km] 이상) : R, L, C, G 적용 → 분포 정수 회로 취급 해석.

1. 단거리 송전선로

(1) 전압강하

① 지상부하인 경우

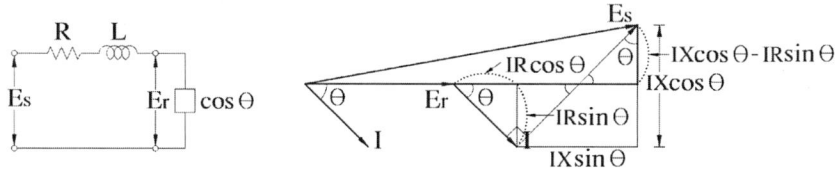

- E_s[V] : 송전단 전압
- E_r[V] : 수전단 전압
- R[Ω] : 한 상분 전선의 저항
- X[ohr] : 한 상분 전선의 유도성 리액턴스
- I[A] : 부하전류(선 전류)
- cosθ : 부하의 역률

전압강하 : $e = E_s - E_r$

$$E_s = \sqrt{(E_r + IR\cos\theta + IX\sin\theta)^2 + (IX\cos\theta - IR\sin\theta)^2}$$

$IX\cos\theta - IR\sin\theta$는 실제 선로에서 매우 작으므로 무시한다.

$$E_s = \sqrt{(E_r + IR\cos\theta + IX\sin\theta)^2} = E_r + IR\cos\theta + IX\sin\theta$$

ⓐ $e(단상) = E_s - E_r = I(R\cos\theta + X\sin\theta)[V]$ (R, X : 2선 전체분)

ⓑ $e(3상) = V_s - V_r = \sqrt{3}I(R\cos\theta + X\sin\theta)[V]$ (R, X : 1선 전체분)

여기서, V_s, V_r은 선간전압으로 대지전압 E_s, E_r의 $\sqrt{3}$배이다.

【참고】 유효전류, 무효 전류

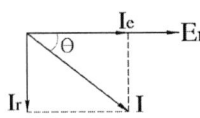

- 유효전류 $I_e = I\cos\theta$
- 무효전류 $I_r = I\sin\theta$
- 전압강하 $e = IR\cos\theta + IX\sin\theta = I\cos\theta \cdot R + I\sin\theta \cdot X$

① 전력 발생 시 유효전력은 전압과 유효전류의 곱이고, 무효전력은 전압과 무효전류의 곱이다.
② 전압강하도 저항에서는 전류의 유효성분이, 리액턴스에서는 전류의 무효성분이 각각 전압강하를 발생시킨다.
② 진상부하인 경우 : 페란티 현상 발생

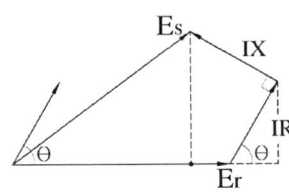

- E_s[V] : 송전단 전압
- E_r[V] : 수전단 전압
- R[Ω] : 한 상분 전선의 저항
- X[Ω] : 한 상분 전선의 유도성 리액턴스
- I[A] : 부하전류(선 전류)
- $\cos\theta$: 부하의 역률

전압강하 : $E_s = E_r + IR\cos\theta - IX\sin\theta$ 에서 $e = E_s - E_r = IR\cos\theta - IX\sin\theta$[V]

⇨ **페란티 현상**

① 정의 및 발생원인 : 송전 선로에서 수전단에 접속된 부하가 급감되거나 또는 무부하시 선로에 분포된 정전용량의 영향으로 전압보다 90도 앞선 진상전류(충전전류)가 흘러 수전단 전압이 송전단 전압보다 더 높아지는 현상으로 송전 선로의 정전용량이 클수록, 또 선로 길이가 길수록 더 커진다.
② 방지 대책 : 정전용량에 의한 90도 앞선 전류를 제거하기 위해 부하에 병렬로 접속하여 90도 뒤진 전류를 흘리기 위한 유도성 리액터(분로리액터)를 설치한다.

(2) 전압강하율(ε)

수전단 전압에 대한 전압강하의 백분율 비.

- 전압강하율 : $\epsilon = \dfrac{e}{V_r} \times 100 = \dfrac{V_s - V_r}{V_r} \times 100$ [%]

(V_s, V_r은 송전단, 수전단 선간전압, 대지전압(E_s, E_r)의 $\sqrt{3}$배)

(3) 전압변동률(δ)

전 부하 수전단 전압에 대한 무 부하 시 수전단 전압의 백분율 비.

- 전압변동률 $\delta = \dfrac{V_{ro} - V_{rn}}{V_{rn}} \times 100 [\%]$

여기서, V_{ro}는 수전단 무 부하 시 전압, V_{rn}은 수전단 전 부하 시 전압이다.

(4) 전력손실률 (η)

수전단 전력에 대한 선로 저항에 의한 전력 손실의 백분율 비.

전력손실률 : $\eta = \dfrac{P_\ell}{P_r} \times 100 = \dfrac{P_s - P_r}{P_r} \times 100 [\%]$

수전단 유효전력 : $P_r = 3E_r I \cos\theta_r = \sqrt{3}\, V_r I \cos\theta_r \,[\text{W}]$

전력 손실 : $P_\ell = 3I^2 R \,[\text{W}]$ 에서

전류 $I = \dfrac{P_r}{\sqrt{3}\, V_r \cos\theta_r} [\text{A}]$, 전선 저항 $R = \rho \dfrac{\ell}{A} [\Omega]$ 이므로

$$P_\ell = 3I^2 R = 3\left(\dfrac{P_r}{\sqrt{3}\, V_r \cos\theta_r}\right)^2 \cdot \rho \dfrac{\ell}{A} = \dfrac{P_r^2 \,\rho\, \ell}{A\, V_r^2 \cos^2\theta_r} [\text{W}]$$

① 전력손실과 역률 관계 : $P_\ell \propto \dfrac{1}{\cos^2\theta}$ (전력손실은 역률의 제곱에 반비례한다.)

② 전력손실과 공급 전압 관계 : $P_\ell \propto \dfrac{1}{V_r^2}$ (전력손실은 공급 전압의 제곱에 반비례한다.)

(5) 전압의 n배 승압 시 효과

장점	공급 전력(능력)	$P \propto V^2$ (n^2배로 증가)
	공급 전력(능력)	$k \propto V$ (n배로 증가 → 전선 저항과 전력손실이 일정한 경우)
	전력 공급 거리	$\ell \propto V^2$ (n^2배로 증가)
	전력 손실	$P_\ell \propto \dfrac{1}{V^2}$ ($\dfrac{1}{n^2}$배로 감소)
	전력손실율	$\eta \propto \dfrac{1}{V^2}$ ($\dfrac{1}{n^2}$배로 감소)
	전압강하	$e \propto \dfrac{1}{V}$ ($\dfrac{1}{n}$배로 감소)
	전압강하율	$\varepsilon \propto \dfrac{1}{V^2}$ ($\dfrac{1}{n^2}$배로 감소)
	전선의 단면적	$A \propto \dfrac{1}{V^2}$ ($\dfrac{1}{n^2}$배로 감소)
단점	① 절연계급의 상승에 따른 지지물의 대형화 및 애자련의 개수 증가 ② 전선로 시설에 대한 재료비 및 인건비 증가	

2. 중거리 송전선로

중거리 송전선로 해석의 경우 선로정수 R, L, C만 고려하며 또한 각각의 선로정수가 선로 어느 한 곳에 집중되어 있는 것으로 취급하여 해석한다.

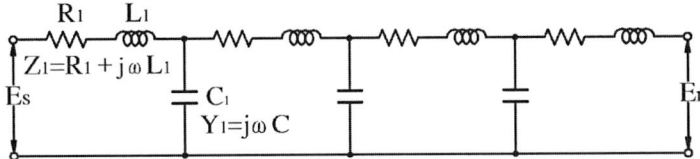

- $E_s[V]$: 송전단 대지전압
- $E_r[V]$: 수전단 대지전압
- $\dot{Z}_1 = R_1 + j\omega L_1\,[\Omega/\mathrm{km}]$: 선로 한 상 분 직렬 임피던스
- $\dot{Y}_1 = j\omega C_1\,[\mho/\mathrm{km}]$: 선로 한 상 분 병렬 어드미턴스
- 선로 길이 : $\ell\,[\mathrm{km}]$
- 선로 전체 임피던스 : $\dot{Z} = \dot{Z}_1 \ell\,[\Omega]$
- 선로 전체 어드미턴스 : $\dot{Y} = \dot{Y}_1 \ell\,[\mho]$

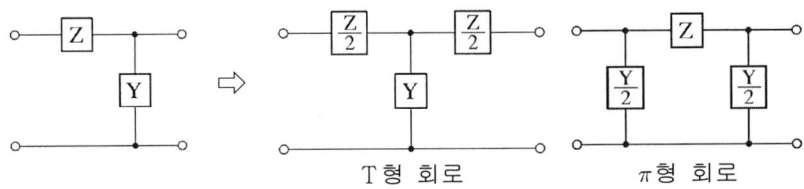

T형 회로   π형 회로

(1) 4단자망 기본 방정식

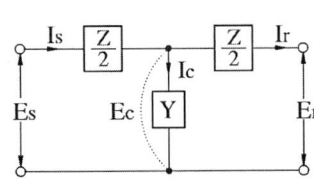

- E_s, $E_r[V]$: 송전단, 수전단 대지전압
- I_s, $I_r[A]$: 송전단, 수전단 전류
- $E_c = E_r + \dfrac{Z}{2}I_r$, $I_c = YE_c$
- $E_s = E_c + \dfrac{Z}{2}I_s$, $I_s = I_c + I_r$

① 송전단 전류

$$I_s = I_c + I_r = YE_c + I_r = Y\!\left(E_r + \frac{Z}{2}I_r\right) + I_r = YE_r + \left(1 + \frac{ZY}{2}\right)I_r$$

② 송전단 전압

$$E_s = E_c + \frac{Z}{2}I_s = \left(E_r + \frac{Z}{2}I_r\right) + \frac{Z}{2}\left[YE_r + \left(1 + \frac{ZY}{2}\right)I_r\right]$$

$$= E_r + \frac{ZY}{2}E_r + \frac{Z}{2}I_r + \frac{Z}{2}I_r + \frac{Z^2Y}{4}I_r$$

$$= \left(1 + \frac{ZY}{2}\right)E_r + Z\left(1 + \frac{ZY}{4}\right)I_r$$

③ 4단자 기본방정식

$$E_s = \left(1 + \frac{ZY}{2}\right)E_r + Z\left(1 + \frac{ZY}{4}\right)I_r \quad \rightarrow \quad E_s = AE_r + BI_r$$

$$I_s = YE_r + \left(1 + \frac{ZY}{2}\right)I_r \quad \rightarrow \quad I_s = CE_r + DI_r$$

④ 4단자 정수 $\dot{A}, \dot{B}, \dot{C}, \dot{D}$: 송전단 전압과 전류를 수전단 전압과 전류로 표현하기 위한 매개 변수

▷ **4단자정수 구하는 법**

ⓐ $A = \dfrac{E_s}{E_r}\bigg|_{I_r=0}$: 단위 차원이 없는 상수

ⓑ $B = \dfrac{E_s}{I_r}\bigg|_{E_r=0}$: 임피던스 차원

ⓒ $C = \dfrac{I_s}{E_r}\bigg|_{I_r=0}$: 어드미턴스 차원

ⓓ $D = \dfrac{I_s}{I_r}\bigg|_{E_r=0}$: 단위 차원이 없는 상수

⑤ 4단자 정수의 특징 $AD - BC = 1$

(2) 단일 소자의 4단자 정수

① 임피던스(Z) 만의 회로

- $E_s, E_r[V]$: 송전단, 수전단 대지전압
- $I_s, I_r[A]$: 송전단, 수전단 전류
- $E_x = AE_r + BI_r$
- $I_s = CE_r + DI_r$

- $A = \dfrac{E_s}{E_r}\bigg|_{I_r=0(수전단\ 개방)} = 1$ • $B = \dfrac{E_s}{I_r}\bigg|_{E_r=0(수전단\ 단락)} = Z$

- $C = \dfrac{I_s}{E_r}\bigg|_{I_r=0(\text{수전단 개방})} = 0$ 　　• $D = \dfrac{I_s}{I_r}\bigg|_{E_r=0(\text{수전단 단락})} = 1$

- 4단자 정수 $\begin{bmatrix} A & B \\ C & D \end{bmatrix} = \begin{bmatrix} 1 & Z \\ 0 & 1 \end{bmatrix}$

② 어드미턴스(Y)만의 회로

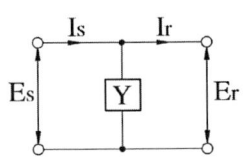

- $E_s,\ E_r[V]$: 송전단, 수전단 대지전압
- $I_s,\ I_r[A]$: 송전단, 수전단 전류
- $E_s = AE_r + BI_r$
- $I_s = CE_r + DI_r$

- $A = \dfrac{E_s}{E_r}\bigg|_{I_r=0(\text{수전단 개방})} = 1$ 　　• $B = \dfrac{E_s}{I_r}\bigg|_{E_r=0(\text{수전단 단락})} = 0$

- $C = \dfrac{I_s}{E_r}\bigg|_{I_r=0(\text{수전단 개방})} = Y$ 　　• $D = \dfrac{I_s}{I_r}\bigg|_{E_r=0(\text{수전단 단락})} = 1$

- 4단자 정수 $\begin{bmatrix} A & B \\ C & D \end{bmatrix} = \begin{bmatrix} 1 & 0 \\ Y & 1 \end{bmatrix}$

(3) 단일소자 4단자 정수에 의한 회로의 해석

① T형 회로

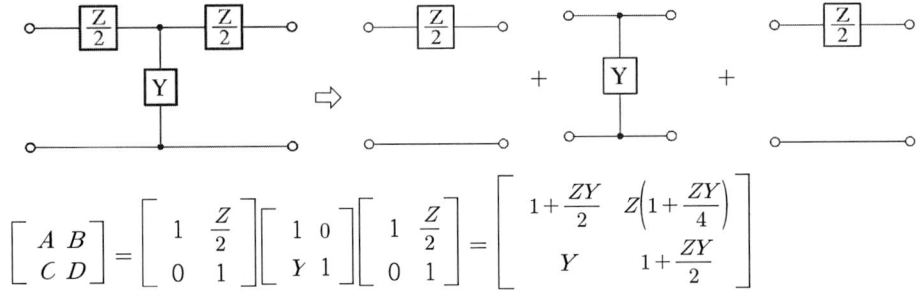

- T형 회로 4단자 기본 방정식

$$E_s = (1 + \dfrac{ZY}{2})E_r + Z(1 + \dfrac{ZY}{4})I_r$$

$$I_s = YE_r + (1 + \dfrac{ZY}{2})I_r$$

② π형 회로

$$\begin{bmatrix} A & B \\ C & D \end{bmatrix} = \begin{bmatrix} 1 & 0 \\ \frac{Y}{2} & 1 \end{bmatrix} \begin{bmatrix} 1 & Z \\ 0 & 1 \end{bmatrix} \begin{bmatrix} 1 & 0 \\ \frac{Y}{2} & 1 \end{bmatrix} = \begin{bmatrix} 1+\frac{ZY}{2} & Z \\ Y\left(1+\frac{ZY}{4}\right) & 1+\frac{ZY}{2} \end{bmatrix}$$

• π형 회로 4단자 기본 방정식

$$E_s = (1+\frac{ZY}{2})E_r + ZI_r$$
$$I_s = Y\left(1+\frac{ZY}{4}\right)E_r + \left(1+\frac{ZY}{2}\right)I_r$$

3. 장거리 송전선로

장거리 송전선로 해석의 경우 선로정수 R, L, C, G 모두 고려하며 또한 각각의 선로정수가 선로 상에 고르게 분포되어 있는 것으로 취급하여 해석한다.

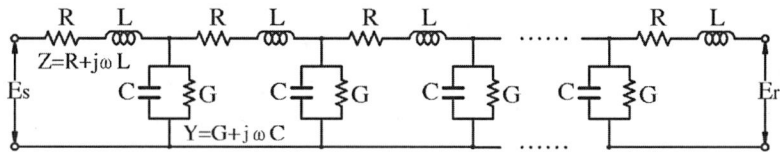

• $E_s[V]$: 송전단 대지전압
• $E_{sr}V]$: 수전단 대지전압
• $Z = R+j\omega L[\Omega/km]$: 선로 한상분 직렬 임피던스
• $Y = G+j\omega C[\mho/km]$: 선로 한상분 병렬 어드미턴스
• 선로의 길이 : ℓ [km]

$$\begin{bmatrix} A & B \\ C & D \end{bmatrix} = \begin{bmatrix} 1 & Z \\ 0 & 1 \end{bmatrix} \begin{bmatrix} 1 & 0 \\ Y & 1 \end{bmatrix} \begin{bmatrix} 1 & Z \\ 0 & 1 \end{bmatrix} \begin{bmatrix} 1 & 0 \\ Y & 1 \end{bmatrix} \cdots$$

$$\dot{A} = \dot{D} = 1 + \frac{\dot{Z}\dot{Y}}{2!} + \frac{(\dot{Z}\dot{Y})^2}{4!} + \frac{(\dot{Z}\dot{Y})^3}{6!} + \cdots = \cosh\dot{\gamma}\ell$$

$$\dot{B} = \dot{Z}[1 + \frac{\dot{Z}\dot{Y}}{3!} + \frac{(\dot{Z}\dot{Y})^2}{5!} + \frac{(\dot{Z}\dot{Y})^3}{7!} + \cdots] = \dot{Z}_o \sinh\dot{\gamma}\ell$$

$$\dot{C} = \dot{Y}[1 + \frac{\dot{Z}\dot{Y}}{3!} + \frac{(\dot{Z}\dot{Y})^2}{5!} + \frac{(\dot{Z}\dot{Y})^3}{7!} + \cdots] = \frac{1}{\dot{Z}_o}\sinh\dot{\gamma}\ell$$

① 전파방정식 : $\dot{E}_s = \cosh\gamma\ell\, \dot{E}_r + Z_o \sinh\gamma\ell\, \dot{I}_r$

$$\dot{I}_s = \frac{1}{Z_o}\sinh\gamma\ell\, \dot{E}_r + \cosh\gamma\ell\, \dot{I}_r$$

② 전파정수 : 전압 전류가 선로의 끝 송전단에서부터 멀어져감에 따라 그 진폭과 위상이 변해가는 특성

$$\gamma = \sqrt{\dot{Z}\dot{Y}} = j\omega\sqrt{LC}$$

③ 특성(파동)임피던스 : 송전선을 이동하는 진행파에 대한 전압과 전류의 비

$$\dot{Z}_o = \sqrt{\frac{Z}{Y}}\,[\Omega]$$

일반적인 송전선로인 경우 보통 300[Ω] ~ 500[Ω] 정도이다.

④ 전파속도 : $v = \dfrac{1}{\sqrt{LC}} = 3\times 10^5 [\text{km/sec}] = 3\times 10^8 [\text{m/s}] \rightarrow$ 광속

⑤ 특성임피던스와 전파속도를 이용한 L과 C계산식

- $L = \sqrt{\dfrac{L}{C}} \times \sqrt{LC} = Z_0 \times \dfrac{1}{v} = \dfrac{Z_0}{v}$

- $C = \sqrt{\dfrac{C}{L}} \times \sqrt{LC} = \dfrac{1}{Z_0} \times \dfrac{1}{v} = \dfrac{1}{Z_0 v}$

4. 전력원선도법

- 4단자 기본 방정식 $E_s = AE_r + BI_r$, $I_s = CE_r + DI_r$
- 송전 전력 (복소전력법) $P_s = \dot{E}_s \overline{\dot{I}_s} = P + jP_r$

① 송전단 전압 : $\dot{E}_s[V]$

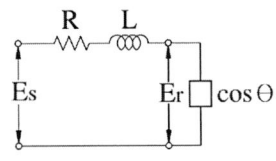 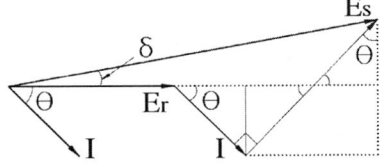

수전단 전압 $\dot{E}_r = \dot{E}_r \angle 0 = E_r$

송전단 전압 $\dot{E}_s = E_s \angle \delta$

② 송전단 전류 : $\dot{I}_s =$

송전단 전압 $E_s = AE_r + BI_r$ 에서 $BI_r = E_s - AE_r$ 에서

수전단 전류 $I_r = \dfrac{1}{B}E_s - \dfrac{A}{B}E_r$ 에서

송전단 전류 $I_s = CE_r + DI_r = CE_r + D\left(\dfrac{1}{B}E_s - \dfrac{A}{B}E_r\right) = \dfrac{D}{B}E_s + \dfrac{BC-AD}{B}E_r$

$\qquad\qquad\qquad = \dfrac{D}{B}E_s - \dfrac{1}{B}E_r$

$\dfrac{1}{\dot{B}} = \dfrac{1}{B\angle\beta} = \dfrac{1}{B}\angle -\beta \ (\dot{B} \to \dot{Z} = R + jX)$

$\dfrac{\dot{D}}{\dot{B}} = \dfrac{K}{R+jX} = \dfrac{KR}{R^2+X^2} - j\dfrac{KX}{R^2+X^2} = m - jn$

따라서, 복소전력 법에 의한 송전 전력

$P_s = \dot{E}_s\overline{\dot{I}_s} = E_s\angle\delta\,[(m-jn)E_s\angle\delta - \dfrac{1}{B}E_r\angle -\beta]$

$\qquad = E_s\angle\delta\,[(m+jn)E_s\angle -\delta - \dfrac{1}{B}E_r\angle\beta]$

$\qquad = (m+jn)E_s^2 - \dfrac{E_sE_r}{B}\angle(\beta+\delta)$ 이고,

또한, 복소전력법에 의한 송전전력 P_s는 송전단 유효전력과 무효전력을 나타내므로

$P_s = \dot{E}_s\overline{\dot{I}_s}$ 에서 $P + jP_r = (m+jn)\dot{E}_s^2 - \dfrac{\dot{E}_s\dot{E}_r}{\dot{B}}\angle(\delta+\beta)$

$\qquad\qquad (P - mE_s^2) + j(P_r - nE_s^2) = -\dfrac{\dot{E}_s\dot{E}_r}{\dot{B}}\angle(\delta+\beta)$

양변을 제곱하면 $(P - mE_s^2)^2 + j(P_r - nE_s^2)^2 = \left(\dfrac{\dot{E}_s\dot{E}_r}{\dot{B}}\right)^2$ 이므로

중심이 (mE_s^2, nE_s^2) 이고, 반지름 $\rho = \dfrac{\dot{E}_s\dot{E}_r}{\dot{B}}$ 인 원을 의미한다.

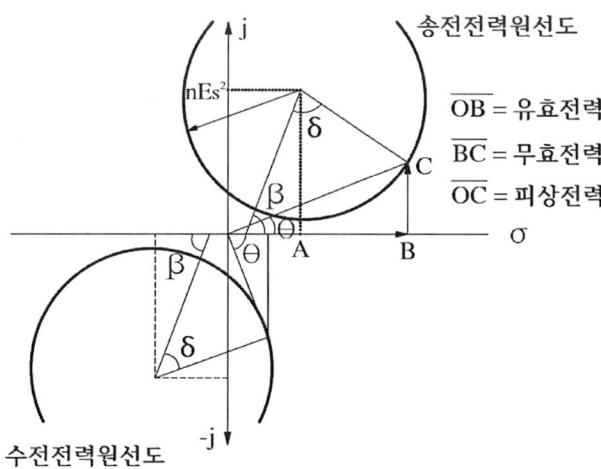

송전전력원선도

$\overline{OB}$ = 유효전력
$\overline{BC}$ = 무효전력
$\overline{OC}$ = 피상전력

수전전력원선도

⇨ **전력원선도에서 구할 수 있는 것 :**

① 유효전력　　　② 무효전력　　　③ 피상전력
④ 역률　　　　　⑤ 조상설비 용량　⑥ 전력손실

5. 송전용량 및 가장 경제적인 송전전압

송전용량이란 임의의 송전 선로에서 어느 정도까지의 전력을 공급할 수 있는가를 나타내는 최대 송전전력으로 다음과 같은 계산법이 있다.

(1) 최대송전전력

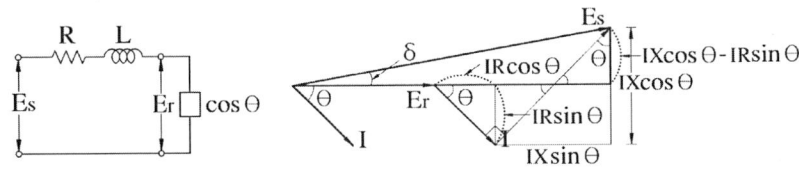

특고압 송전선로에서는 X ≫ R (무시) 관계가 성립하므로

$\overline{bc} = IX\cos\theta = E_s\sin\delta$ 에서 $I\cos\theta = \dfrac{E_s}{X}\sin\delta$

수전단 유효전력 $P = E_r I\cos\theta = \dfrac{E_s E_r}{X}\sin\delta [MW]$ 이므로

대지전압 기준 한 상 최대 전력 : $P = \dfrac{E_s E_r}{X}\sin\delta [MW]$

여기서 각각의 송·수전단 대지전압을 선간전압으로 환산하여 표현하면 다음과 같다.

선간전압 기준 3상 최대 전력 : $P = \dfrac{V_s V_r}{X}\sin\delta [MW]$

(2) 고유부하법

수전단을 특성 임피던스로 단락 한 상태에서의 수전 전력

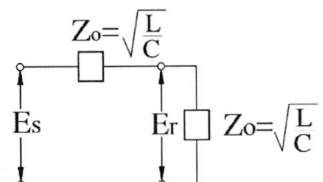

- $E_s[kV]$: 송전단 대지전압
- $E_r[kV]$: 수전단 대지전압
- $V_s[kV]$: 송전단 선간전압
- $V_r[kV]$: 수전단 선간전압

- 고유 송전용량 : $P = \dfrac{V_r^2}{Z_0} = \dfrac{V_r^2}{\sqrt{\dfrac{L}{C}}}$ [MW/회선]

여기서, Z0[Ω]은 선로의 특성 임피던스, V_r[kV]는 수전단 선간전압이다.

(3) 송전용량계수법

고유 임피던스법은 송전용량이 선로의 길이에 관계없이 전압의 크기만으로 결정되어지기 때문에 여기에 선로의 길이까지를 고려한 송전용량 계산법으로 선로의 길이와 수전단 선간 전압을 고려하여 송전전력을 구하는 경우 선로상의 유도성 리액턴스 X와 선로의 길이 ℓ 은 비례관계이므로 송전용량을 다음과 같이 표현할 수 있다.

송전전력 $P \propto \dfrac{V_s V_r}{X} \propto \dfrac{V_s V_r}{\ell}$ (ℓ [km] : 전송거리)

- 수전전력 : $P = K \dfrac{V_r^2}{\ell}$ [kW]

⇨ **송전용량 계수의 개략 값**

전압 계급	송전용량 계수
60[kV]	600
100[kV]	800
140[kV]	1200

(4) 가장 경제적인 송전전압의 식 (A. Still의 식)

- 송전전압 [kV] $= 5.5 \sqrt{0.6\ell + \dfrac{P}{100}}$

(ℓ [km] : 선로 길이, P[kW] : 수전전력)

6. 조상설비

(1) 전력용(진상용) 콘덴서

부하와 병렬로 접속하여 부하 역률을 개선하기 위한 병렬콘덴서

① 역률 : 교류에서 피상전력에 대한 유효전력의 비율

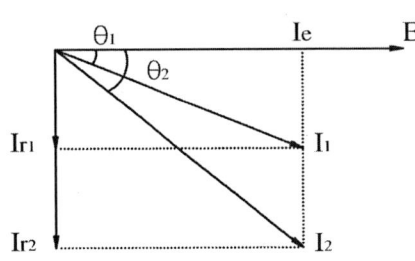

- 피상전력 : $P_{a1} = EI_1 [\text{VA}]$
  $P_{a2} = EI_2 [\text{VA}]$
- 유효전력 :
  $P = EI_e = EI_1 \cos\theta_1 = EI_2 \cos\theta_2 [\text{W}]$
- 무효전력 : $P_{r1} = EI_{r1} = EI_1 \sin\theta_1 [\text{Var}]$
  $P_{r2} = EI_{r2} = EI_2 \sin\theta_2 [\text{Var}]$
- 역률 : $\cos\theta = \dfrac{P}{P_a} = \dfrac{I_e}{I} = \dfrac{\text{동상전류}}{\text{전체전류}}$

ⓐ 역률이 낮다 : 무효분 전류 증가 → 전체 전류 증가 → 피상전력 증가
ⓑ 역률이 높다 : 무효분 전류 감소 → 전체 전류 감소 → 피상전력 감소

② 역률개선용 콘덴서의 설치목적

- 전력손실이 감소한다.(가장 주된 목적, $P_\ell \propto \dfrac{1}{\cos^2\theta}$)
- 전압강하가 작아진다.
- 전기요금이 감소한다.
- 변압기 동손이 경감된다.
- 전기설비용량(변압기용량)의 여유도가 증가한다.

③ 역률개선의 원리 및 콘덴서 용량

부하와 병렬로 접속한 콘덴서에 흐르는 전류가 전압보다 90°앞선 위상차를 갖는 진상전류가 흐르게 되는 원리를 이용하여, 부하에 흐르는 90°뒤진 위상차를 갖는 지상전류를 감소, 제거시킴으로서 부하임피던스에 의해 결정되어지는 전 전류의 크기 및 위상차를 감소시켜 부하의 역률을 개선한다.

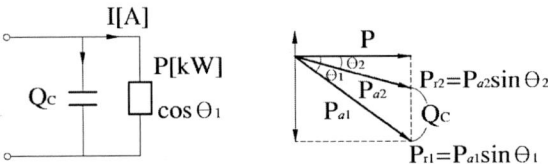

콘덴서 용량 $Q_C = P_{a1}\sin\theta_1 - P_{a2}\sin\theta_2 = \dfrac{P}{\cos\theta_1} \times \sin\theta_1 - \dfrac{P}{\cos\theta_2} \times \sin\theta_2$

$= P\left(\dfrac{\sin\theta_1}{\cos\theta_1} - \dfrac{\sin\theta_2}{\cos\theta_2}\right) = P(\tan\theta_1 - \tan\theta_2)[\text{kVA}]$

④ 유효전력, 무효전력, 피상전력, 콘덴서 용량의 관계 :

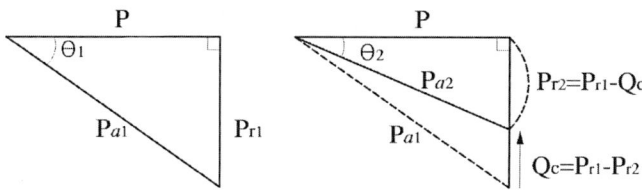

① 개선전 역률 $\cos\theta_1 = \dfrac{P}{\sqrt{P^2 + P_{r1}^2}}$

② 개선후 역률 $\cos\theta_2 = \dfrac{P}{\sqrt{P^2 + (P_{r1} - Q_c)^2}}$

⑤ 전력용 콘덴서의 구조

ⓐ 단상

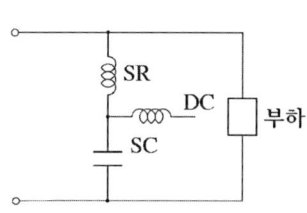

- 직렬 리액터(SR) : 제 3고조파 제거

  공진조건 : $3\omega_0 L = \dfrac{1}{3\omega_o C}$ 에서

  $\omega_o L = \dfrac{1}{9} \cdot \dfrac{1}{\omega_o C} = 0.11 \dfrac{1}{\omega_o C}$

  직렬리액터의 용량 : 콘덴서 용량의 11~13[%]연결

- 방전 코일(DC) : 콘덴서의 잔류전하 방전

ⓑ 3상

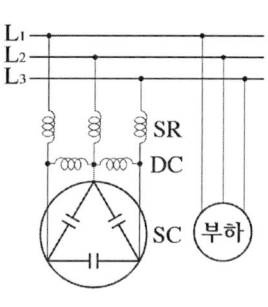

- 전력용 콘덴서의 결선 : △결선
- 직렬리액터 : 제 5고조파 제거

  공진조건 $5\omega_o L = \dfrac{1}{5\omega_o C}$ 에서

  $\omega_o L = \dfrac{1}{25} \cdot \dfrac{1}{\omega_o C} = 0.04 \dfrac{1}{\omega_o C}$

  직렬리액터의 용량 : 이론상 4[%], 실제상 5~6[%]

- 방전 코일 : 잔류전하 방전

⑥ 콘덴서의 충전용량

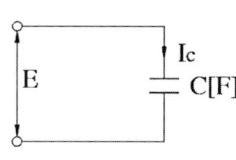

콘덴서에 흐르는 전류 : $I_c = \omega C E [\text{A}]$

콘덴서 충전용량 : $Q_c = E I_c = \omega C E^2 [\text{VA}]$

$Q_c = E I_c = \omega C E^2 [\text{VA}]$
$= \omega C E^2 \times 10^{-9} [\text{kVA}]$ (단, $C[\mu\text{F}]$, $E[\text{V}]$)

ⓐ △ 결선 시 충전용량

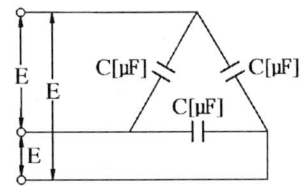

$Q_1 = \omega CE^2 \times 10^{-9} [\text{kVA}]$

$Q_\triangle = 3Q_1 = 3\omega CE^2 \times 10^{-9} [\text{kVA}]$

여기서, 정전용량은 C[μF], 선간전압은 E[V]이다.

ⓑ Y결선 시 충전용량

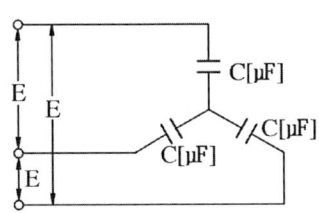

$Q_1 = \omega C(\dfrac{E}{\sqrt{3}})^2 \times 10^{-9} = \dfrac{1}{3}\omega CE^2 \times 10^{-9} [\text{kVA}]$

$Q_Y = 3Q_1 = \omega CE^2 \times 10^{-9} [\text{kVA}]$

여기서, 정전용량은 C[μF], 선간전압은 E[V]이다.

ⓒ 콘덴서를 △결선으로 하면 Y 결선 시에 비해 3배의 충전용량을 얻을 수 있다.

(2) 동기조상기

동기 전동기의 여자전류를 변화시켜 진상 또는 지상 전류를 공급함으로서 부하의 역률을 개선하는 장치

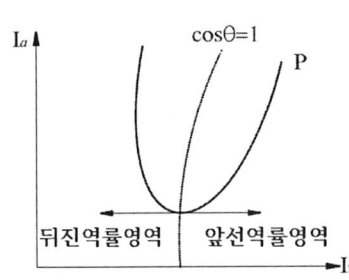

- I_a[A] : 전기자 전류
- I_f[A] : 계자 전류
- P[kW] : 전동기 출력으로 부하 증가 시 V곡선은 점차 위쪽 방향으로 상승한다.
① 여자전류(I_f) 증가 : 증가하는 전기자전류가 진상 전류가 되어 콘덴서로 작용한다.
② 여자전류(I_f) 감소 : 증가하는 전기자전류가 지상 전류가 되어 리액터로 작용한다.

▷ **전력용 콘덴서와 동기조상기의 비교**

전력용 콘덴서	동기조상기
• 진상전류만 공급이 가능하다 • 전류 조정이 계단적이다. • 소형, 경량이므로 값이 싸고 손실이 적다. • 용량 변경이 쉽다.	• 진상, 지상전류 모두 공급이 가능하다. • 전류 조정이 연속적이다. • 대형, 중량이므로 값이 비싸고 손실이 크다. • 선로의 시 충전 운전이 가능하다.

(3) 직렬콘덴서

전압강하를 보상하기 위하여 부하와 직렬로 접속하여 선로 상에 존재하는 유도성 리액턴스를 감소시키기 위한 직렬콘덴서 (안정도 증대)

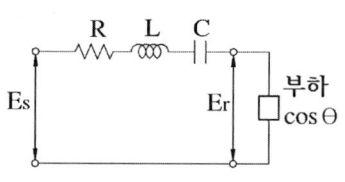

- $E_s[V]$: 송전단 전압
- $E_r[V]$: 수전단 전압
- $I[A]$: 부하전류
- $\cos\theta$: 부하 역률
- 전압강하 $e = E_s - E_r = I(R\cos\theta + X\sin\theta)[V]$

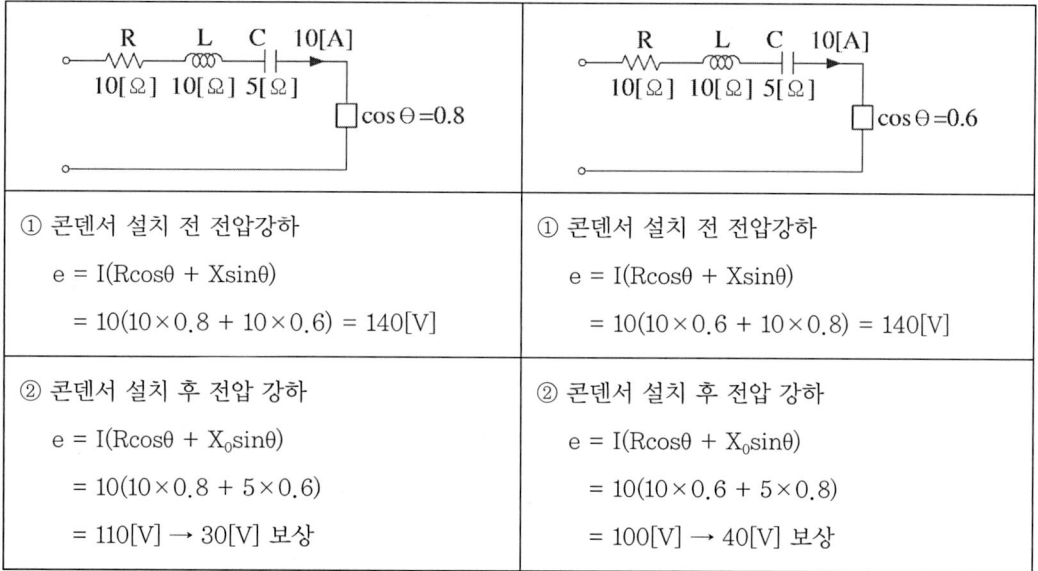

① 콘덴서 설치 전 전압강하 $e = I(R\cos\theta + X\sin\theta)$ $= 10(10 \times 0.8 + 10 \times 0.6) = 140[V]$	① 콘덴서 설치 전 전압강하 $e = I(R\cos\theta + X\sin\theta)$ $= 10(10 \times 0.6 + 10 \times 0.8) = 140[V]$
② 콘덴서 설치 후 전압 강하 $e = I(R\cos\theta + X_0\sin\theta)$ $= 10(10 \times 0.8 + 5 \times 0.6)$ $= 110[V] \rightarrow 30[V]$ 보상	② 콘덴서 설치 후 전압 강하 $e = I(R\cos\theta + X_0\sin\theta)$ $= 10(10 \times 0.6 + 5 \times 0.8)$ $= 100[V] \rightarrow 40[V]$ 보상

③ 직렬 콘덴서는 부하역률이 나쁠수록 그 설치 효과가 크다.

Chapter 03 송전특성 및 조상설비

출제예상핵심문제

78 송전선로의 저항을 R, 리액턴스 X라 하면 다음의 어느 식이 성립하는가?

① R > X   ② R ≪ X   ③ R = X   ④ R ≧ X

해설 송전선로 해석 시 일반적으로 전선의 저항과 리액턴스는 R ≪ X인 관계가 성립한다. 따라서 송전용량 계산 시 전선의 저항은 무시한다.

79 3상 송전 선로의 공칭 전압이란?

① 무 부하 상태에서 그의 수전단이 선간 전압
② 무 부하 상태에서 그의 송전단의 상전압
③ 전 부하 상태에서 그의 송전단의 선간 전압
④ 전 부하 상태에서 그의 수전단의 상전압

해설 3상 송전 선로의 공칭 전압 : 전부하 상태에서의 그의 송전단 선간전압을 나타내며 전선로를 대표하는 선간전압이다.

80 늦은 역률 부하를 갖는 단거리 송전선로의 전압강하 근사식은?(단, P_r[kW]은 3상 부하 전력, V_r[kV]은 수전단 선간전압, R[Ω]은 선로저항, X[Ω]는 리액턴스, θ는 늦은 역률 각이다)

① $\dfrac{\sqrt{3}\,P_r}{V_r}(R+X\tan\theta)$ ② $\dfrac{V_r}{\sqrt{3}\,P_r}(R+X\tan\theta)$

③ $\dfrac{P_r}{V_r}(R+X\tan\theta)$ ④ $\dfrac{P_r}{\sqrt{3}\,V_r}(R+X\tan\theta)$

해설 3상 부하전력 $P_r = \sqrt{3}\,V_r I\cos\theta$[W]에서 $I = \dfrac{P_r}{\sqrt{3}\,V_r\cos\theta}$[A] 이므로

전압강하 $e = \sqrt{3}\,I(R\cos\theta + X\sin\theta)$[V]

$= \sqrt{3} \times \dfrac{P_r}{\sqrt{3}\,V_r\cos\theta} \times (R\cos\theta + X\sin\theta) = \dfrac{P_r}{V_r}\left(R\cdot\dfrac{\cos\theta}{\cos\theta} + X\cdot\dfrac{\sin\theta}{\cos\theta}\right)$

$= \dfrac{P_r}{V_r}(R+X\tan\theta)$[V]

정답 78.②   79.③   80.③

Chapter 03
송전특성 및 조상설비

81 1선의 저항이 10[Ω], 리액턴스 15[Ω]인 3상 송전선이 있다. 수전단 전압 60[kV], 부하 역률 0.8[lag], 전류 100[A]라고 한다. 이 때 송전단 전압[V]은?

① 62,940　　② 63,700　　③ 64,000　　④ 65,940

해설　전압강하 $e = \sqrt{3}\,I(R\cos\theta + X\sin\theta)[V]$
$e = \sqrt{3} \times 100(10 \times 0.8 + 15 \times 0.6) = 2944.5[V]$
송전단 전압 $V_s = V_r + e = 60000 + 2944.5 ≒ 62,940[V]$

82 3상 3선식 선로에서 수전단 전압 6.6[kV] 역률 80[%](지상), 600[kVA] 3상 평형 부하가 연결되어 있다. 선로 임피던스 R = 3[Ω], X = 4[Ω]의 배전 선로가 있다 이 선로의 송전단 전압은 약 몇 [V]이겠는가?

① 6,240　　② 6,420　　③ 7,036　　④ 7,560

해설　전압강하 $e = \sqrt{3}\,I(R\cos\theta + X\sin\theta)[V]$
부하전류 $I = \dfrac{P_a}{\sqrt{3}\,V_r} = \dfrac{600 \times 10^3}{\sqrt{3} \times 6600} = 52.48[A]$
전압강하 $e = \sqrt{3}\,I(R\cos\theta + X\sin\theta) = \sqrt{3} \times 52.48 \times (3 \times 0.8 + 4 \times 0.6) = 436[V]$
송전단 전압 $V_s = V_r + e = 6600 + 436 = 7,036[V]$

83 역률 0.8, 출력 360[kW]인 3상평형 유도 부하가 3상 배전선로에 접속 되어 있다. 부하단의 수전 전압이 6,000[V]이고 배전선 1조의 저항 및 리액턴스가 각각 6[Ω], 4[Ω]이라고 하면 송전단 전압[V]은?

① 6,120　　② 6,277　　③ 6,300　　④ 6,540

해설　전압강하 $e = \sqrt{3}\,I(R\cos\theta + X\sin\theta)[V]$
부하전류 $I = \dfrac{P_r}{\sqrt{3}\,V_r\cos\theta} = \dfrac{360 \times 10^3}{\sqrt{3} \times 6000 \times 0.8} = 43.3[A]$
전압강하 $e = \sqrt{3}\,I(R\cos\theta + X\sin\theta) = \sqrt{3} \times 43.3(6 \times 0.8 + 4 \times 0.6) = 540[V]$
송전단 전압 $V_s = V_r + e = 6000 + 540 = 6,540[V]$

정답　81.①　82.③　83.④

84 송, 수전 선로 간의 저항이 10[Ω]이고, 리액턴스가 22[Ω]일 때, 송전단 상전압은 6,800[V], 수전단 상전압 6,600[V]이다. 전압강하율은 약 몇 [%]인가?

① 3.03 ② 4.0 ③ 2.85 ④ 3.33

해설 전압강하율 $\epsilon = \dfrac{V_s - V_r}{V_r} \times 100 = \dfrac{e}{V_r} \times 100 [\%]$

$= \dfrac{6800 - 6600}{6600} \times 10 = 3.03 [\%]$

85 수전단 전압 60,000[V], 전류 100[A], 선로 저항 8[Ω], 리액턴스 12[Ω]일 때 전압강하율은 약 몇 [%]인가?(단, 수전단 역률은 0.8이다)

① 2.91 ② 3.46 ③ 3.93 ④ 4.27

해설 전압강하율 $\epsilon = \dfrac{V_s - V_r}{V_r} \times 100 = \dfrac{e}{V_r} \times 100 [\%]$

전압강하 $e = \sqrt{3} I(R\cos\theta + \sin\theta) = \sqrt{3} \times 100(8 \times 0.8 + 12 \times 0.6) = 2355.59 [\text{V}]$

전압강하율 $\epsilon = \dfrac{e}{V_r} \times 100 = \dfrac{2355.59}{60000} \times 100 = 3.93 [\%]$

86 한 선의 저항 15[Ω], 리액턴스 20[Ω]이고, 수전단 선간전압 30[kV], 부하 역률 0.8인 3상 3선식 송전 선로의 전압강하율을 10[%]라 하면 이 송전 선로는 몇 [kW]까지 수전할 수 있는가?

① 2,750 ② 2,900 ③ 3,000 ④ 3,400

해설 전압강하 $e = \sqrt{3} I(R\cos\theta + X\sin\theta) [\text{V}]$

전압강하율 $\epsilon = \dfrac{V_s - V_r}{V_r} \times 100 = \dfrac{e}{30} \times 100 = 10 [\%]$ 이므로

전압강하 $e = 30 \times \dfrac{10}{100} = 3 [\text{kV}] = \sqrt{3} I(R\cos\theta + X\sin\theta) [\text{V}]$

전류 $I = \dfrac{e}{\sqrt{3}(R\cos\theta + X\sin\theta)} = \dfrac{3000}{\sqrt{3}(15 \times 0.8 + 20 \times 0.6)} = 72.17 [\text{A}]$

수전단 전력 $P_r = \sqrt{3} V_r I \cos\theta = \sqrt{3} \times 30 \times 72.17 \times 0.8 = 3000 [\text{kW}]$

정답 84.① 85.③ 86.③

87 송전단 전압 66[kV], 수전단 전압 60[kV]인 송전선로에서 수전단의 부하를 끊을 경우에 수전단 전압이 63[kV]가 되었다면 전압 변동률은 몇 [%]인가?

① 5   ② 5.5   ③ 7.8   ④ 9.5

해설 전압변동률 $\delta = \dfrac{V_{ro} - V_{rn}}{V_{rn}} \times 100 = \dfrac{63-60}{60} \times 100 = 5[\%]$

88 저항이 9.5[Ω]이고 리액턴스가 13.5[Ω]인 22.9[kV] 선로에서 수전단 전압 21[kV], 역률이 0.8[lag], 전압 변동률이 10[%]라고 할 때 송전단 전압은 몇 [kV]인가?

① 22.1   ② 23.1   ③ 24.1   ④ 25.1

해설 전압변동률 : $\delta = \dfrac{V_{ro} - V_{rn}}{V_{rn}} \times 100[\%]$

무부하의 경우 수전단 전압과 송전단 전압은 $V_{ro} = V_s$ 인 관계가 성립한다.

전압변동률 에서 $\delta = \dfrac{V_{ro} - V_{rn}}{V_{rn}} \times 100[\%]$ 에서 $10\% = 0.1 = \dfrac{V_s - 21}{21}$ 이므로

송전단 전압 $V_s = 21 \times (1 + 0.1) = 23.1[kV]$

89 다음 중 3상 3선식에서 일정한 거리에 일정한 전력을 송전할 경우 전로에서의 저항손은 어떻게 되는가?

① 선간전압에 비례한다   ② 선간전압에 반비례한다
③ 선간전압의 제곱에 비례한다   ④ 선간전압의 제곱에 반비례한다

해설 3상 수전전력 $P_r = \sqrt{3}\,V_r I \cos\theta [kW]$ 에서 부하전류 : $I = \dfrac{P_r}{\sqrt{3}\,V_r \cos\theta}[A]$ 이므로

전력 손실 $P_\ell = 3I^2 R = 3\left(\dfrac{P_r}{\sqrt{3}\,V_r \cos\theta_r}\right)^2 \cdot R = \dfrac{P_r^2}{V_r^2 \cos^2\theta} \cdot R[W]$ 에서

전력손실은 공급전력 일정 시 전압 및 역률의 제곱에 반비례한다.

정답 87.① 88.② 89.④

90 3상 3선식 송전선로에서 수전전력 P_r[kW], 수전전압 V_r[kV], 전선의 단면적 A[m²][mm²], 송전 거리 ℓ [km], 전선 고유저항 ρ[Ω·mm²/m], 역률 cosθ일 때 선로 손실 P_ℓ[kW]은?

① $\dfrac{P_r^{\,2}\rho\ell}{AV_r^{\,2}\cos^2\theta}$ ② $\dfrac{P_r^{\,2}\rho\ell}{A^2V_r^{\,2}\cos^2\theta}$

③ $\dfrac{P_r\rho\ell}{AV_r^{\,2}\cos^2\theta}$ ④ $\dfrac{P_r^{\,2}\rho\ell}{AV_r^{\,2}\cos\theta}$

[해설] 3상 수전전력 $P_r = \sqrt{3}\,V_r I\cos\theta$[kW] 에서 부하전류 $I = \dfrac{P_r}{\sqrt{3}\,V_r\cos\theta}$[A] 이므로

전력손실 $P_\ell = 3I^2R = 3\left(\dfrac{P_r}{\sqrt{3}\,V_r\cos\theta_r}\right)^2 \times \rho\dfrac{\ell}{A} = \dfrac{P_r^{\,2}\rho\ell}{AV_r^{\,2}\cos^2\theta}$[W]

91 수전단 3상 부하 P_r[W], 부하역률 $\cos\theta_r$, 수전단 선간전압 V_r[V], 선로의 저항 R[Ω/선]이라 할 때 송전단 3상 전력 P_s[W]는?

① $P_s = P_r\left(1 + \dfrac{P_r}{V_r^2\cos^2\theta_r}\cdot R\right)$ ② $P_s = P_r\left(1 + \dfrac{P_r\cdot R}{V_r\cos\theta_r}\right)$

③ $P_s = P_r(1 + P_r\cdot R\cos\theta_r)$ ④ $P_s = P_r\left(1 + \dfrac{P_r\cdot R\cos^2\theta_r}{V_r^{\,2}}\right)$

[해설] 송전단 전력 $P_s = P_r + P_\ell = \sqrt{3}\,V_r I\cos\theta_r + 3I^2R$[W] ($P_\ell$: 3상 전체 전력손실)

3상 수전전력 $P_r = \sqrt{3}\,V_r I\cos\theta_r$[kW] 에서 부하전류 $I = \dfrac{P_r}{\sqrt{3}\,V_r\cos\theta_r}$[A] 이므로

전력손실 $P_\ell = 3I^2R = 3\left(\dfrac{P_r}{\sqrt{3}\,V_r\cos\theta_r}\right)^2\cdot R = \dfrac{P_r^2}{V_r^2\cos^2\theta}\cdot R$[W]

송전단 전력 $P_s = P_r + P_\ell = P_r + \dfrac{P_r^2}{V_r^2\cos^2\theta_r}R = P_r\left(1 + \dfrac{P_r}{V_r^2\cos^2\theta_r}\cdot R\right)$[W]

92 전압과 역률이 일정할 때 전력손실을 2배로 하면 전력은 몇 [%] 정도 증가시킬 수 있는가?

① 약 41   ② 약 50   ③ 약 73   ④ 약 82

[해설] 3상 수전전력 $P_r = \sqrt{3}\,V_r I\cos\theta$[kW] 에서 부하전류 $I = \dfrac{P_r}{\sqrt{3}\,V_r\cos\theta}$[A] 이므로

전력 손실 $P_\ell = 3I^2R = 3\left(\dfrac{P_r}{\sqrt{3}\,V_r\cos\theta_r}\right)^2\cdot R = \dfrac{P_r^2}{V_r^2\cos^2\theta}\cdot R$[W] 에서

따라서 전압 및 역률 일정 시 전력손실과 공급전력 관계는 $P_\ell \propto P_r^2$ 이므로

정답 90.①   91.①   92.①

전력손실이 2배가 되기 위해서는 공급전력은 $\sqrt{2} = 1.414$ 배가 되어야 한다.
그러므로 41[%] 증가시킬 수 있다.

93 송전 선로의 전압을 2배로 승압할 경우 동일 조건에서 공급 전력을 동일하게 취하면 선로 손실은 승압 전의 (ⓐ)배로 되고 선로 손실률을 동일하게 취하면 공급전력은 승압 전의 (ⓑ)배로 된다.

① ⓐ $\frac{1}{4}$ ⓑ 4　　② ⓐ 4 ⓑ 4　　③ ⓐ $\frac{1}{4}$ ⓑ 2　　④ ⓐ 4 ⓑ $\frac{1}{2}$

해설　전압의 n배 승압

ⓐ 전력손실(률) : $\frac{1}{n^2}$ 배로 감소한다.　　ⓑ 공급전력 : n^2배로 증가한다.

3상 수전전력 $P_r = \sqrt{3}\, V_r I\cos\theta$ [kW] 에서 부하전류 $I = \frac{P_r}{\sqrt{3}\, V_r \cos\theta}$ [A] 이므로

ⓐ 전력손실 $P_\ell = 3I^2 R = 3\left(\frac{P_r}{\sqrt{3}\, V_r \cos\theta}\right)^2 \times R = \frac{P_r^2}{V_r^2 \cos^2\theta} \cdot R$ [W]

ⓑ 공급전력 $P_r = \frac{K V_r^2 \cos^2\theta}{R}$ [W]

전압을 2배로 승압하면 선로손실은 $\frac{1}{4}$배로 감소하고 공급전력은 4배로 증가한다.

94 154[kV]의 송전 선로의 전압을 345[kV]로 승압 하고 같은 손실률로 송전한다고 가정 하면 송전 전력은 승압 전의 몇 배인가?

① 2　　② 3　　③ 4　　④ 5

해설　전압의 승압비 $n = \frac{345}{154}$ 일 때 송전전력 $n = \frac{345}{154}$ 일 때 송전전력 $n^2 = \left(\frac{345}{154}\right)^2 \fallingdotseq 5$ 배

95 다음 (　)안에 알맞은 것은?

"동일 배전 선로에서 전압만을 3.3[kV]에서 22.9[kV](3.3×$\sqrt{3}$×4)로 승압 할 경우 공급 전력을 동일하게 하면 선로의 전력 손실(율)은 승압 전의 (ⓐ)배로 되고 선로의 전력 손실률을 동일하게 하면 공급 전력은 승압 전의 (ⓑ)배로 된다."

① ⓐ 약 $\frac{1}{7}$ ⓑ 약 7　　② ⓐ 약 48 ⓑ 약 $\frac{1}{48}$

③ ⓐ 약 $\frac{1}{48}$ ⓑ 약 48　　④ ⓐ 약 $\frac{1}{48}$ ⓑ 약 7

정답　93.①　94.④　95.③

해설 전압의 n배 승압시 효과

	n배 승압시 비율
공급전력, 전력공급거리	n^2배
전력손실(률), 전압강하율, 전선단면적	$\dfrac{1}{n^2}$배
전압강하	$\dfrac{1}{n}$배

따라서 전압을 $4\sqrt{3}$ 배로 승압하면 ⓐ 전력손실은 $\left(\dfrac{1}{4\sqrt{3}}\right)^2 = \dfrac{1}{48}$ 배로 감소하고,

ⓑ 공급전력은 48배로 증가한다.

96 고압 전선로 선간전압을 3,300[V]에서 5,700[V]로 승압하는 경우, 같은 전력, 같은 전력손실(율) 및 동일 역률로 전력을 공급하는 경우 ⓐ 전선의 단면적 및 ⓑ 공급거리는 약 몇 배인가?

① ⓐ $\dfrac{1}{\sqrt{3}}$ ⓑ $\sqrt{3}$ ② ⓐ 3 ⓑ $\dfrac{1}{3}$

③ ⓐ $\dfrac{1}{3}$ ⓑ 3   ④ ⓐ $\dfrac{1}{3}$ ⓑ $\sqrt{3}$

해설 전압의 n배 승압시 효과

	n배 승압시 효과
공급전력, 전력공급거리	n^2배
전력손실(률), 전압강하율, 전선단면적	$\dfrac{1}{n^2}$배
전압강하	$\dfrac{1}{n}$배

승압비 $\dfrac{5700}{3300}$ 배로 승압시 ⓐ 전선단면적은 $\dfrac{1}{\left(\dfrac{5700}{3300}\right)^2} = \dfrac{1}{3}$ 배로 감소

ⓑ 공급거리는 $\left(\dfrac{5700}{3300}\right)^2 ≒ 3$배로 증가한다.

정답 96.③

97 부하 전력 및 역률이 같을 때 전압을 n배 승압하면 전압 강하와 전압강하율은 어떻게 되는가?

① 전압 강하 : $\frac{1}{n}$, 전압 강하율 : $\frac{1}{n^2}$
② 전압 강하 : $\frac{1}{n^2}$, 전압 강하율 : $\frac{1}{n}$
③ 전압 강하 : $\frac{1}{n}$, 전압 강하율 : $\frac{1}{n}$
④ 전압 강하 : $\frac{1}{n^2}$, 전압 강하율 : $\frac{1}{n^2}$

해설 전압의 n배 승압시 효과

	n배 승압시 효과
공급전력, 전력공급거리	n^2배
전력손실(률), 전압강하율, 전선단면적	$\frac{1}{n^2}$배
전압강하	$\frac{1}{n}$배

따라서 전압을 n배로 승압하면 전압강하는 $\frac{1}{n}$배, 전압강하율은 $\frac{1}{n^2}$배로 감소한다.

98 송전 전압을 높일 때 발생하는 경제적 문제 중 옳지 않은 것은?

① 송전 전력과 전선의 단면적이 일정 하면 선로의 전력 손실이 감소한다.
② 절연 애자의 개수가 증가한다.
③ 변전소에 시설할 기기의 값이 고가로 된다.
④ 보수 유지에 필요한 비용이 적어진다.

해설 전압의 n배 승압시 단점
① 애자 개수 및 지지물 높이가 증가하므로 그 비용이 증가한다.
② 운전 및 보수 유지에 필요한 비용이 증가한다.

99 송전선로의 건설비와 전압과의 관계를 나타낸 것은?

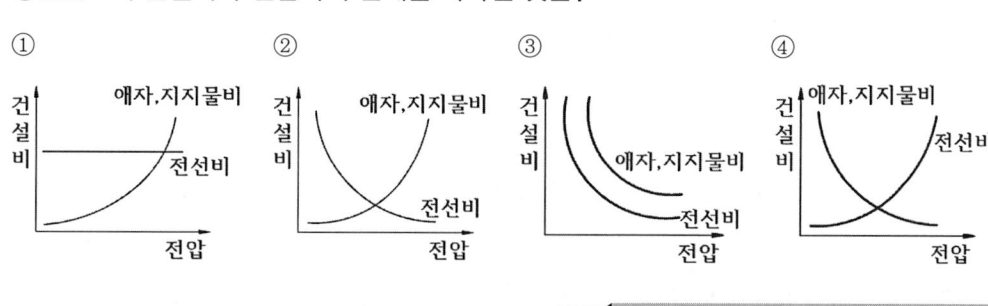

정답 97.① 98.④ 99.②

해설 전압의 n배 승압 시 전선의 단면적은 $\frac{1}{n^2}$배로 감소하므로 전선 비용은 감소하지만 애자 개수 및 지지물 높이가 증가하므로 그 건설비용은 증가한다.

100 T형 회로의 일반 회로 정수에서 C는 무엇을 의미하는가?
① 저항　　② 리액턴스　　③ 임피던스　　④ 어드미턴스

해설 4단자 기본 방정식 및 4단자 정수
① 4단자 기본방정식 $E_s = AE_r + BI_r$
$I_s = CE_r + DI_r$
② 4단자 정수 계산 : $A = \dfrac{E_s}{E_r}\bigg|_{I_r=0}$ (상수)　　$B = \dfrac{E_s}{I_r}\bigg|_{E_r=0}$ (임피던스)
$C = \dfrac{I_r}{E_r}\bigg|_{I_r=0}$ (어드미턴스)　　$D = \dfrac{I_s}{I_r}\bigg|_{E_r=0}$ (상수)

101 송전선로의 일반 회로정수가 A=1.0, B=j190, D=1.0이라면 C의 값은 얼마인가?
① 0　　② -j0.00526　　③ j0.00526　　④ j190

해설 4단자 기본식 AD - BC = 1에서 1×1 - j190×C = 1이므로 C = 0

102 154[kV], 300[km] 3상 송전선에서 일반 회로정수는 다음과 같다. $\dot{A}$ = 0.900, $\dot{B}$ = 150, $\dot{C}$ = j0.901×10⁻³, D = 0.93인 송전선에서 무부하시 송전단에 154[kV]를 가했을 때 수전단 전압[kV]은?
① 143　　② 154　　③ 166　　④ 171

해설 4단자 기본 방정식 $E_s = AE_r + BI_r$, $I_s = CE_r + DI_r$
무부하 시 수전단 전류 $I_r = 0$이 되므로
송전단 전압 $E_s = AE_r + BI_r$에서 $E_s = AE_r$이 된다.
수전단 전압 $E_r = \dfrac{1}{A}E_s = \dfrac{1}{0.9} \times 154 = 171[kV]$

103 일반 회로정수가 A, B, C, D 이고 송전단 상전압이 $\dot{E}_s$인 경우 무 부하 시 충전 전류는?
① $\dfrac{C}{A}E_s$　　② $\dfrac{A}{C}E_s$　　③ ACE_s　　④ CE_s

정답　100.④　101.①　102.④　103.①

해설 4단자 기본 방정식 $E_s = AE_r + BI_r$, $I_s = CE_r + DI_r$
무부하 시 수전단 전류 $I_r = 0$ 이 되므로
송전단 전압 $E_s = AE_r + BI_r$ 에서 $E_s = AE_r$ 이 되고
송전단 전류 $I_s = CE_r + DI_r$ 에서 $I_s = CE_r$ 이 된다.
따라서 $E_s = AE_r$ 에서 $E_r = \frac{1}{A}E_s$ 이므로
충전전류(송전단 전류) $I_s = CE_r = \frac{C}{A}E_s$ [A]

104
중거리 송전 선로의 T형 회로에서 송전단 전류 I_s는? (단, Z, Y는 선로의 직렬 임피던스와 병렬 어드미턴스이고 E_r은 수전단 전압, I_r은 수전단 전류이다.)

① $I_r\left(1 + \frac{ZY}{2}\right) + E_r Y$
② $E_r\left(1 + \frac{ZY}{2}\right) + ZI_r\left(1 + \frac{ZY}{4}\right)$
③ $E_r\left(1 + \frac{ZY}{2}\right) + ZI_r$
④ $I_r\left(1 + \frac{ZY}{2}\right) + E_r Y\left(1 + \frac{ZY}{4}\right)$

해설 T형 회로 분해에 의한 4단자 정수

$$\begin{bmatrix} A & B \\ C & D \end{bmatrix} = \begin{bmatrix} 1 & \frac{Z}{2} \\ 0 & 1 \end{bmatrix} \times \begin{bmatrix} 1 & 0 \\ Y & 1 \end{bmatrix} \times \begin{bmatrix} 1 & \frac{Z}{2} \\ 0 & 1 \end{bmatrix} = \begin{bmatrix} 1+\frac{ZY}{2} & Z\left(1+\frac{ZY}{4}\right) \\ Y & 1+\frac{ZY}{2} \end{bmatrix}$$

송전단 전압 $E_s = (1 + \frac{ZY}{2})E_r + Z(1 + \frac{ZY}{4})I_r$

송전단 전류 $I_s = Y E_r + (1 + \frac{ZY}{2})I_r$

105
일반 회로정수가 A, B, C, D 인 선로에 임피던스 $\frac{1}{Z_T}$ 인 변압기가 수전단에 접속된 계통의 일반 회로정수 중 D_0 는?

① $D_0 = \frac{C + DZ_T}{Z_T}$
② $D_0 = \frac{C + AZ_T}{Z_T}$
③ $D_0 = \frac{D + CZ_T}{Z_T}$
④ $D_0 = \frac{B + AZ_T}{Z_T}$

해설 임피던스, 어드미턴스 단독 회로 4단자 정수

$$\begin{bmatrix} A_0 & B_0 \\ C_0 & D_0 \end{bmatrix} = \begin{bmatrix} A & B \\ C & D \end{bmatrix} \times \begin{bmatrix} 1 & \frac{1}{Z_T} \\ 0 & 1 \end{bmatrix} = \begin{bmatrix} A & \frac{A}{Z_T}+B \\ C & \frac{C}{Z_T}+D \end{bmatrix}$$

정답 104.① 105.①

106 그림과 같이 정수 A_1, B_1, C_1, D_1 을 가진 송전선로의 양단에 Z_{ts}, Z_{tr} 의 임피던스를 가진 변압기가 직렬로 이어져 있을 때 방정식 $E_s = AE_r + BI_r$, $I_s = CE_r + DI_r$ 이다. 이 때 C에 해당되는 것은?

① $C_1 Z_{ts}$
② $C_1 Z_{ts} Z_{tr}$
③ C_1
④ $C_1 Z_{tr}$

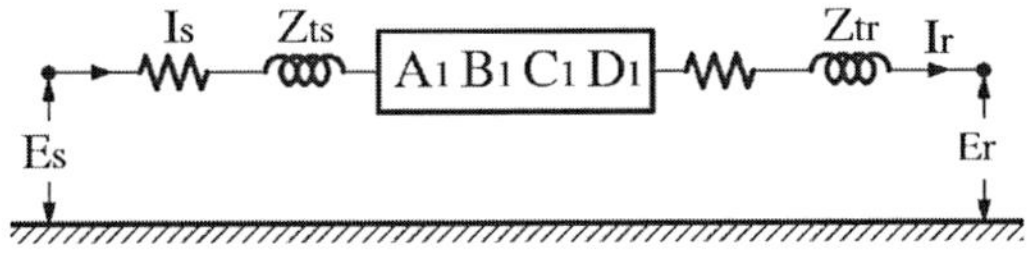

해설 임피던스, 어드미턴스 단독 회로 4단자 정수
$$\begin{bmatrix} A & B \\ C & D \end{bmatrix} = \begin{bmatrix} 1 & Z_{ts} \\ 0 & 1 \end{bmatrix} \begin{bmatrix} A_1 & B_1 \\ C_1 & D_1 \end{bmatrix} \begin{bmatrix} 1 & Z_{tr} \\ 0 & 1 \end{bmatrix} = \begin{bmatrix} A_1 + C_1 Z_{ts} & Z_{tr}(A_1 + C_1 Z_{ts}) + B_1 + D_1 Z_{ts} \\ C_1 & C_1 Z_{tr} + D_1 \end{bmatrix}$$

107 2회선 송전선로가 있다. 사정에 따라 그 중 1회선을 정지하였다고 하면, 이 송전선로의 일반 회로 정수(4단자 정수)중 B의 크기는?

① 변화 없다.
② $\frac{1}{2}$배로 된다.
③ 2배로 된다.
④ 4배로 된다.

해설 2회선 선로는 병렬회로이므로 임피던스 차원 B는 $\frac{1}{2}$배로 감소한다. 따라서 1회선에 대한 B 값을 B_1이라 하면 2회선 모두 운전 중에는 그 합성값이 $\frac{B_1}{2}$이 되므로 2회선 운전 중 1회선을 정지하면 B는 2배가 된다.

108 그림과 같은 정수가 서로 같은 평형 2회선의 4단자 정수 중 C_0는?

① $\frac{C_1}{4}$
② $\frac{C_1}{2}$
③ $2C_1$
④ $4C_1$

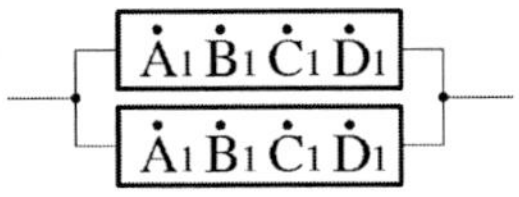

해설 평행 2회선 선로는 병렬회로이므로 4단자 정수 중 임피던스 차원인 B는 $\frac{1}{2}$배로 감소 어드미턴스 차원인 C는 2배로 증가하므로 그 합성값은 다음과 같다.
① 병렬합성값 $B_0 = \frac{B_1}{2}$
② 병렬합성값 $C_0 = 2C_1$

정답 106.③ 107.③ 108.③

109 일반회로정수가 같은 평행 2회선에서 4단자정수 A, B, C, D는 1회선인 경우의 몇 배로 되는가?

① A : 2, B : 2, C : $\frac{1}{2}$, D : 1
② A : 1, B : 2, C : $\frac{1}{2}$, D : 1
③ A : 1, B : $\frac{1}{2}$, C : 2, D : 1
④ A : 1, B : $\frac{1}{2}$, C : 2, D : 2

해설 평행 2회선 선로는 병렬회로이므로 4단자 정수 중 각각 전압비 A와 전류비 D는 불변이므로 1이고 임피던스 차원인 B는 $\frac{1}{2}$배로 감소하고, 어드미턴스 차원인 C는 2배로 증가한다.

110 송전 선로의 특성 임피던스를 $Z_0[\Omega]$, 전파 정수를 α라 할 때 선로의 직렬 임피던스[Ω/km]는?

① $Z_0\alpha$
② $\frac{Z_0}{\alpha}$
③ $\frac{\alpha}{Z_0}$
④ $\frac{1}{Z_0\alpha}$

해설 특성 임피던스와 전파정수
- 특성임피던스 $Z_0 = \sqrt{\frac{Z}{Y}}[\Omega]$
- 전파정수 $\alpha = \sqrt{YZ}$
- $Z_0 \times \alpha = \sqrt{\frac{Z}{Y}} \times \sqrt{YZ} = Z$ 에서 직렬임피던스 $Z = Z_0\alpha[\Omega/km]$

111 송전 선로의 특성 임피던스와 전파 정수는 무슨 시험에 의해서 구할 수 있는가?

① 무부하 시험과 단락 시험
② 부하 시험과 단락 시험
③ 부하 시험과 충전 시험
④ 충전 시험과 단락 시험

해설 전파방정식 $E_s = \cosh\gamma\ell E_r + Z_0\sinh\gamma\ell I_r$, $I_s = \frac{1}{Z_0}\sinh\gamma\ell E_r + \cosh\gamma\ell I_r$ 에서 수전단 개방 어드미턴스 $Y_{so}[\mho]$와 수전단 단락 임피던스 $Z_{ss}[\Omega]$ 측정한 후
- 특성 임피던스 $Z_0 = \sqrt{\frac{Z_{ss}}{Y_{so}}}[\Omega]$
- 전파정수 $\gamma\ell = \tanh^{-1}\sqrt{Z_{ss}Z_{so}}$

112 송전 선로에서 수전단을 단락한 경우 송전단에서 본 임피던스는 300[Ω]이고, 수전단을 개방한 경우에는 1,200[Ω]일 때 이 선로의 특성 임피던스는[Ω]는?

① 600
② 750
③ 1000
④ 1200

정답 109.③ 110.① 111.① 112.①

해설 특성 임피던스 $Z_0 = \sqrt{Z_s Z_o} = \sqrt{300 \times 1200} = 600[\Omega]$

113 선로의 특성 임피던스에 대한 설명으로 옳은 것은?
① 선로의 길이가 길어질수록 값이 커진다.
② 선로의 길이가 길어질수록 값이 작아진다.
③ 선로의 길이보다는 부하 전력에 따라 값이 변한다.
④ 선로의 길이에 관계없이 일정하다.

해설 특성임피던스 $Z_0 = \sqrt{\dfrac{Z}{Y}} = \sqrt{\dfrac{L}{C}}[\Omega]$

특성임피던스는 선로 저항과 누설컨덕턴스를 무시하면 $Z_0 = \sqrt{\dfrac{L}{C}}[\Omega]$ 이므로 선로의 길이에 관계없이 일정하다.

114 가공선의 서지 임피던스를 Z_a, 지중선의 서지 임피던스를 Z_c라 할 때 일반적으로 다음 어떤 관계가 성립하는가?
① $Z_a = Z_c$ ② $Z_a > Z_c$ ③ $Z_a < Z_c$ ④ $Z_a \leq Z_c$

해설 특성임피던스 $Z_0 = \sqrt{\dfrac{L}{C}}[\Omega]$

지중선의 경우 케이블을 사용하므로 가공선에 비해 선간거리가 감소하여 인덕턴스 L은 감소, 정전용량 C는 증가하므로 특성임피던스가 감소한다.
그러므로 $Z_a > Z_c$ 관계가 성립한다.

115 가공 송전선의 정전용량이 $0.008[\mu F/km]$이고 인덕턴스가 $1.1[mH/km]$일 때 파동 임피던스는 약 몇 $[\Omega]$인가?
① 350 ② 370 ③ 390 ④ 410

해설 특성 임피던스 $Z_0 = \sqrt{\dfrac{L}{C}} = \sqrt{\dfrac{1.1 \times 10^{-3}}{0.008 \times 10^{-6}}} = 370[\Omega]$

정답 113.④ 114.② 115.②

116
파동 임피던스가 500[Ω]인 가공 송전선 1[km]당의 인덕턴스 L과 정전용량 C는?

① L = 1.67[mH/km], C = 0.0067[μF/km]
② L = 0.12[mH/km], C = 0.167[μF/km]
③ L = 0.167[mH/km], C = 0.12[μF/km]
④ L = 0.0067[mH/km], C = 1.67[μF/km]

해설 특성 임피던스 $Z_0 = \sqrt{\dfrac{L}{C}}[\Omega]$ $\sqrt{\dfrac{C}{L}} = \dfrac{1}{Z_0}$

전파속도 $v = \dfrac{1}{\sqrt{LC}}[m/\sec] \rightarrow \sqrt{LC} = \dfrac{1}{v}$

인덕턴스 $L = \sqrt{\dfrac{L}{C}} \times \sqrt{LC} = \dfrac{Z_0}{v} = \dfrac{500}{3 \times 10^5} = 1.67[mH/km]$

정전용량 $C = \sqrt{\dfrac{C}{L}} \times \sqrt{LC} = \dfrac{1}{Z_0 v} = \dfrac{1}{500 \times 3 \times 10^5} = 0.0067[\mu F/km]$

117
송전 선로의 수전단을 개방할 경우, 송전단 전류 I_s는 어떤 식으로 표시되는가?(단, 송전단 전압을 V_s, 선로의 임피던스 Z, 선로의 어드미턴스를 Y라 한다.)

① $I_s = \sqrt{\dfrac{Y}{Z}} \tanh \sqrt{ZY} \, V_s$ ② $I_s = \sqrt{\dfrac{Z}{Y}} \tanh \sqrt{ZY} \, V_s$

③ $I_s = \sqrt{\dfrac{Y}{Z}} \coth \sqrt{ZY} \, V_s$ ④ $I_s = \sqrt{\dfrac{Z}{Y}} \coth \sqrt{ZY} \, V_s$

해설 송전단 전압 $V_s = \cosh \sqrt{ZY}\ell V_r + \sqrt{\dfrac{Z}{Y}} \sinh \sqrt{ZY}\ell I_r$

송전단 전류 $I_s = \dfrac{1}{\sqrt{\dfrac{Z}{Y}}} \sinh \sqrt{ZY}\ell V_r + \cosh \sqrt{ZY}\ell I_r$ 에서

수전단을 개방하면 $I_r = 0$ 이므로
$V_s = \cosh \sqrt{ZY}\ell V_r$에서 수전단 전압 $V_r = \dfrac{1}{\cosh \sqrt{ZY}\ell} V_s$

$I_s = \dfrac{1}{\sqrt{\dfrac{Z}{Y}}} \sinh \sqrt{ZY}\ell V_r = \dfrac{1}{\sqrt{\dfrac{Z}{Y}}} \sinh \sqrt{ZY}\ell \times \dfrac{V_s}{\cosh \sqrt{ZY}\ell}$

$= \sqrt{\dfrac{Y}{Z}} \dfrac{\sinh \sqrt{ZY}}{\cosh \sqrt{ZY}} V_s = \sqrt{\dfrac{Y}{Z}} \tanh \sqrt{ZY} \, V_s$

【참고】삼각함수식 $\dfrac{\sinh\theta}{\cosh\theta} = \tanh\theta$, $\dfrac{\cosh\theta}{\sinh\theta} = \coth\theta$

정답 116.① 117.①

118 송전선로의 수전단을 단락할 경우, 송전단 전류 I_s는? (단, 송전단 전압을 V_s, 선로의 임피던스는 Z, 어드미턴스 Y 라 한다.)

① $\sqrt{\dfrac{Y}{Z}} \tanh \sqrt{ZY} \cdot V_s$ ② $\sqrt{\dfrac{Z}{Y}} \tanh \sqrt{ZY} \cdot V_s$

③ $\sqrt{\dfrac{Y}{Z}} \coth \sqrt{ZY} \cdot V_s$ ④ $\sqrt{\dfrac{Z}{Y}} \coth \sqrt{ZY} \cdot V_s$

해설 송전단 전압 $V_s = \cosh\sqrt{ZY}\ell V_r + \sqrt{\dfrac{Z}{Y}}\sinh\sqrt{ZY}\ell I_r$

송전단 전류 $I_s = \dfrac{1}{\sqrt{\dfrac{Z}{Y}}}\sinh\sqrt{ZY}\ell V_r + \cosh\sqrt{ZY}\ell I_r$

수전단을 단락하면 $V_r = 0$이므로

$V_s = \sqrt{\dfrac{Z}{Y}}\sinh\sqrt{ZY}\ell I_r$ 에서 수전단 전류 $I_r = \dfrac{V_s}{\sqrt{\dfrac{Z}{Y}}\sinh\sqrt{ZY}\ell}$

$I_s = \cosh\sqrt{ZY}\ell I_r = \cosh\sqrt{ZY}\ell \times \dfrac{V_s}{\sqrt{\dfrac{Z}{Y}}\sinh\sqrt{ZY}\ell}$

$= \sqrt{\dfrac{Y}{Z}} \dfrac{\cosh\sqrt{ZY}}{\sinh\sqrt{ZY}} V_s = \sqrt{\dfrac{Y}{Z}} \coth\sqrt{ZY} V_s$

119 정전압 송전 방식에서 전력원선도를 그리려면 무엇이 주어져야 하는가?

① 송·수전단 전압, 선로의 일반 회로 정수
② 송·수전단 전류, 선로의 일반 회로 정수
③ 조상기 용량, 수전단 전압
④ 송전단 전압, 수전단 전류

해설 송전단 전압과 수전단 전압을 일정하게 유지하는 정전압 송전방식이므로 송전단, 수전단 전압과 4단자 정수와 같은 선로상의 일반 회로정수가 필요하다.

120 전력 원선도에서 가로축과 세로축은 각각 다음 중 어느 것을 나타내는가?

① 전압과 전류   ② 전압과 전력   ③ 전류와 전력   ④ 유효전력과 무효전력

해설 전력원선도 : 송전단 전압과 수전단 전압을 일정하게 유지하는 정전압 송전방식
• 가로축 : 유효전력   • 세로축 : 무효전력
• 반지름 $\rho = \dfrac{E_s E_r}{B} = \dfrac{E_s E_r}{\sqrt{R^2 + X^2}}$

정답 118.③ 119.① 120.④

121 길이 100[km], 송전단 전압 154[kV], 수전단 전압 140[kV]의 3상 3선식 정전압 송전 선로가 있다. 선로 정수는 저항 0.315[Ω/km], 리액턴스 1.035[Ω/km]이고, 기타는 무시한다. 수전단 3상 전력 원선도의 반지름(MVA단위도)은 얼마인가?

① 200　　② 300　　③ 450　　④ 600

해설　선로정수 $R = 0.315[\Omega/\text{km}] \times 100[\text{km}] = 31.5[\Omega]$
리액턴스 $X = 1.035[\Omega/\text{km}] \times 100 = 103.5[\Omega]$
원선도 반지름 $\rho = \dfrac{E_s E_r}{B} = \dfrac{E_s E_r}{\sqrt{R^2 + X^2}} = \dfrac{154 \times 140}{\sqrt{31.5^2 + 103.5^2}} = 200[\text{MVA}]$

122 그림과 같은 송전선의 수전단 전력 원선도에 있어서 역률 cosθ의 부하가 갑자기 감소하여 조상설비를 필요로 하게 되었을 때 필요한 조상기의 용량을 나타내는 부분은?

① $\overline{AB}$
② $\overline{BD}$
③ $\overline{EF}$
④ $\overline{FC}$

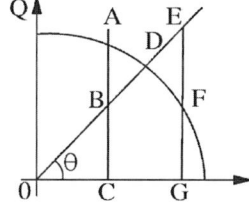

해설　정전압 송전방식에서는 송·수전단 전압이 일정하게 유지되므로 전력은 양단 전압 간 위상차 변화에 의해서만 결정되기 때문에 운전점은 항상 원주상에 있어야 한다.
- 부하곡선 E점(부하 증가) 운전 : $\overline{EF}$ 만큼의 진상 무효전력을 수전단에서 공급
- 부하곡선 B점(부하 감소) 운전 : $\overline{AB}$ 만큼의 지상 무효전력을 수전단에서 공급

123 전력원선도에서 알 수 없는 것은?

① 전력　　② 손실　　③ 역률　　④ 도전율

해설　전력원선도에서 알 수 있는 것
- 송전단 전압과 수전단 전압의 상차각
- 송전, 수전할 수 있는 최대전력(유효전력, 무효전력)
- 선로 손실과 송전 효율
- 수전단의 역률(조상설비에 의해 조정된 후 값)
- 요구하는 부하 전력을 수전단에서 받기 위해서 필요로 하는 조상 용량

정답　121.①　122.①　123.④

124 송전 선로의 송전 용량에 관계가 먼 것은?

① 송, 수전단 전압의 상차각　　② 조상기 용량
③ 송전 효율　　　　　　　　　④ 송전선의 충전 전류

해설 송전용량 : 최대 송전전력으로 장거리 송전선로의 경우 다음 조건을 고려하여 결정한다.
- 송전단 전압과 수전단 전압의 상차각이 적당할 것.
- 조상기 용량이 적당할 것.
- 송전 효율이 적당할 것.

125 교류 송전선에서 송전 거리가 멀어질수록 동일 전압에서의 송전 가능 전력이 적어진다. 그 이유는?

① 선로의 어드미턴스가 커지기 때문이다
② 선로의 유도성 리액턴스가 커지기 때문이다
③ 코로나 손실이 증가하기 때문이다
④ 저항 손실이 커지기 때문이다

해설 송전전력 $P = \dfrac{E_s E_r}{X} \sin\delta [\text{MW}]$

송전 거리가 길어질수록 송전 거리에 비례하는 선로 상의 유도성 리액턴스가 커지기 때문에 송전 가능 전력은 감소한다.

126 송전단 전압 154[kV], 수전단 전압 138 [kV], 상차각 60°, 리액턴스 36 [Ω]일 때 선로 손실을 무시하면 전송 전력은 몇 [MW]가 되는가?

① 462　　② 484　　③ 538　　④ 552

해설 송전전력 : $P = \dfrac{E_s E_r}{X} \sin\delta [\text{MW}]$

송전전력 $P = \dfrac{E_s E_r}{X} \sin\delta = \dfrac{154 \times 138}{38} \times \sin 60 = 484.34 [\text{MW}]$

127 345 [kV] 2회선 선로의 길이가 220 [km]이다. 송전 용량 계수법에 의하면 송전 용량은 약 몇 [MW]인가? (단, 345 [kV]의 송전 용량 계수는 1,200 으로 한다)

① 525　　② 650　　③ 1050　　④ 1300

정답　124.④　125.②　126.②　127.④

해설 송전용량 계수법 $P = k\dfrac{E_r^2}{\ell}$ [MW]

송전용량 $P = k\dfrac{E_r^2}{\ell} = 1200 \times \dfrac{345^2}{220} \times 2 = 1300$ [MW]

128 다음 식은 무엇을 결정할 때 쓰이는 식인가?

$[kV] = 5.5\sqrt{0.6\ell + \dfrac{P}{100}}$ (단, ℓ 은 송전거리 [km], P는 송전 전력 [kW]이다)

① 송전 전압을 결정할 때
② 송전선의 굵기를 결정할 때
③ 역률 개선 시 콘덴서의 용량을 결정할 때
④ 발전소의 발전 전압을 결정할 때

해설 가장 경제적인 송전전압(A. still의 식) : $kV = 5.5\sqrt{0.6\ell + \dfrac{P}{100}}$

(ℓ [km] : 선로 길이, P[kw] : 송전전력)

129 전송 전력이 400[MW], 송전 거리가 200[km]인 경우의 경제적인 송전전압은 몇 [kV]인가? (단, A.Still 식에 의하여 산정할 것)

① 645　　　　　② 353　　　　　③ 173　　　　　④ 57

해설 가장 경제적인 송전전압(A. still의 식) $[kV] = 5.5\sqrt{0.6\ell + \dfrac{P}{100}}$

송전전압 $[kV] = 5.5\sqrt{0.6\ell + \dfrac{P}{100}} = 5.5\sqrt{0.6 \times 200 + \dfrac{400 \times 10^3}{100}} = 353$ [kV]

130 조상설비라고 할 수 없는 것은?

① 분로 리액터　　② 동기 조상기　　③ 비동기 조상기　　④ 상순 표시기

해설 조상설비 : 90° 뒤진 전류나 90° 앞선 전류 같은 무효분을 조정하는 설비
진상용(전력용) 콘덴서 : 진상전류 발생, 역률 개선
동기조상기(V곡선) : 진상전류, 지상전류 발생, 역률 조정
분로리액터(병렬리액터) : 지상전류 발생, 페란티현상 방지
직렬콘덴서 : 전선로 유도성리액턴스 감소, 전압강하 보상

정답　128.①　129.②　130.④

131 전력 계통의 전압을 조정하는 가장 주요한 수단은?

① 발전기의 유효 전력 조정
② 부하의 유효 전력 조정
③ 계통의 주파수 조정
④ 계통의 무효 전력 조정

해설 전력계통의 전압 조정
① 계통의 무효전력 조정 : 진상용 콘덴서, 동기조상기(V곡선), 분로리액터
② 전압조정장치 : 변압기 탭 변환, 자동전압조정기, 승압기, 유도전압조정기

132 전력 계통의 전압 조정과 무관한 것은?

① 발전기의 조속기
② 발전기의 전압 조정 장치
③ 전력용 콘덴서
④ 전력용 분로 리액터

해설 조속기 : 원동기의 속도를 검출하여 회전속도를 일정하게 유지하기 위한 속도제어장치

133 수전단 전압이 송전단 전압보다 높아지는 현상을 무엇이라 하는가?

① 페란티 효과
② 표피 효과
③ 근접효과
④ 도플러 효과

해설 페란티 현상 : 무부하나 경부하시 수전단 전압이 송전단 전압보다 커지는 현상
• 원인 : 선로의 정전용량으로 인한 90°앞선 진상전류
• 방지대책 : 분로리액터(90°뒤진 지상전류를 발생시켜서 진상 전류 보상)

134 페란티 현상이 발생하는 원인은?

① 선로의 인덕턴스
② 선로의 정전용량
③ 병렬 콘덴서
④ 선로의 저항

해설 페란티 현상 : 무부하나 경부하시 수전단 전압이 송전단 전압보다 커지는 현상
• 원인 : 선로의 정전용량으로 인한 90°앞선 진상전류
• 방지대책 : 분로리액터(90°뒤진 지상전류를 발생시켜서 진상 전류 보상)

정답　131.④　132.①　133.①　134.②

135 초고압 장거리 송전 선로에 접속되는 1차 변전소에 병렬 리액터를 설치하는 목적은?

① 송전 용량의 증가 ② 페란티 효과의 방지
③ 과도 안정도의 증대 ④ 전력 손실의 경감

해설 분로리액터 : 페란티 현상을 방지하기 위한 무효전력 보상설비로서 선로에 병렬로 접속한다.

136 일반적으로 부하의 역률을 저하시키는 원인이 되는 것은?

① 전등의 과부하 ② 선로의 충전전류
③ 유도전동기의 경부하 운전 ④ 계통의 무효 전력 조정

해설 유도전동기 자기회로의 특징
공극으로 인해 여자전류(자화전류)가 대단히 크다. (전부하 전류의 25~50[%])
90° 뒤진 자화전류로 인해 역률이 낮고 특히 무부하, 경부하 시 그 정도가 심하다.

137 배전 계통에서 콘덴서를 설치하는 것은 여러 가지 목적이 있으나 그 중에서 가장 주된 목적은?

① 전압 강하 보상 ② 전력 손실 감소
③ 송전 용량 증가 ④ 기기의 보호

해설 역률 개선용 콘덴서 설치목적
- 전력손실 감소(가장 주된 목적)
- 전압강하 감소
- 전력요금 감소
- 변압기 동손 감소
- 전기설비용량(변압기용량)의 여유도 증가

138 3상의 전압에 접속된 Δ결선의 콘덴서를 Y 결선으로 바꾸면 진상 용량은 몇 배가 되는가?

① $\sqrt{3}$ ② 3   ③ $\dfrac{1}{\sqrt{3}}$ ④ $\dfrac{1}{3}$

해설 Δ결선의 콘덴서를 Y 결선으로 한 경우 콘덴서 충전용량 : $Q_Y = \dfrac{1}{3} Q_\Delta$

정답 135.② 136.③ 137.② 138.④

139 어떤 콘덴서 3개를 선간 전압 3,300[V], 주파수 60[Hz]의 선로에 ⊿로 접속하여 60[kVA]가 되도록 하려면 콘덴서 1개의 정전 용량 [μF]은 약 얼마로 하여야 하는가?

① 5 ② 3 ③ 4.5 ④ 6

해설 △결선시 콘덴서 충전용량은 $Q = 3\omega CE^2 \times 10^{-9} [\text{kVA}] (C[\mu\text{F}])$

정전용량 $C = \dfrac{Q}{3\omega E^2} = \dfrac{60 \times 10^9}{3 \times 2\pi \times 60 \times 3300^2} = 4.87 ≒ 5[\mu\text{F}]$

140 부하 역률이 0.8인 선로의 저항 손실은 부하 역률이 0.9인 선로의 저항 손실에 비하여 약 몇 배인가?

① 0.7 ② 1.12 ③ 1.27 ④ 1.56

해설 전력손실과 역률은 $P_\ell \propto \dfrac{1}{\cos^2\theta}$ 이 성립한다.

$\cos\theta = 0.8$ 인 경우 전력손실 $P_{\ell 0.8} \propto \dfrac{1}{0.8^2}$

$\cos\theta = 0.9$ 인 경우 전력손실 $P_{\ell 0.9} \propto \dfrac{1}{0.9^2}$

저항 손실비 $\dfrac{P_{\ell 0.8}}{P_{\ell 0.9}} \propto \dfrac{\frac{1}{0.8^2}}{\frac{1}{0.9^2}} = \dfrac{0.9^2}{0.8^2} = 1.27$

141 부하 역률이 0.6인 경우 전력용 콘덴서를 병렬로 접속하여 합성 역률을 0.9로 개선하면 전원 측 선로의 전력 손실은 처음 값의 약 몇 [%]정도 감소되는가?

① 38 ② 44 ③ 56 ④ 62

해설 전력손실과 역률의 비례 관계 : $P_\ell \propto \dfrac{1}{\cos^2\theta}$

$\cos\theta = 0.6$인 경우 전력손실 $P_{\ell 0.6} \propto \dfrac{1}{0.6^2}$

$\cos\theta = 0.9$인 경우 전력손실 $P_{\ell 0.9} \propto \dfrac{1}{0.9^2}$

전력손실비 $\dfrac{P_{\ell 0.9}}{P_{\ell 0.6}} \propto \dfrac{\frac{1}{0.9^2}}{\frac{1}{0.6^2}} = \dfrac{0.6^2}{0.9^2} = 0.44 = 44[\%]$

그러므로 $\cos\theta = 0.6$인 부하를 $\cos\theta = 0.9$로 개선하면 전력 손실비가 44[%]이므로 선로 손실은 처음값의 56[%] 정도 감소한다.

정답 139.① 140.③ 141.③

142 1대의 주상 변압기에 역률(뒤짐) $\cos\theta_1$, 유효전력 P_1[kW] 부하와 역률(뒤짐) $\cos\theta_2$, 유효전력 P_2[kW]의 부하가 병렬로 접속되어 있을 경우, 주상 변압기 2차 측에서 본 부하의 종합 역률은?

① $\dfrac{\cos\theta_1 \cos\theta_2}{\cos\theta_1 + \cos\theta_2}$

② $\dfrac{P_1 + P_2}{\dfrac{P_1}{\cos\theta_1} + \dfrac{P_2}{\cos\theta_2}}$

③ $\dfrac{P_1 + P_2}{\dfrac{P_1}{\sin\theta_1} + \dfrac{P_2}{\sin\theta_2}}$

④ $\dfrac{P_1 + P_2}{\sqrt{(P_1 + P_2)^2 + (P_1 \tan\theta_1 + P_2 \tan\theta_2)^2}}$

해설 $\cos\theta_1$, P_1일 때의 무효전력 $Q_1 = \dfrac{P_1}{\cos\theta_1} \sin\theta_1 = P_1 \tan\theta_1$

$\cos\theta_2$, P_2일 때의 무효전력 $Q_2 = \dfrac{P_2}{\cos\theta_2} \sin\theta_2 = P_2 \tan\theta_2$ 이므로

종합역률 $\cos\theta = \dfrac{P_1 + P_2}{\sqrt{(P_1 + P_2)^2 + (P_1 \tan\theta_1 + P_2 \tan\theta_2)^2}}$

143 어떤 변전소의 부하가 10,000[kVA], 역률이 0.75(뒤짐)일 때 역률을 0.85(뒤짐)로 개선하려면 필요한 진상 용량 [kVA]이 얼마인가?

① 1,650　② 1,950　③ 2,550　④ 3,050

해설 전력용 콘덴서 용량 $Q = P(\tan\theta_1 - \tan\theta_2) = P\left(\dfrac{\sin\theta_1}{\cos\theta_1} - \dfrac{\sin\theta_2}{\cos\theta_2}\right)$[kVA]

(P[kW], $\cos\theta_1$: 개선전 역률, $\cos\theta_2$ 개선후 역률)

부하 유효전력 $P = 10,000 \times 0.75 = 7500$[kW]

$Q = P\left(\dfrac{\sin\theta_1}{\cos\theta_1} - \dfrac{\sin\theta_2}{\cos\theta_2}\right)$

$= 7500\left(\dfrac{\sqrt{1-0.75^2}}{0.75} - \dfrac{\sqrt{1-0.85^2}}{0.85}\right) = 1950$[kVA]

144 3상 배전 선로 말단에 지상 역률 80[%], 160[kW]인 평형 3상 부하가 있다. 부하 점에 전력용 콘덴서를 접속하여 선로 손실을 최소가 되게 하려면 전력용 콘덴서의 용량은 몇 [kVA]가 필요한가? (단, 부하 간 전압은 변하지 않는 것으로 한다.)

① 100　② 120　③ 160　④ 200

정답　142.④　143.②　144.②

해설 선로 손실이 최소일 조건 : 역률이 1이므로 무효 전력은 0이다.

콘덴서 용량 $Q = P\left(\dfrac{\sin\theta_1}{\cos\theta_1} - \dfrac{\sin\theta_2}{\cos\theta_2}\right) = 160\left(\dfrac{0.6}{0.8} - \dfrac{0}{1}\right) = 120 [\text{kVA}]$

【별해】 부하 무효전력 = 콘덴서 용량

콘덴서 용량 $P_r = \dfrac{P}{\cos\theta} \times \sin\theta = \dfrac{160}{0.8} \times 0.6 = 120 [\text{kVA}]$

145 역률 0.8 출력 320[kW] 부하에 전력을 공급하는 변전소에 콘덴서 140[kVA]를 설치하면 합성 역률은 어느 정도로 개선되는가?

① 0.93　② 0.95　③ 0.97　④ 0.90

해설 콘덴서 접속 전 전력 관계 $P_{a1} = \sqrt{P^2 + P_r^2} [\text{kVA}]$

콘덴서 접속 전 무효전력 $P_{r1} = \dfrac{P_1}{\cos\theta_1} \times \sin\theta_1 = \dfrac{320}{0.8} \times 0.6 = 240 [\text{kVar}]$

콘덴서 접속 후 피상전력 : $P_{a2} = \sqrt{P^2 + (P_r - Q_C)^2} = \sqrt{320^2 + (240 - 140)^2} = 335.26 [\text{kVA}]$

개선 후 역률 $\cos\theta_2 = \dfrac{P}{P_{a2}} = \dfrac{320}{335.26} = 0.95$

146 역률 80[%], 10,000[kVA]의 부하를 갖는 변전소에 2,000[kVA]의 콘덴서를 설치해서 역률을 개선하면 변압기에 걸리는 부하는 약 몇 [kVA]인가?

① 8000　② 8500　③ 9000　④ 9500

해설 콘덴서 접속 전 전력 관계 $P_{a1} = \sqrt{P^2 + P_r^2} [\text{kVA}]$

콘덴서 접속 전 유효전력 $P = P_{a1} \cos\theta = 10000 \times 0.8 = 8000 [\text{kW}]$

콘덴서 접속 전 무효전력 $P_{r1} = P_{a1} \times \sin\theta = 10000 \times 0.6 = 6000 [\text{kVar}]$

콘덴서 접속 후 피상전력 :
$P_{a2} = \sqrt{P^2 + (P_r - Q_C)^2} = \sqrt{8000^2 + (6000 - 2000)^2} = 8944.27 [\text{kVA}]$

개선 후 역률 $\cos\theta_2 = \dfrac{P}{P_{a2}} = \dfrac{8000}{8944.27} = 0.8944$

147 어느 변전설비 역률을 60[%]에서 80[%]로 개선한 결과 2,800[kVA]의 콘덴서가 필요하다. 이 변전소 설비의 용량은 몇 [kW]인가?

① 4800　② 5000　③ 5400　④ 5800

정답　145.②　146.③　147.①

해설 전력용 콘덴서 용량 $Q = P(\tan\theta_1 - \tan\theta_2) = P\left(\dfrac{\sin\theta_1}{\cos\theta_1} - \dfrac{\sin\theta_2}{\cos\theta_2}\right)$ [kVA]

(P[kW], $\cos\theta_1$: 개선전 역률, $\cos\theta_{12}$ 개선후 역률)

전력용 콘덴서 용량 $Q = P\left(\dfrac{\sin\theta_1}{\cos\theta_1} - \dfrac{\sin\theta_2}{\cos\theta_2}\right)$ [kVA] 에서

설비 용량 $P = \dfrac{Q}{\dfrac{\sin\theta_1}{\cos\theta_1} - \dfrac{\sin\theta_2}{\cos\theta_2}} = \dfrac{2800}{\dfrac{0.8}{0.6} - \dfrac{0.6}{0.8}} = 4800$ [kW]

148 송전계통의 전력용 콘덴서와 직렬로 연결하는 리액터로 제거되는 고조파는?

① 제 2고조파　　② 제 3고조파
③ 제 4고조파　　④ 제 5고조파

해설 직렬리액터 : 전력용 콘덴서에 직렬로 접속하여 직렬공진을 이용하여 고조파를 제거하는 코일
제 3고조파 : 콘덴서는 △결선을 이용하므로 제3고조파는 선로에 나타날 수 없다. 따라서 송전계통에서 직렬리액터 설치 목적은 제5고조파 제거에 있다.

149 전력용 콘덴서에 직렬로 콘덴서 용량의 5 [%]정도의 유도 리액턴스를 삽입하는 목적은?

① 이상 전압의 발생 방지　　② 제 5고조파 전류의 억제
③ 정전용량의 조절　　④ 제 3고조파 전류의 억제

해설 직렬리액터 : 전력용 콘덴서에 직렬로 접속하여 직렬공진을 이용하여 고조파를 제거하는 코일
- 이론상 용량 : $5\omega L = \dfrac{1}{5\omega C} \rightarrow \omega L = \dfrac{1}{25\omega C} = 0.04\dfrac{1}{\omega C}$, 4[%]
- 실제 용량 : 주파수 변동 및 경제성을 고려하여 약 5~6[%] 정도
- 제3고조파가 존재하는 경우에는 11~13[%]의 용량을 설치할 수 있다.

150 1상당의 용량 150[kVA]의 콘덴서에 제5고조파를 억제시키기 위해서 필요한 직렬리액터의 기본파에 대한 용량 [kVA]은?

① 3　　② 4.5　　③ 6　　④ 7.5

해설 제5고조파 제거 시 직렬리액터 용량 : 콘덴서 용량의 약 5~6[%]
콘덴서 용량 = 150×(0.05 ~ 0.06) = 7.5 ~ 9[kVA]

정답　148.④　149.②　150.④

151 전력용 콘덴서에서 방전 코일의 역할은?

① 잔류전하의 방전　　② 고조파의 억제
③ 역률의 개선　　　　④ 콘덴서의 수명 연장

해설 방전코일 : 콘덴서 회로 개로 후 잔류전하를 방전시켜 인체 접촉 등에 의한 감전 사고를 방지하기 위한 코일
① 고압 및 특고압용 : 개로 후 5초 이내에 잔류전하를 50[V]이하로 방전시킬 것
② 저압용 : 개로 후 3분 이내에 75[V]이하로 방전시킬 것

152 동기조상기에 대한 설명 중 맞는 것은?

① 전 부하로 운전되는 동기 조상기로 역률을 개선한다.
② 무 부하로 운전되는 동기 조상기로 역률을 개선한다.
③ 전 부하로 운전되는 동기 발전기로 위상을 조정한다.
④ 전 부하로 운전되는 동기 전동기로 위상을 조정한다.

해설 동기조상기 : 무부하($\cos\theta = 0$)로 운전되는 동기전동기로 그 여자전류를 변화시켜서 V곡선 특성을 이용하여 역률을 조정하는 조상설비
여자전류 I_f 증가(과 여자) : 진상 전류 발생
여자전류 I_f 감소(부족 여자) : 지상 전류 발생

153 동기 조상기에 대한 다음 설명 중 옳지 않은 것은?

① 선로의 시 충전 운전이 불가능하다.
② 중부하시에는 과 여자로 운전하여 앞선 전류를 취한다.
③ 경부하시에는 부족여자로 운전하여 뒤진 전류를 취한다.
④ 전압조정이 연속적이다.

해설 동기조상기 특징
- 진상, 지상전류 모두 공급 가능
- 전류 조정이 연속적
- 선로의 시충전 운전이 가능하다.
- 대형, 중량 : 가격이 비싸고 손실이 크다.

정답　151.①　152.②　153.①

154 전력용 콘덴서를 동기 조상기에 비교할 때 옳은 것은?

① 지상 무효 전력 분을 공급할 수 있다.
② 송전 선로를 시 송전 할 때 선로를 충전할 수 있다.
③ 전압 조정을 계단적으로 밖에 못한다.
④ 전력 손실이 크다.

해설 전력용 콘덴서의 특징 :
- 진상전류 공급 가능
- 전류 조정이 계단적
- 용량 변경이 쉽다.
- 소형, 경량 : 가격이 싸고 손실이 적다.

155 동기 조상기[A]와 전력용 콘덴서[B]를 비교한 것으로 옳은 것은?

① 조정 : A는 계단적, B는 연속적
② 전력손실 : A가 B보다 적음
③ 무효전력 : A는 진상, 지상 양용, B는 진상용
④ 시충전 : A는 불가능, B는 가능

해설 전력용콘덴서와 동기조상기 특징 비교

동기조상기[A]	전력용 콘덴서[B]
진상, 지상전류 모두 공급 가능 전류 조정이 연속적 선로의 시충전 운전이 가능하다. 대형, 중량 : 가격이 비싸고 손실이 크다.	진상전류 공급 가능 전류 조정이 계단적 용량 변경이 쉽다. 소형, 경량 : 가격이 싸고 손실이 적다.

156 직렬 축전지를 선로에 삽입할 때의 이점이 아닌 것은?

① 선로의 유도성 리액턴스를 보상하여 전압강하를 줄인다.
② 수전단의 전압변동률을 줄인다.
③ 정태 안정도를 증가시킨다.
④ 역률을 개선한다.

정답 154.③ 155.③ 156.④

> **해설** 직렬콘덴서 : 송배전 선로 도중에 직렬로 삽입하여 선로의 유도성 리액턴스를 보상하여 전압강하를 감소시키는 콘덴서
> - 수전단 전압변동률 감소
> - 정태안정도 증가
> - 역률이 나쁠수록 설치 효과가 좋다.

157 송전선에 직렬 콘덴서를 설치하는 경우 많은 이점이 있는 반면, 이상 현상도 일어날 수 있다. 직렬 콘덴서를 설치하였을 때 타당하지 않은 것은?

① 선로 중에서 일어나는 전압 강하를 감소시킨다.
② 송전 전력의 증가를 꾀할 수 있다.
③ 부하 역률이 좋을수록 설치 효과가 크다.
④ 단락사고가 발생하는 경우 직렬 공진을 일으킬 우려가 있다.

> **해설** 직렬콘덴서 : 송배전 선로 도중에 직렬로 삽입하여 선로의 유도성 리액턴스를 보상하여 전압강하를 감소시켜주는 콘덴서
> - 수전단 전압변동률 감소
> - 정태안정도 증가
> - 역률이 나쁠수록 설치 효과가 좋다.

158 전압이 다른 송전선로를 루프로 사용하여 조류제어를 할 때 필요한 기기는?

① 동기 조상기
② 3권선 변압기
③ 분로 리액터
④ 위상조정 변압기

> **해설** 위상조정 변압기(전압 위상 조정기) : 송전선로의 운전 및 전력 계통에서 유효전력, 무효전력의 흐름을 제어하여 전력 조류제어에 필요한 전압 조정장치
> - 송전선 : 무효 전력 조류를 경감하여 고역률로 운전
> - 부하 : 부하점 가까이에 조상기나 커패시터 설치

159 선로 전압 강하 보상기(LDC)는?

① 분로 리액터로 전압상승을 억제하는 것
② 선로의 전압 강하를 고려하여 모선전압을 조정하는 것

정답 157.③ 158.④ 159.②

③ 승압기로 저하된 전압을 보상하는 것
④ 직렬 콘덴서로 선로 리액턴스를 보상하는 것

해설 선로 전압강하 보상기(LDC)는 선로 말단 또는 배전선로 내의 어느 지점의 전압을 일정하게 유지하고 중부하나 경부하 시 각각 원하는 전압 값이 되도록 변압기 전압을 임피던스 강하 분만큼 높게 조정하여 보상하는 방식의 전압 조정 장치이다.

160 다음 표는 리액터의 종류와 그 목적을 나타낸 것이다. 다음 중 바르게 짝지어진 것은?

종류	목적
① 병렬 리액터	ⓐ 지락 아크의 소멸
② 한류 리액터	ⓑ 송전 손실 경감
③ 직렬 리액터	ⓒ 차단기의 용량 경감
④ 소호 리액터	ⓓ 제 5고조파 제거

① ① - ⓑ
② ② - ⓐ
③ ③ - ⓓ
④ ④ - ⓒ

해설 리액터의 설치 목적

종류	기능
분로리액터	경부하, 무부하시 페란티 현상 방지
직렬리액터	고조파 제거하여 파형의 개선
한류리액터	단락사고시 단락전류 크기 제한
소호리액터	변압기 중성점 아크 소호

정답 160.③

Chapter 04 고장계산

1. %Z법

(1) %Z

전선로 임피던스로 인하여 발생하는 전압강하를 백분율 비로 나타낸 것.

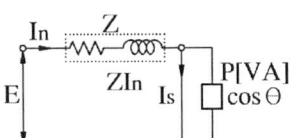

- $E[V]$: 한 상의 대지전압
- $Z[\Omega]$: 전선로 한 상의 임피던스
- $I_n[A]$: 전선로 한 상 정격전류
- $I_s[A]$: 전선로 한 상 단락전류
- $P = EI_n[VA]$: 한 상 정격용량

① $\%Z = \dfrac{ZI_n}{E} \times 100[\%] \to Z[\text{p.u}] = \dfrac{ZI_n}{E}$

【참고】 단위법(p·u법) : 전기회로에서 전압, 전류, 임피던스 등을 계산하거나 표현하는 경우 어떤 임의 값을 기준 1로 하여 이에 대한 비로 나타내는 방법

② 한 상 대지전압 $E[V]$인 경우 %Z

$\%Z = \dfrac{ZI_n}{E} \times 100[\%]$ ($E[V]$: 대지전압)

③ 3상 선간전압 $V[kV]$인 경우 %Z

$\%Z = \dfrac{ZI_n}{\dfrac{V}{\sqrt{3}}} \times 100 = \dfrac{\sqrt{3}\,ZI_n}{10\,V}[\%]$ ($V[KV]$: 선간전압)

$= \dfrac{\sqrt{3}\,ZI_n}{10\,V} \times \dfrac{V}{V} = \dfrac{Z\sqrt{3}\,VI_n}{10\,V^2} = \dfrac{ZP_n}{10\,V^2}$ ($P_n = \sqrt{3}\,VI_n[kVA]$: 3상 정격용량)

(2) 단락전류

① 단상 단락전류 $I_s = \dfrac{E}{Z} = \dfrac{E}{\dfrac{\%ZE}{100\,I_n}} = \dfrac{100}{\%Z}I_n[A]$

② 3상 단락전류 $I_s = \dfrac{100}{\%Z}I_n = \dfrac{100}{\%Z} \times \dfrac{P_n}{\sqrt{3}\,V}$[A] (V : 선간전압)

(정격전류 In[A] : 3상 정격용량 $P_n = \sqrt{3}\,VI_n$[kVA] 을 이용하여 계산한 값)

(3) 단락용량 : 차단기의 차단용량 결정

① 단상 단락용량 $P_s = EI_s = E \times \dfrac{100}{\%Z}I_n = \dfrac{100}{\%Z}P_n$[kVA]

② $P_s = \sqrt{3}\,VI_s = \sqrt{3}\,V \times \dfrac{100}{\%Z}I_n = \dfrac{100}{\%Z}P_n$[kVA] (V[kV] : 3상 선간전압)

【정리】%Z식 정리

%Z	대지전압 E[V]	$\%Z = \dfrac{ZI_n}{E} \times 100$ [%]
	선간전압 V[kV]	$\%Z = \dfrac{\sqrt{3}\,ZI_n}{10\,V} = \dfrac{ZP_n}{10\,V^2}$ [%]
	단락전류	$I_s = \dfrac{E}{Z} = \dfrac{100}{\%Z}I_n$[A]
	3상 단락용량	$P_s = \sqrt{3}\,VI_s = \dfrac{100}{\%Z}P_n$[kVA]

【보기 1】 66[kV], 3상 1회선 송전선로의 1상의 리액턴스가 20[Ω], 전류가 350[A]일 때 % 리액턴스는?

【해설】 $\%Z = \dfrac{ZI_n}{E} \times 100[\%] \to \%X = \dfrac{XI_n}{E} \times 100[\%] = \dfrac{20 \times 350}{\dfrac{66 \times 10^3}{\sqrt{3}}} \times 100 = 18.4[\%]$

【보기 2】 정격전압 66[kV]인 3상 1회선 송전선로에서 1상의 리액턴스가 15[Ω]일 때, 이를 100[MVA] 기준으로 환산한 %리액턴스는 ?

【해설】 $\%Z = \dfrac{ZP_n}{10\,V^2}[\%] \to \%X = \dfrac{XP_n}{10\,V^2}[\%] = \dfrac{15 \times 100 \times 10^3}{10 \times 66^2} = 34.4[\%]$

【보기 3】 어느 발전기 정격이 13.2[kV], 93,000[KVA], 95[%] Z라고 명판에 쓰여 있다. 발전기의 임피던스는 약 몇 [Ω]인가?

【해설】 $\%Z = \dfrac{ZP_n}{10\,V^2}[\%] \to Z = \dfrac{10\,V^2}{P_n}\%Z[\%] = \dfrac{10 \times 13.2^2}{93,000} \times 95 = 1.8[\Omega]$

【보기 4】다음과 같은 3상 전선로의 단락점에 있어서의 3상 단락전류는 ? 단, 22[kV]에 대한 %리액턴스는 4[%], 저항분은 무시한다.

【해설】단락전류 $I_s = \dfrac{100}{\%Z} I_n = \dfrac{100}{\%Z} \times \dfrac{P_n}{\sqrt{3}\,V} = \dfrac{100}{4} \times \dfrac{10,000}{\sqrt{3} \times 22} = 6,560[A]$

【보기 5】다음과 같은 3상 교류회로에서 차단기 3의 차단용량[MVA]은? 단, 발전기 각각의 %리액턴스는 10[%], 변압기는 5[%], 용량은 G_1 = 15,000[kVA], G_2 = 30,000[kVA], T_r = 45,000[kVA] 이다.

【해설】용량이 서로 다른 경우의 차단용량 계산은 각각의 %Z를 임의의 정격용량을 기준용량으로 하여 각각 환산한 %Z를 구하여 차단용량을 계산한다.

① 45000[KVA]를 기준용량으로 하여 환산한 %Z

$\%Z_{G1} = 10 \times \dfrac{45000}{15000} = 30[\%], \quad \%Z_{G2} = 10 \times \dfrac{45000}{30000} = 15[\%], \quad \%Z_{TR} = 5[\%]$

② 차단기 3에서 전원 측으로 바라본 합성 $\%Z = \dfrac{30 \times 15}{30 + 15} + 5 = 15[\%]$

③ 차단기용량(단락용량) $P_s = \dfrac{100}{\%Z} P_n = \dfrac{100}{15} \times 45 = 300[MVA]$

2. 대칭 좌표법

⇨ 벡터 연산자 a의 개념 : 크기는 1이면서 위상이 120°인 벡터의 위상연산자

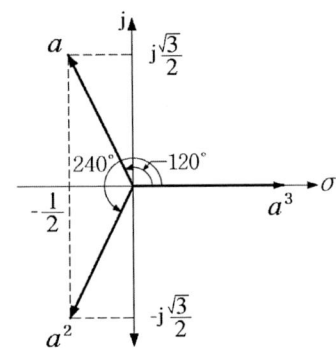

- $a = 1 \angle 120° = \cos 120° + j \sin 120°$
  $= -\dfrac{1}{2} + j \dfrac{\sqrt{3}}{2}$
- $a^2 = 1 \angle 240° = \cos 240° + j \sin 240°$
  $= -\dfrac{1}{2} - j \dfrac{\sqrt{3}}{2}$
- $a^3 = 1 \angle 360° = 1$
- $a + a^2 = -\dfrac{1}{2} + j \dfrac{\sqrt{3}}{2} - \dfrac{1}{2} - j \dfrac{\sqrt{3}}{2} = -1$

$1 + a + a^2 = 0$

(1) 불평형 3상 교류의 분석

불평형 3상 교류 = 영상분 + 정상분 + 역상분

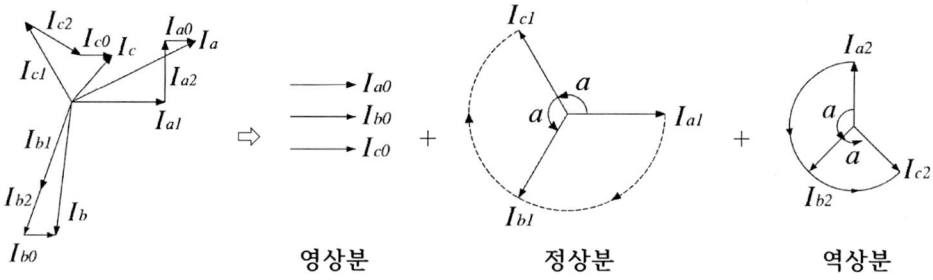

영상분　　　　정상분　　　　역상분

$I_a = I_{a0} + I_{a1} + I_{a2} = I_0 + I_1 + I_2$ ～ ㉮
$I_b = I_{b0} + I_{b1} + I_{b2} = I_0 + a^2 I_1 + a I_2$ ～ ㉯
$I_c = I_{c0} + I_{c1} + I_{c2} = I_0 + a I_1 + a^2 I_2$ ～ ㉰

① 영상분 : 같은 크기와 동일 위상각을 가진 각 불평형 상전류의 공통 성분

I_0 ⇨ ㉮ + ㉯ + ㉰

$I_a + I_b + I_c = 3I_0 + I_1(1 + a^2 + a) + I_2(1 + a + a^2)$

영상분 전류 $I_0 = \dfrac{1}{3}(I_a + I_b + I_c)$

영상전류 : 계전기의 동작 전류, 통신선에 대한 전자 유도장해 발생

② 정상분 : 전원과 동일한 상 회전 방향으로 120°의 위상각을 가지고, 크기가 같은 각 상전류 성분

I_1 ⇨ ㉮ + a㉯ + a^2㉰

$I_a + a I_b + a^2 I_c = I_0(1 + a + a^2) + I_1(1 + a^3 + a^3) + I_2(1 + a^2 + a^4)$

정상분 전류 $I_1 = \dfrac{1}{3}(I_a + a I_b + a^2 I_c)$

정상전류 : 전동기 운전 시 정회전 토크 발생

③ 역상분 : 상 회전 방향이 전원과 반대 방향이면서 120°의 위상차를 가지고, 크기가 같은 각 상전류 성분

I_2 ⇨ ㉮ + a^2㉯ + a㉰

$I_a + a^2 I_b + a I_c = I_0(1 + a^2 + a) + I_1(1 + a^4 + a^2) + I_2(1 + a^3 + a^3)$

역상분 전류 $I_2 = \dfrac{1}{3}(I_a + a^2 I_b + a I_c)$

역상전류 : 전동기 운전 시 역회전 제동력 발생

【정리】 불평형 3상 전류와 대칭분 전류

불평형 3상 전류	대칭분 전류
a상 전류 $\dot{I}_a = \dot{I}_0 + \dot{I}_1 + \dot{I}_2$	영상분 $\dot{I}_o = \dfrac{1}{3}(\dot{I}_a + \dot{I}_b + \dot{I}_c)[A]$
b상 전류 $\dot{I}_b = \dot{I}_0 + a^2\dot{I}_1 + a\dot{I}_2$	정상분 $\dot{I}_1 = \dfrac{1}{3}(\dot{I}_a + a\dot{I}_b + a^2\dot{I}_c)[A]$
c상 전류 $\dot{I}_c = \dot{I}_0 + a\dot{I}_1 + a^2\dot{I}_2$	역상분 $\dot{I}_2 = \dfrac{1}{3}(\dot{I}_a + a^2\dot{I}_b + a\dot{I}_c)[A]$

(2) 3상 평형(대칭)일 경우 영상분, 정상분, 역상분

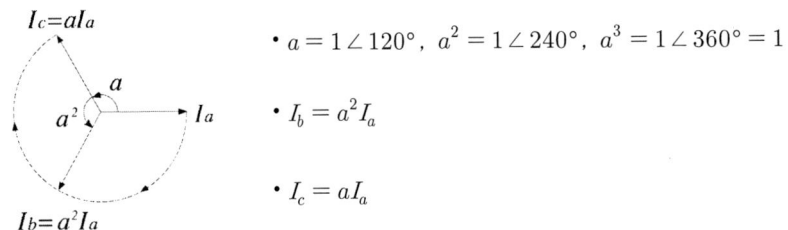

- $a = 1\angle 120°$, $a^2 = 1\angle 240°$, $a^3 = 1\angle 360° = 1$
- $I_b = a^2 I_a$
- $I_c = a I_a$

① 영상분 전류 $I_0 = \dfrac{1}{3}(I_a + I_b + I_c) = \dfrac{1}{3}I_a(1 + a^2 + a) = 0$
  - 3상 평형일 경우 $I_0 = 0$

② 정상분 전류 $I_1 = \dfrac{1}{3}(I_a + aI_b + a^2I_c) = \dfrac{1}{3}(I_a + a\cdot a^2 I_a + a^2\cdot aI_a) = I_a(1 + a^3 + a^3) = I_a$
  - 정상분 전류 : $I_1 = I_a$ (평형 3상에서는 정상분 전류가 기준전류이다).

③ 역상분 전류 $I_2 = \dfrac{1}{3}(I_a + a^2I_b + aI_c) = \dfrac{1}{3}(I_a + a^2\cdot a^2 I_a + a\cdot aI_a) = \dfrac{1}{3}I_a(1 + a + a^2) = 0$
  - 3상 평형일 경우 $I_2 = 0$

【정리】 3상 평형 $I_0 = I_2 = 0$, $I_1 = I_a$ (기준전류)

3. 전원을 포함한 3상 발전기 기본식과 고장계산

(1) 발전기의 기본식

발전기 a상 단자전압 식을 a상 기전력과 전류, 임피던스를 이용하여 그 식을 세우면 다음과 같다.

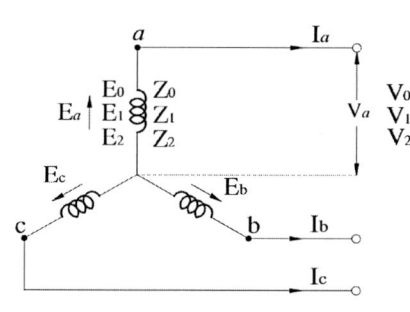

- E_a : a상 기전력
- V_a : a상 단자전압
- I_a : a상 선전류
- E_0, E_1, E_2 : 기전력 대칭성분
- V_0, V_1, V_2 : 단자전압 대칭성분
- I_0, I_1, I_2 : 전류 대칭성분
- Z_0, Z_1, Z_2 : 임피던스 대칭성분

① 영상분 단자전압 $V_0 = E_0 - I_0 Z_0$
② 정상분 단자전압 $V_1 = E_1 - I_1 Z_1$
③ 역상분 단자전압 $V_2 = E_2 - I_2 Z_2$

위 영상분, 정상분, 역상분 단자전압 식에서 발전기 3상회로는 평형이므로 영상분 기전력 $E_0 = 0$ 이고, 정상분 기전력 $E_1 = E_a$ 가 되며 역상분 기전력 $E_2 = 0$ 이 된다.
따라서 발전기 기본식은 다음과 같이 정리할 수 있다.

⇨ **3상 발전기 기본식**

① 영상분 $V_0 = -I_0 Z_0 [V]$
② 정상분 $V_1 = E_a - I_1 Z_1 [V]$
③ 역상분 $V_2 = -I_2 Z_2 [V]$

(2) 1선 지락 고장 (무부하 상태)

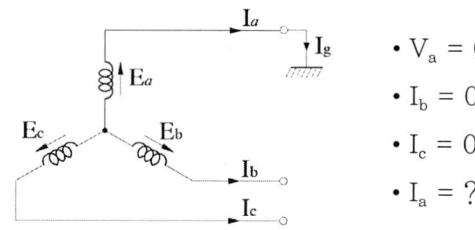

- $V_a = 0$
- $I_b = 0$
- $I_c = 0$
- $I_a = ?$

① $I_b = I_c = 0 \rightarrow I_b - I_c = 0$

$(I_0 + a^2 I_1 + a I_2) - (I_0 + a I_1 + a^2 I_2) = 0$ 에서

$(a^2 - a) I_1 - (a^2 - a) I_2 = 0$

∴ $I_1 = I_2$

$I_b = 0 \rightarrow I_0 + a^2 I_1 + a I_2 = 0$ 이고, $I_1 = I_2$ 이므로

$I_0 + a^2 I_1 + a I_1 = 0$ 에서 $I_0 + (a^2 + a) I_1 = 0$ 이므로 $I_0 - I_1 = 0$

∴ $I_0 = I_1 = I_2$

② $V_a = 0 \to V_0 + V_1 + V_2 = 0$ 이면서

$V_0 = -I_0 Z_0$, $V_1 = E_a - I_1 Z_1$, $V_2 = -I_2 Z_2$ 이므로

$-I_0 Z_0 + (E_a - I_1 Z_1) + (-I_2 Z_2) = 0$ 에서 $E_a = I_0(Z_0 + Z_1 + Z_2)$

$\therefore I_0 = I_1 = I_2 = \dfrac{E_a}{Z_0 + Z_1 + Z_2}$

③ $I_0 = \dfrac{1}{3}(I_a + I_b + I_c) = \dfrac{1}{3} I_a$

$I_a = 3I_0$

$\therefore I_g = 3I_0 = \dfrac{3E_a}{Z_0 + Z_1 + Z_2}$ [A]

⇨ 1선 지락 고장인 경우 관계식

① 전류 특성 : $I_0 = I_1 = I_2$

② 지락전류 크기 : $I_g = 3I_0 = \dfrac{3E_a}{Z_0 + Z_1 + Z_2}$ [A]

(2) 선간 단락고장

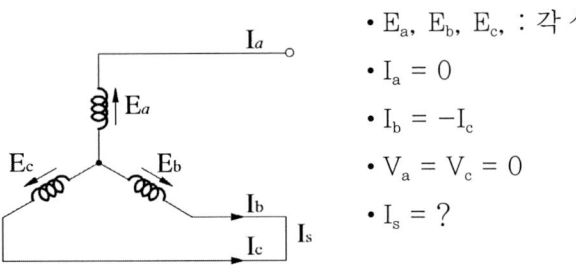

- E_a, E_b, E_c : 각 상 기전력
- $I_a = 0$
- $I_b = -I_c$
- $V_a = V_c = 0$
- $I_s = ?$

① $I_a = 0 \to I_0 + I_1 + I_2 = 0$ 이고 $I_b + I_c = 0$ 이므로

$I_0 = \dfrac{1}{3}(I_a + I_b + I_c) = \dfrac{1}{3}(I_a + I_b + I_c) = 0$

$I_0 = 0$

② $I_b = -I_c \to I_b + I_c = 0$ 이므로 $(I_0 + a^2 I_1 + aI_2) + (I_0 + aI_1 + a^2 I_2) = 0$

$(a^2 + a)I_1 + (a^2 + a)I_2 = 0$

$(a^2 + a)(I_1 + I_2) = 0$ 이므로 $I_1 + I_2 = 0$

$I_1 = -I_2$

③ $V_b = V_c = 0$

$(V_0 + a^2 V_1 + aV_2) - (V_0 + aV_1 + a^2 V_2) = 0$

$(a^2-a)V_1 - (a^2-a)V_2 = 0$

$(a^2-a)(V_1 - V_2) = 0$

∴ $V_1 = V_2$

④ $V_1 = V_2$ 에서 $V_1 = E_a - I_1 Z_1$, $V_2 = -I_2 Z_2$ 이므로

$E_a - I_1 Z_1 = -I_2 Z_2$에서 $I_1 = -I_2$이므로 $E_a - I_1 Z_1 = I_1 Z_2$

$E_a = (Z_1 + Z_2) I_1$

정상전류와 역상전류 $I_1 = \dfrac{E_a}{Z_1 + Z_2}$, $I_2 = -\dfrac{E_a}{Z_1 + Z_2}$

⑤ $I_s = I_b = I_0 + a^2 I_1 + a I_2 = I_0 + a^2 I_1 - a I_1 = (a^2 - a) I_1$

$= (a^2 - a) \dfrac{E_a}{Z_1 + Z_2}$

⇨ 선간 단락인 경우 관계식

① 전류 특성 $I_0 = 0$, $I_1 = -I_2$

② 전압 특성 $V_1 = V_2$

③ 단락전류 크기 $I_s = (a^2 - a) \dfrac{E_a}{Z_1 + Z_2}$ [A]

(3) 3상 단락고장 (평형 고장)

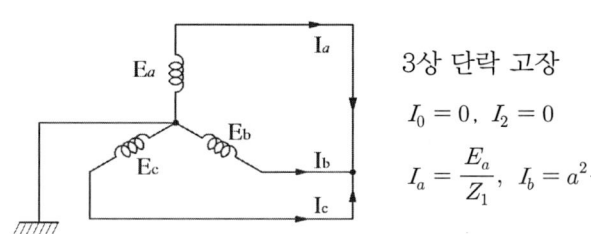

3상 단락 고장

$I_0 = 0$, $I_2 = 0$

$I_a = \dfrac{E_a}{Z_1}$, $I_b = a^2 \dfrac{E_a}{Z_1}$, $I_c = a \dfrac{E_a}{Z_1}$

【정리】고장 종류 별 분석 : 3상 단락 고장은 평형 고장이므로 정상분만 존재한다.

사고 종류	전류 성립식	정상분	역상분	영상분
1선 지락	$I_g = 3I_0 = \dfrac{3E_a}{Z_0 + Z_1 + Z_2}$	○	○	○
2선 지락				
선간 단락	$I_0 = 0$, $I_1 = -I_2$ $I_s = (a^2 - a) \dfrac{E_a}{Z_1 + Z_2}$	○	○	×
3상 단락	$I_0 = I_2 = 0$	○	×	×

4. 대칭분 회로

(1) 영상회로와 영상임피던스

3상을 일괄한 것과 대지 간에 단상 교류 전압을 인가했을 때 전류가 흐를 수 있는 범위의 회로를 영상 회로라 하며, 이때 한 상에 대한 임피던스를 영상 임피던스라 한다. 따라서 1상의 영상전류(I_0)의 3배 ($3I_0$)가 흐르는 중성점 저항 접지 방식에서 1상분에 대한 영상 전류를 취급하는 경우 중성점의 접지 저항은 3배로 한다.

[영상회로의 구성]

① 영상회로 구성 예-1 : 1차 측에서는 선로나 접지선 측 전선에 모두 영상전류가 흐를 수 있지만, 2차 측에서는 △결선 내에서만 영상전류가 순환하고, 2차 측 선로에는 영상전류가 흐를 수 없다. 그 이유는 영상 전류는 동 위상이므로 선로에 나타날 수 없다.

② 영상회로 구성 예-2 : 1, 2차 측 모두 Y결선 중성점 접지이므로 1, 2차 측 선로나 접지 측 전선에 영상전류가 흐를 수 있다.

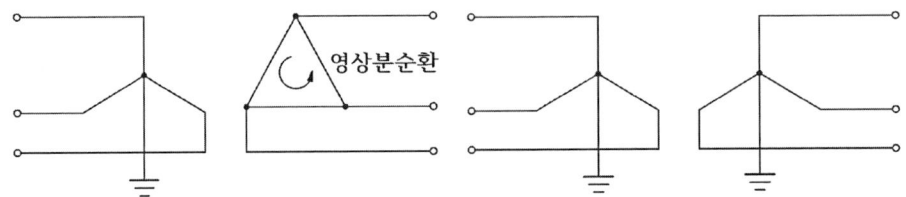

③ 영상임피던스 구성 예 : 정상분이나 역상분 전류는 3상 합성 시 모두 0이 되므로 중성점을 접지한 접지선을 통해 전류가 흐를 수 없지만, 각 상에 흐르는 영상분 전류는 동 위상 특성을 갖기 때문에 각 상 영상분 전류의 3배 전류가 중성점 접지저항을 통해 흐른다.

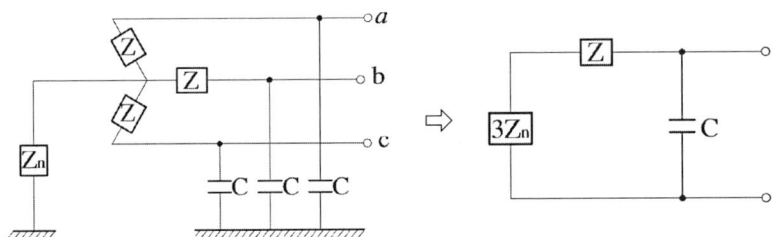

ⓐ 정상임피던스, 역상임피던스 : $Z_1 = Z_2 = \dfrac{1}{j\omega C + \dfrac{1}{Z}} = \dfrac{Z}{1+j\omega CZ}$

　　ⓑ 영상임피던스 : $Z_o = \dfrac{1}{\dfrac{1}{\dfrac{1}{j\omega C}} + \dfrac{1}{Z+3Z_n}} = \dfrac{1}{j\omega C + \dfrac{1}{Z+3Z_n}} = \dfrac{Z+3Z_n}{1+j\omega C(Z+3Z_n)}$

　②정상임피던스, 역상임피던스는 접지 임피던스 $3Z_n$은 고려할 필요가 없다.

(2) 정상회로, 정상 임피던스

3상 회로에서 정상분 전압을 가했을 때 전류가 흐를 수 있는 범위의 회로를 정상 회로라 하며, 이때 한상의 임피던스를 정상임피던스라 한다.

(3) 역상회로, 역상 임피던스

3상 회로에서 역상분 전압을 가했을 때 전류가 흐를 수 있는 범위의 회로를 역상 회로라 하며, 이때 한 상의 임피던스를 역상 임피던스라 한다.

Chapter 04 고장계산

출제예상핵심문제

161 3상 변압기의 임피던스가 Z[Ω]이고 선간 전압이 V[kV], 정격용량이 Pn[kVA]일 때 이 변압기의 %임피던스는?

① $\dfrac{10P_nZ}{V}$ ② $\dfrac{P_nZ}{10V^2}$ ③ $\dfrac{P_nZ}{100V^2}$ ④ $\dfrac{P_nZ}{V}$

해설 %임피던스 : 전로의 임피던스로 인하여 발생하는 전압강하의 백분율 비로 임피던스가 크면 전압강하가 크다는 것을 의미한다.

$$\%Z = \dfrac{ZI_n}{E} \times 100 = \dfrac{ZP_n}{10V^2} [\%]$$

(E[V] : 대지전압, V[V] : 선간전압, $P_n = \sqrt{3}\,VI_n$[kVA] : 3상 정격용량)

162 전압 V_1[kV]에 대한 [%]값이 x_{p1}이고, 전압 V_2[kV]에 대한 [%]값이 x_{p2}일 때 이들 사이에는 다음 중 어떤 관계가 있는가?

① $x_{P1} = \dfrac{V_1^2}{V_2}x_{P2}$ ② $x_{P1} = \dfrac{V_1}{V_2^2}x_{P2}$

③ $x_{P1} = \dfrac{V_2^2}{V_1^2}x_{P2}$ ④ $x_{P1} = \dfrac{V_2}{V_1^2}x_{P2}$

해설 $\%Z = \dfrac{ZP_n}{10V^2}[\%]$ 에서 $\%Z \propto \dfrac{1}{V^2}$ 이 성립하고

$x_{P1} \propto \dfrac{1}{V_1^2}$, $x_{P2} \propto \dfrac{1}{V_2^2}$, 이므로 $\dfrac{x_{P1}}{x_{P2}} = \dfrac{V_2^2}{V_1^2}$ 이다. 따라서 $x_{P1} = \dfrac{V_2^2}{V_1^2}x_{P2}$ 이 된다.

163 66[kV], 3상 1회선 송전 선로의 1선의 유도성 리액턴스 20[Ω], 전류가 350[A]일 때 %리액턴스는?

① 18.3 ② 19.7 ③ 23.2 ④ 26.7

해설 %임피던스 $\%Z = \dfrac{ZI_n}{E} \times 100[\%]$ (대지전압 $E[V] = \dfrac{V}{\sqrt{3}}[V]$)

$\%X = \dfrac{XI_n}{E(\text{대지전압})} \times 100 = \dfrac{20 \times 350}{\frac{66000}{\sqrt{3}}} \times 100 = 18.3[\%]$

정답 161.② 162.③ 163.①

164 정격 전압 66[kV], 1선의 유도성 리액턴스 10[Ω]인 3상 3선식 송전선의 10,000[kVA]를 기준으로 한 %리액턴스는 얼마인가?

① 1.3   ② 1.8   ③ 2.3   ④ 2.8

해설 $\%Z = \dfrac{\sqrt{3}\,ZI_n}{10\,V}[\%]$ (V[kV] : 선간전압, $P_n = \sqrt{3}\,VI_n$[kVA] : 3상 정격용량)

$\%X = \dfrac{XP_n}{10\,V^2} = \dfrac{10 \times 10000}{10 \times 66^2} = 2.3\,[\%]$

165 154/22.9[kV], 40[MVA] 3상 변압기의 %리액턴스가 14%라면 고압 측으로 환산한 리액턴스는 몇[Ω]이 되겠는가?

① 23   ② 49   ③ 83   ④ 108

해설 $\%Z = \dfrac{\sqrt{3}\,ZI_n}{10\,V}[\%]$ (V[kV] : 선간전압, $P_n = \sqrt{3}\,VI_n$[kVA] : 3상 정격용량)

$\%X = \dfrac{XP_n}{10\,V^2}$ 식에서 X로 정리하면

$X = \dfrac{\%X \cdot 10\,V^2}{P_n} = \dfrac{14 \times 10 \times 154^2}{40 \times 10^3} = 83\,[\Omega]$

166 어느 발전소의 발전기는 그 정격이 13.2[kV], 93,000[kVA], %Z는 95[%]라고 명판에 씌어 있다. 이 발전기의 임피던스는 몇[Ω]인가?

① 1.2   ② 1.8   ③ 1200   ④ 1780

해설 $\%Z = \dfrac{\sqrt{3}\,ZI_n}{10\,V}[\%]$ (V[kV] : 선간전압, $P_n = \sqrt{3}\,VI_n$[kVA] : 3상 정격용량)

임피던스 $Z = \dfrac{\%Z \cdot 10\,V^2}{P_n} = \dfrac{95 \times 10 \times 13.2^2}{93,000} = 1.8\,[\Omega][\Omega]$ 이므로

167 선로의 3상 단락전류는 대개 다음과 같은 식으로 구한다. 여기에서 I_n[A]은 무엇인가?

$I_s = \dfrac{100}{\%Z_T + \%Z_L} \times I_n[\text{A}]$

여기서, %Z_T는 변압기 %임피던스, %Z_L은 선로 측 %임피던스이다.

① 그 선로의 평균전류   ② 그 선로의 최대전류
③ 전원 변압기의 선로 측 정격전류   ④ 전원 변압기의 전원 측 정격전류

정답 164.③ 165.③ 166.② 167.③

해설 3상 단락전류 $I_s = \dfrac{100}{\%Z}I_n[A]$

단락전류 식 $I_s = \dfrac{100}{\%Z}I_n[A]$ 에서 %Z는 단락점 기준 전원 측 임피던스만 고려하며, 이때 정격전류는 정상 운전 시 단락점에 흐르고 있던 정격전류를 의미한다. 따라서 위 문제에서 제시한 정격전류는 전원변압기 2차 측 선로에 흐르는 정격전류를 의미한다.

168 정격용량 P_n[kVA], 정격 2차 전압 V_{2n}[kV], %임피던스 Z[%]인 3상 변압기의 2차 단락 전류는 몇 [A]인가?

① $\dfrac{P_n}{\sqrt{3}\,V_{2n}Z}$ ② $\dfrac{P_n}{V_{2n}Z}$ ③ $\dfrac{100P_n}{\sqrt{3}\,V_{2n}Z}$ ④ $\dfrac{100P_n}{V_{2n}Z}$

해설 3상 단락전류 $I_s = \dfrac{100}{\%Z}I_n[A]$ ($I_n[A]$: 정격전류, $P_n = \sqrt{3}\,VI_n$[kVA] : 3상 정격용량)

문제에서는 %Z[%]를 Z, 전압 V[kN]를 V_{2n} 라 하였으므로

단락전류 $I_s = \dfrac{100}{\%Z}I_n = \dfrac{100}{Z} \times \dfrac{P_n}{\sqrt{3} \times V_{2n}} = \dfrac{100P_n}{\sqrt{3}\,V_{2n}Z}[A]$

169 그림과 같은 3상 송전 계통에서 송전단 전압은 3,300[V]이다. 지금 점 P에서 3상 단락 사고가 발생하였을 때 발전기에 흐르는 단락 전류[A]는 얼마인가?

① 320
② 330
③ 380
④ 410

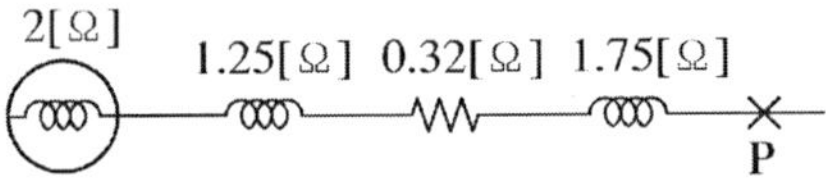

해설 3상 단락전류 : $I_s = \dfrac{E}{Z}[A]$

여기서, 임피던스 Z[Ω]은 한 상분이며 E[V] 발전기 한 상 기전력이다.

발전기 한 상의 임피던스 $Z = 0.32 + j(2 + 1.25 + 1.75) = 0.32 + j5 = 5.01[A]$ 이고

3상 발전기는 Y결선이므로 상 기전력 $E = \dfrac{V}{\sqrt{3}} = \dfrac{3300}{\sqrt{3}}[V]$ 이므로

단락전류 $I_s = \dfrac{E}{Z} = \dfrac{\frac{3300}{\sqrt{3}}}{5.01} = 380.29[A]$

정답 168.③ 169.③

170 66/22[kV], 2,000[kVA] 단상 변압기 3대를 1뱅크로 한 변전소로부터 공급받는 어떤 수전점에서의 3상 단락 전류[A]는? (단, 변압기의 %리액턴스는 7[%]이며 선로의 %임피던스는 0으로 본다)

① 750   ② 1570   ③ 1,900   ④ 2,250

해설 3상 단락전류 $I_s = \dfrac{100}{\%Z}I_n[A]$ ($I_n[A]$: 정격전류, $P_n = \sqrt{3}\,VI_n[kVA]$: 3상 정격용량)

$I_s = \dfrac{100}{\%Z}I_n = \dfrac{100}{7} \times \dfrac{2000 \times 3}{\sqrt{3} \times 22} = 2250[A]$

171 다음 그림과 같은 3상 3선식 전선로의 단락점에서 3상 단락 전류를 제한하려고 %리액턴스 5[%]의 한류리액터를 시설하였다. 단락전류는 약 몇 [A] 정도 되는가?(단, 66[kV]에 대한 %리액턴스는 5[%], 저항 분은 무시한다)

① 880
② 1,000
③ 1,130
④ 1,250

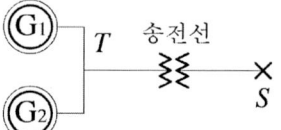

해설 3상 단락전류 $I_s = \dfrac{100}{\%Z}I_n = \dfrac{100}{\%Z + \%Z_L}I_n[A]$

($I_n[A]$: 정격전류, $P_n = \sqrt{3}\,VI_n[kVA]$: 3상 정격용량)

$\%Z_L[\%]$는 한류리액터를 직렬로 접속한 경우 %임피던스이다.

단락전류 $I_s = \dfrac{100}{\%Z + \%Z_L}I_n = \dfrac{100}{5+5} \times \dfrac{10000}{\sqrt{3} \times 66} = 874.7[A][A]$

【참고】한류리액터 : 전선로 상에서 발생하는 단락전류의 크기를 제한하기 위하여 선로에 직렬로 접속하는 유도성 리액턴스

172 그림에 표시하는 무부하 송전선의 X점에서 3상 단락이 일어났을 때의 단락 전류는 약 몇 [A]인가?(단, G_1과 G_2는 각각 15[MVA], 11[kV], %임피던스 30[%]이고, 변압기 T는 30[MVA], 11/154[kV] %임피던스 8[%], 변압기와 단락점 사이는 50[km]이고, 임피던스는 0.5[Ω/km]이다)

① 127
② 255
③ 273
④ 383

정답 170.④ 171.① 172.③

해설 변압기 용량 30[MVA]를 기준용량으로 하여 발전기의 %Z를 이용하여 환산한다.

발전기 %Z 환산 %Z 환산 $\%Z_G = \%Z(\text{자기용량}) \times \dfrac{\text{기준용량}}{\text{자기용량}}$ [%]

30[MVA]를 기준용량으로 하여 환산한 %Z

$\%Z_{G1} = 30 \times \dfrac{30}{15} = 60[\%]$, $\%Z_{G2} = 30 \times \dfrac{30}{15} = 60[\%]$, $\%Z_{TR} = 8[\%]$

변압기와 단락점까지의 선로 임피던스 $Z_L = 50 \times 0.5 = 25[\Omega]$ 이므로

선로 $\%Z_L = \dfrac{ZP_n}{10V^2} = \dfrac{25 \times 30 \times 10^3}{10 \times 154^2} = 3.16[\%]$

단락점까지의 합성값 $\%Z = \dfrac{60 \times 60}{60 + 60} + 8 + 3.16 = 41.6[\%]$

단락전류 $I_s = \dfrac{100}{\%Z} I_n = \dfrac{100}{41.6} \times \dfrac{30 \times 10^3}{\sqrt{3} \times 154} = 273[A]$

173 정격 전압 7.2[kV], 정격 차단 용량 250[MVA]인 3상용 차단기의 정격 차단 전류[A]는?

① 약 10,000 ② 약 20,000 ③ 약 30,000 ④ 약 35,000

해설 차단기의 정격차단용량 $P_s = \sqrt{3} \times$ 차단기 정격전압 $\times$ 정격차단전류[MVA]

정격차단전류 $I_s = \dfrac{P_s}{\sqrt{3}\,V_n} = \dfrac{250 \times 10^6}{\sqrt{3} \times 7.2 \times 10^3} = 20,000[A]$

174 합성 %임피던스 Z(P[kVA]기준)인 위치에 설치할 차단기의 용량은 몇 [MVA]인가?

① $10ZP$ ② $\dfrac{100P}{Z}$ ③ $\dfrac{100Z}{P}$ ④ $\dfrac{0.1P}{Z}$

해설 차단기 용량 $P_s = \dfrac{100}{\%Z} P_n [\text{kVA}]$

%임피던스 %Z = Z[%]를, 정격용량 P_n = P[kVA]이므로

$P_s = \dfrac{100}{\%Z} P_n = \dfrac{100}{Z} P \times 10^{-3} = \dfrac{0.1P}{Z} [\text{MVA}]$

175 다음과 같은 단상 전선로의 단락용량[kVA]은? (단, 단락점까지의 전선 한 줄의 임피던스는 전원을 포함하여 $Z = 6 + j8[\Omega]$이고, 단락 전의 단락점 전압 V = 22.9[kV]이고 부하 전류는 무시한다.)

① 13,110 ② 26,220 ③ 39,330 ④ 52,440

정답 173.② 174.④ 175.②

해설 단락용량 $P_s = EI_s [\text{kVA}]$

단락전류 $I_s = \dfrac{E}{2Z_s} = \dfrac{22900}{2 \times \sqrt{6^2 + 8^2}} = 1145 [\text{A}]$

단락용량 $P_s = EI_s = 22.9 \times 1145 = 26,220 [\text{kVA}]$

176 100[MVA]의 3상 변압기 2뱅크를 가지고 있는 배전용 2차 측의 배전선에 시설할 차단기 용량은 몇 [MVA]인가? (단, 변압기는 병렬로 운전되며, 각각의 %Z는 20[%]이고, 전원 임피던스는 무시한다.)

① 1,000 ② 2,000 ③ 3,000 ④ 4,000

해설 3상 차단기 용량 $P_s = \dfrac{100}{\%Z} P_n [\text{kVA}]$ 여기서 $P_n = \sqrt{3} \, VI_n [\text{kVA}]$ 이다.

병렬운전이므로 합성 $\%Z_0 = \dfrac{20 \times 20}{20 + 20} = 10[\%]$

단락용량(차단기 용량) $P_s = \dfrac{100}{\%Z_0} P_n = \dfrac{100}{10} \times 100 = 1,000 [\text{MVA}]$

177 그림과 같은 3상 회로에서 유입 차단기 3의 차단 용량[MVA]은 얼마인가? (단, 발전기의 %리액턴스는 각각 10[%], 변압기는 5[%]이고 각각의 용량은 G_1 = 15,000[kVA], G_2 = 30,000[kVA], T_r = 15,000[kVA]이다.)

① 150
② 180
③ 450
④ 800

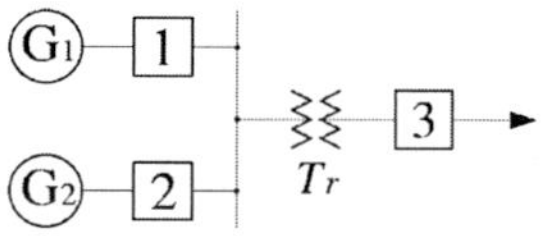

해설 발전기 용량 30,000[kVA]를 기준용량으로 하여 나머지 %Z 환산

발전기 %Z 환산 %Z 환산 $\%Z_G = \%Z(\text{사기용량}) \times \dfrac{\text{기준용량}}{\text{자기용량}} [\%]$

3상 단락용량(차단기 용량) $P_s = \dfrac{100}{\%Z} P_n [\text{kVA}]$

30,000[kVA] 발전기를 기준용량으로 하여 환산한 %Z

$\%X_{G1} = 10 \times \dfrac{30,000}{15,000} = 20[\%]$, $\%X_{G2} = 10[\%]$, $\%X_{Tr} = 5 \times \dfrac{300,00}{15,000} = 10[\%]$

차단기까지의 합성 $\%Z_0 = \dfrac{20 \times 10}{20 + 10} + 10 = 16.67[\%]$

단락용량(차단기 용량) $P_s = \dfrac{100}{\%Z_0} P_n = \dfrac{100}{16.67} \times 30 = 180 [\text{MVA}]$

정답 176.① 177.②

178 그림에서 A 점의 차단기 용량 [MVA]으로 가장 적당한 것은?

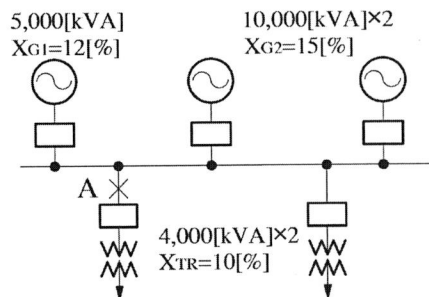

① 50　　② 100　　③ 150　　④ 175

해설 발전기 용량 10,000[kVA]를 기준용량으로 하여 각각의 %Z를 환산

발전기 %Z $\%Z_G = \%Z(자기용량) \times \dfrac{기준용량}{자기용량}$ [%]

3상 단락용량(차단기 용량) : $P_s = \dfrac{100}{\%Z} P_n [\text{kVA}]$ ($P_n = \sqrt{3}\, VI_n [\text{kVA}]$)

$\%X_{G1} = 12 \times \dfrac{10000}{5000} = 24[\%]$, $\%X_{G2} = 15[\%]$

차단기까지의 합성값 $\%X_0 = \dfrac{1}{\dfrac{1}{24} + \dfrac{1}{15} + \dfrac{1}{15}} = 5.71[\%]$

단락용량(차단기 용량) $P_s = \dfrac{100}{\%X_0} P_n = \dfrac{100}{5.71} \times 10,000 \times 10^{-3} = 175 [\text{MVA}]$

179 어드미턴스 Y[μ℧]를 V[kV], P[kVA]에 대한 [p·u] 법으로 나타내면?

① $\dfrac{YV^2}{P} \times 10^{-3}$　② $\dfrac{YV^2}{P} \times 10^{-2}$　③ $\dfrac{YV^2}{P} \times 10^{-1}$　④ $\dfrac{YV^2}{P} \times 10$

해설 단위법(p·u법) : 전기회로에서 전압, 전류, 임피던스 등을 계산하거나 표현하는 경우 어떤 임의의 값을 기준 값 1로 하여 이에 대한 비로 나타내는 방법

정격전류를 $I_n[\text{A}]$라 하면 $Z[\text{p.u}] = \dfrac{ZI}{V}$이므 이므로

$Y[\text{p.u}] = \dfrac{V}{ZI} = Y \cdot \dfrac{V}{I} \times \dfrac{V}{V} = \dfrac{YV^2}{P} \times 10^{-3}$

정답　178.④　179.①

180 기준 용량 P[kVA], 전압 V[kV] 일 때 %임피던스 값이 Z_P인 것을 기준 용량 P_1[kVA], 전압 V_1[kV]로 기준 값을 변환하면 새로운 기준 값에 대한 %임피던스 값은?

① $Z_P \times \dfrac{P_1}{P} \times \left(\dfrac{V}{V_1}\right)^2$ ② $Z_P \times \dfrac{P_1}{P} \times \dfrac{V}{V_1}$

③ $Z_P \times \dfrac{P_1}{P} \times \left(\dfrac{V_1}{V}\right)^2$ ④ $Z_P \times \dfrac{P_1}{P} \times \dfrac{V_1}{V}$

해설 $\%Z = \dfrac{ZP_n}{10V^2}$ [%] (V[V] : 선간전압, $P_n = \sqrt{3}\,VI_n$[kVA] : 3상 정격용량)

$\%Z = \dfrac{ZP_n}{10V^2}$ [%] 에서, $Z_P = \dfrac{ZP}{10V^2}$ [%], $Z_{P1} = \dfrac{ZP_1}{10V_1^2}$ [%] 이므로

$\dfrac{Z_{P1}}{Z_P} = \dfrac{\dfrac{ZP_1}{10V_1^2}}{\dfrac{ZP}{10V^2}} = \dfrac{P_1}{P} \times \left(\dfrac{V}{V_1}\right)^2$ 에서 $Z_{P1} = Z_P \times \dfrac{P_1}{P} \times \left(\dfrac{V}{V_1}\right)^2$

181 18[kV], 500[MVA]를 정격으로 하는 발전기가 0.25 P.U(per unit)의 리액턴스를 가지고 있다. 20[kV], 100[MVA]의 새로운 기준(base)에서의 리액턴스 값은 얼마인가?

① 0.25[P.U] ② 0.405[P.U] ③ 0.0405[P.U] ④ 0.025[P.U]

해설 $\%X = \dfrac{XP_n}{10V^2}$ [%] 에서 X[p.u] $= \dfrac{XP_n}{10V^2} \times \dfrac{1}{100} = \dfrac{XP_n}{1000V^2}$

X_1[p.u] $= \dfrac{XP_{n1}}{10V_1^2} \times \dfrac{1}{100} = \dfrac{XP_{n1}}{1000V_1^2}$ 이므로

$\dfrac{X_1[\text{p.u}]}{X[\text{p.u}]} = \dfrac{\dfrac{XP_{n1}}{1000V_1^2}}{\dfrac{XP_n}{1000V^2}} = \dfrac{P_{n1}}{P_n} \times \left(\dfrac{V}{V_1}\right)^2$ 에서 X_1[p.u] $= X$[p.u] $\times \dfrac{P_{n1}}{P_n} \times \left(\dfrac{V}{V_1}\right)^2$

X_1[p.u] $= X$[p.u] $\times \dfrac{P_{n1}}{P_n} \times \left(\dfrac{V}{V_1}\right)^2 = 0.25 \times \dfrac{100}{500} \times \left(\dfrac{18}{20}\right)^2 = 0.0405$[p.u]

182 3본의 송전선에 동상의 전류가 흘렀을 경우 이 전류를 무슨 전류라 하는가?

① 영상전류 ② 평형전류 ③ 단락전류 ④ 대칭전류

해설 영상분 전류 : 불평형 3상 전류 발생 시 그 크기가 같고 동위상의 특성을 갖는 성분의 전류로 전선로에 흐르는 경우 인접 통신선에 대한 유도장해의 원인이 된다.

정답 180.① 181.③ 182.①

183 3상 전로에서 A, B, C 각 상전류를 I_a, I_b, I_c 라 할 때 $I_x = \frac{1}{3}(\dot{I_a} + a^2\dot{I_b} + a\dot{I_c})$ 로 표시되는 I_x 는 어떤 전류인가?

① 정상전류   ② 역상전류
③ 영상전류   ④ 역상전류와 영상전류의 합

해설 불평형 3상전류의 분석
- 영상분 $I_0 = \frac{1}{3}(\dot{I_a} + \dot{I_b} + \dot{I_c})$
- 정상분 $I_1 = \frac{1}{3}(\dot{I_a} + a\dot{I_b} + a^2\dot{I_c})$
- 역상분 $I_2 = \frac{1}{3}(\dot{I_a} + a^2\dot{I_b} + a\dot{I_c})$

184 송전 선로에서 가장 많이 발생되는 사고는?

① 단선 사고   ② 단락 사고   ③ 지지물 사고   ④ 지락사고

해설 송전선로에서는 전선로가 바람에 의한 수목 접촉 같은 지락 사고가 빈번하게 발생하므로 가장 많이 발생하는 사고는 지락사고이다.

185 3상 동기발전기 단자에서의 고장 전류 계산 시 영상 전류 I_0, 정상전류 I_1 및 역상 전류 I_2가 같은 경우는?

① 1선 지락   ② 2선 지락   ③ 선간 단락   ④ 3상 단락

해설 1선 지락 고장 $I_0 = I_1 = I_2$, 지락전류 $I_g = 3I_0 = \frac{3E_a}{Z_0 + Z_1 + Z_2}$[A]

186 그림과 같은 3상 발전기가 있다 a상이 지락한 경우 지락 전류는 얼마인가?

① $\frac{E_a}{Z_0 + Z_1 + Z_2}$ ② $\frac{3E_a}{Z_0 + Z_1 + Z_2}$
③ $\frac{2Z_0 E_a}{Z_0 + Z_1 + Z_2}$ ④ $\frac{2Z_2 E_a}{Z_1 + Z_2}$

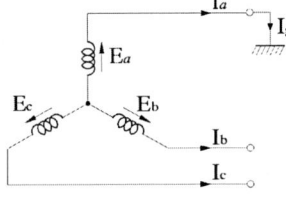

해설 1선 지락 사고 : $I_0 = I_1 = I_2$, 지락전류 $I_g = 3I_0 = \frac{3E_a}{Z_0 + Z_1 + Z_2}$[A]

정답 183.② 184.④ 185.① 186.②

187 무 부하 3상 교류 발전기의 두 선이 단락 되었을 때, 다음 중 옳은 것은? (단, 단자 전압의 대칭 분은 V_0, V_1, V_2 이고 전류의 대칭 분은 I_0, I_1, I_2 이다)

① $I_0 = 0$, $I_1 = -I_2$
② $I_1 = I_2$
③ $V_0 = V_1$
④ $V_0 = -V_2$

해설 선간 단락 사고 $I_0 = 0$, $I_1 = -I_2$, 단락전류 $I_s = (a^2 - a)\dfrac{E_a}{Z_1 + Z_2}[A]$

188 선간 단락 고장을 대칭 좌표법으로 해석 할 경우 필요한 것은?

① 정상 임피던스, 역상 임피던스
② 정상 임피던스
③ 정상 임피던스, 영상 임피던스
④ 역상 임피던스, 영상 임피던스

해설 선간 단락 사고 : $I_0 = 0$, $I_1 = -I_2$, 단락전류 $I_s = (a^2 - a)\dfrac{E_a}{Z_1 + Z_2}[A]$

189 3상 단락고장을 대칭 좌표법으로 해석 할 경우 다음 중 필요한 것은?

① 정상 임피던스
② 역상 임피던스
③ 영상 임피던스
④ 정상, 역상, 영상 임피던스

해설 고장 종류 별 분석 : 3상 단락 고장은 평형 고장이므로 정상분만 존재한다.

사고 종류	정상분	역상분	영상분
1, 2선 지락	○	○	○
선간 단락	○	○	×
3상 단락	○	×	×

190 3상 단락사고가 발생한 경우 다음 중 옳지 않은 것은? (단, V_0 : 영상전압, V_1 : 정상 전압, V_2 : 역상 전압, I_0 : 영상 전류, I_1 : 정상 전류, I_2 : 역상 전류이다.)

① $V_2 = V_0 = 0$
② $V_2 = I_2 = 0$
③ $I_2 = I_0 = 0$
④ $I_1 = I_2 = 0$

정답 187.① 188.① 189.① 190.④

해설 고장 종류 별 분석 : 3상 단락 고장은 평형 고장이므로 정상분만 존재한다.

사고 종류	정상분	역상분	영상분
1, 2선 지락	○	○	○
선간 단락	○	○	×
3상 단락	○	×	×

191 송전계통의 부분이 그림에서와 같이 3상 변압기로 1차 측은 △로 2차 측은 Y로 중성점이 접지되어 있을 때 1차 측에 흐르는 영상 전류는?

① 1차 측 선로에서 반드시 0이다.
② 1차 측 변압기 내부에서 반드시 0이다.
③ 1차 측 선로에서 0이 아닌 경우가 있다.
④ 1차 측 변압기 내부와 1차 측 선로에서 반드시 0이다.

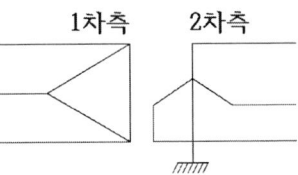

해설 영상 전류

변압기 결선	1차측 △ 결선		2차측 Y 결선	
	변압기 내부	선로	접지선	선로
영상전류	존재	0	존재	존재

• 존재하는 경우 : △결선 내부, 비접지측 선로
• 0인 경우 : △결선 선로, 접지측 선로

192 3상 송전 선로에 변압기가 그림과 같이 Y-△로 결선되어 있고, 1차 측에는 중성점이 접지되어 있다. 이 경우, 영상전류가 흐르는 곳은?

① 1차 측 선로
② 1차 측 선로 및 접지선
③ 1차 측 선로, 접지선 및 △회로 내부
④ 1차 측 선로, 접지선, △회로 내부 및 2차 측 선로

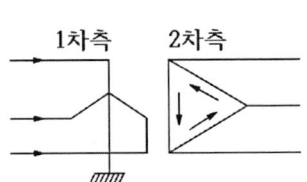

정답 191.① 192.③

해설 영상 전류

변압기 결선	1차측 Y 결선 접지		2차측 Δ 결선	
	접지선	선로	변압기 내부	선로
영상전류	존재	존재	존재(순환)	0

- 존재하는 경우 : Δ결선 내부, 비접지측 선로
- 0인 경우 : Δ결선 선로, 접지측 선로

193 그림과 같은 3권선 변압기의 2차 측에서 1선 지락사고가 발생했을 경우, 영상 전류가 흐르는 권선은?

① 1차, 2차, 3차 권선
② 1차, 2차 권선
③ 2차, 3차 권선
④ 1차, 3차 권선

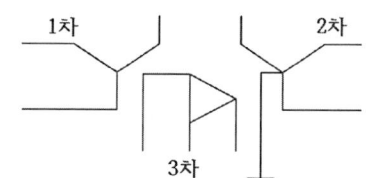

해설 영상 전류

변압기 결선	1차 Y결선 비접지		2차 Y결선(1선지락)		3차측 Δ 결선	
	변압기	선로	접지선	선로	변압기 권선	선로
영상전류	0	0	존재	존재	존재(순환)	0

- 존재하는 경우 : Δ결선 내부, 비접지측 선로, 1선지락 사고 권선
- 0인 경우 : Δ결선 선로, 접지측 선로

194 송전계통의 한 부분이 그림과 같이 Y-Y로 3상 변압기가 결선이 되고 1차 측은 비접지로 그리고 2차 측은 접지로 되어 있을 경우 영상전류는?

① 1차 측 선로에만 흐를 수 있다.
② 2차 측 선로에만 흐를 수 있다.
③ 1차 및 2차 측 선로에 모두 흐를 수 있다.
④ 1차 및 2차 측 선로에 모두 다 흐를 수 없다.

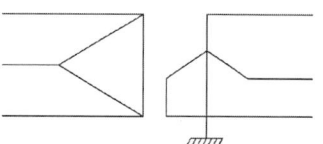

해설 영상 전류

변압기 결선	1차측 △ 결선		2차측 Y 결선	
	변압기 내부	선로	접지선	선로
영상전류	존재	0	존재	존재

• 존재하는 경우 : △결선 내부, 비접지측 선로
• 0인 경우 : △결선 선로, 접지측 선로

195 그림과 같은 회로의 영상, 정상, 역상 임피던스 Z_0, Z_1, Z_2 는?

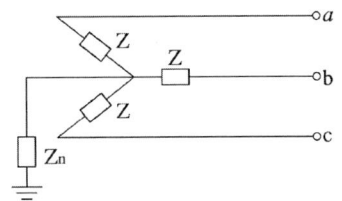

① $Z_0 = Z + 3Z_n$, $Z_1 = Z_2 = Z$
② $Z_0 = 3Z + Z_n$, $Z_1 = 3Z$, $Z_2 = Z$
③ $Z_0 = 3Z_n$, $Z_1 = Z$, $Z_2 = 3Z$
④ $Z_0 = Z + Z_n$, $Z_1 = Z_2 = Z + 3Z_n$

해설 정상분이나 역상분 전류는 3상 합성 시 모두 0이므로 접지선을 통해 전류가 흐를 수는 없지만, 각 상에 흐르는 영상분 전류는 동위상의 특성을 갖기 때문에 각 상 영상분 전류의 3배 전류가 중성점 접지저항을 통해 흐르므로 1상을 기준으로 하여 구하는 Z_0, Z_1, Z_2에서 영상분 전류가 흐를 수 있는 중성점 접지 임피던스 Z_n은 3상 전체분이므로 1상당 $3Z_n$이 되어야 한다.
정상분, 역상분 전류는 중성점까지만 흐르므로 $Z_1 = Z_2 = Z$
영상분 전류는 접지점까지 흐르므로 $Z_0 = Z + 3Z_n$

196 송전선로의 정상, 역상 및 영상 임피던스를 각각 Z_1, Z_2 및 Z_0라 할 때 옳은 것은?

① $Z_1 = Z_2 = Z_3$
② $Z_1 = Z_2 > Z_0$
③ $Z_1 > Z_2 = Z_0$
④ $Z_1 = Z_2 < Z_0$

해설 Y결선 접지 회로에서 정상분이나 역상분은 중성점까지만 흐를 수 있지만 영상분은 중성점 접지 임피던스를 통해 대지까지 흐를 수 있다. 따라서 정상분, 역상분 임피던스는 중성점까지만 고려하지만 영상분 임피던스는 중성점 접지 임피던스까지 고려하므로 항상 $Z_1 = Z_2$이 성립하고 Z_0보다는 작다.

정답 195.① 196.④

197 그림과 같은 회로의 영상, 정상 및 역상 임피던스 Z_0, Z_1, Z_2 는?

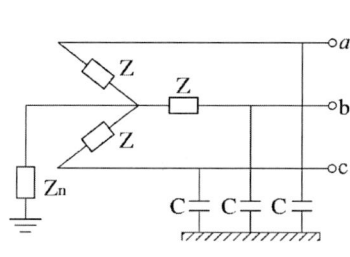

① $Z_0 = \dfrac{Z+3Z_n}{1+j\omega C(Z+3Z_n)}$, $Z_1 = Z_2 = \dfrac{Z}{1+j\omega CZ}$

② $Z_0 = \dfrac{3Z_n}{1+j\omega C(3Z+Z_n)}$, $Z_1 = Z_2 = \dfrac{3Z_n}{1+j\omega CZ}$

③ $Z_0 = \dfrac{Z+Z_n}{1+j\omega C(Z+Z_n)}$, $Z_1 = Z_2 = \dfrac{Z}{1+j3\omega CZ}$

④ $Z_0 = \dfrac{3Z}{1+j\omega C(Z+Z_n)}$, $Z_1 = Z_2 = \dfrac{3Z_n}{1+j3\omega CZ}$

해설 영상임피던스를 구하기 위하여 한 상을 기준으로 한 등가회로로 바꾸면 다음과 같다.

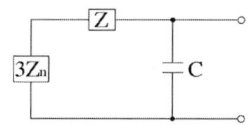

- 영상 임피던스

$$Z_o = \dfrac{1}{\dfrac{1}{\dfrac{1}{j\omega C}} + \dfrac{1}{Z+3Z_n}} = \dfrac{1}{j\omega C + \dfrac{1}{Z+3Z_n}} = \dfrac{Z+3Z_n}{1+j\omega C(Z+3Z_n)}$$

- 정상임피던스, 역상임피던스는 접지 임피던스 $3Z_n$은 고려할 필요가 없다.

$$Z_1 = Z_2 = \dfrac{1}{j\omega C + \dfrac{1}{Z}} = \dfrac{Z}{1+j\omega CZ}$$

198 그림과 같은 전력계통의 154[kV] 송전선로에서 고장 지락 저항 Z_{gf}를 통해서 1선 지락고장이 발생 되었을 때 고장 점에서 본 영상 %임피던스는?(단, 그림에서 표시한 임피던스는 %임피던스로 Z_t는 변압기 임피던스, $Z\ell$은 선로 임피던스이다.)

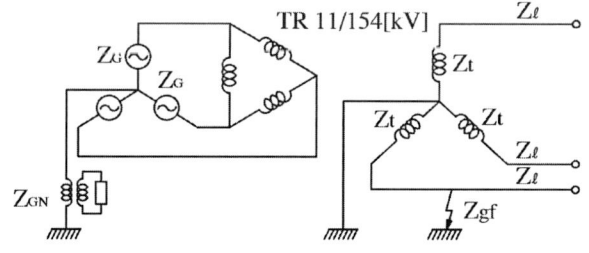

① $Z_0 = Z_\ell + Z_t + Z_{gf} + Z_G + Z_{GN}$
② $Z_0 = Z_\ell + Z_t + Z_G$
③ $Z_0 = Z_\ell + Z_t + Z_{gf}$
④ $Z_0 = Z_\ell + Z_t + 3Z_{gf}$

해설 1선 지락 사고 시 영상분 전류는 ① 변압기 → ② 선로 → ③ 고장 지락저항 → ④ 접지선 순서로 흐르게 된다. 이때 고장 지락저항을 통해서는 3배의 영상분 전류가 흐르므로 고장 지락저항 Z_{gf}는 3배를 하여야 한다.
영상 %임피던스 $Z_0 = Z_t + Z_\ell + 3Z_{gf}$

정답 197.① 198.④

Chapter 05 중성점 접지방식

1. 중성점 접지의 목적

① 이상 전압의 경감 및 발생 방지
② 전선로 및 기기의 절연 레벨 경감
③ 보호계전기의 신속 확실한 동작
④ 소호리액터 접지 계통에서 1선 지락 시 아크 소멸

2. 비접지 방식 (△결선)

저전압(3.3 6.6 22[kV]), 단거리 선로에서 적용

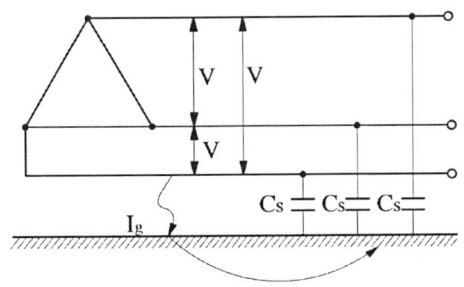

- $V = 6600[\text{V}]$: 선간전압
- $\dfrac{V}{\sqrt{3}} = \dfrac{6600}{\sqrt{3}}[\text{V}]$: 대지전압
- $C_s = 0.005[\mu\text{F/km}]$: 대지정전용량
- $\ell = 10[\text{km}]$

【예】 지락전류의 크기 계산

$$I_g = j\omega \times 3C_s \times \frac{V}{\sqrt{3}} \times \ell$$
$$= j\sqrt{3}\,\omega C_s V \ell = j\sqrt{3} \times 2\pi \times 60 \times 0.005 \times 10^{-6} \times 6600 \times 10 = 0.215[\text{A}]$$

(1) 장점

① 변압기 1대 고장 시에도 V 결선에 의한 계속적인 3상 전력공급이 가능하다.
　　⇨ V결선의 특성 :
　　　ⓐ 출력 특성 : 단상 변압기 1대 용량의 $\sqrt{3}$ 배만큼 부하를 걸 수 있다.

ⓑ 출력비 $\frac{\sqrt{3}\,VI}{3\,VI} = 57.7[\%]$ ⓒ 이용률 $\frac{\sqrt{3}\,VI}{2\,VI} = 86.6[\%]$

② 선로에 3고조파(동상전류가)가 발생하지 않는다.

(2) 단점

① 1선 지락 사고 시 건전 상 전압 상승($\sqrt{3}$배)이 크다.
② 건전 상 전압 상승에 의한 2중 고장 발생 확률이 높다.
③ 기기의 절연 수준을 높여야 한다.

3. 직접 접지 방식

초고압 (154, 345, 765[kV]) 송전선로 계통에서 변압기 중성점을 임피던스가 거의 없는 굵고 짧은 연동선을 이용하여 접지하는 방식을 직접접지방식이라고 한다.

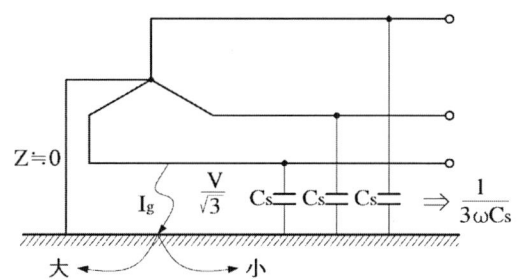

- $\frac{V}{\sqrt{3}}$ [V] : 대지전압
- C_s [μF/km] : 대지정전용량
- $\frac{1}{3\omega C_s}$ [Ω] : 용량성 리액턴스
- Z [Ω] : 접지 임피던스
- I_g [A] : 지락전류

(1) 장점

① 1선 지락 고장 시 건전 상 전압상승이 거의 없으므로 계통에 대한 절연 레벨을 낮출 수 있다.
② 개폐 서지 값을 저감시킬 수 있으므로 피뢰기 동작 책무를 저감시킬 수 있다.
③ 변압기의 중성점이 0전위 부근에 유지되므로 단절연 변압기의 사용이 가능하다.
④ 지락전류(고장 전류)가 크므로 보호계전기의 동작이 확실하다.

【참고】 유효접지 : 1선 지락 고장 시 건전 상 전압이 상규 대지전압의 1.3배를 넘지 않도록 중성점임피던스를 적당히 조절하여 접지하는 방식

(2) 단점 (원인 : 대단히 큰 고장전류)

① 1선 지락 고장 시 인접 통신선에 대한 유도 장해가 크다.
② 계통의 기계적 강도를 크게 하여야 한다.
③ 큰 전류를 차단하므로 차단기 등의 수명이 짧다.
④ 과도 안정도 (고장 발생 시 전력 공급의 한도)가 나쁘다.

4. 저항접지 방식

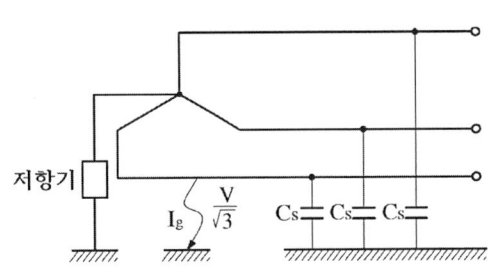

- $\dfrac{V}{\sqrt{3}}$ [V] : 대지전압
- C_s [μF/km] : 대지정전용량
- $\dfrac{1}{3\omega C_s}$ [Ω] : 용량성 리액턴스
- 중성점 저항기 : 고장 전류의 크기 조절
- I_g [A] : 지락전류

① 고 저항 접지방식 : 비 접지와 유사(R = 100 ~ 1000[Ω] 정도)
② 저 저항 접지방식 : 직접접지 방식과 유사(R = 30[Ω] 정도)
【참고】 한류 리액터 접지방식 : 변압기 중성점을 저리액턴스로 접지하는 방식.

5. 소호리액터 접지방식 (PC 접지방식)

66[kV] 선로 계통에서 선로 상의 대지정전용량(C_s)에 의한 용량성 리액턴스와 같은 크기의 유도성 리액터(L)를 이용하여 중성점을 접지하는 방식으로 용량성 리액턴스 $\dfrac{1}{3\omega C_s}$ 과 유도성 리액턴스 ωL이 병렬공진을 이루도록 하여 지락 사고 시 지락전류의 크기를 제한, 감소시키는 접지방식이다.

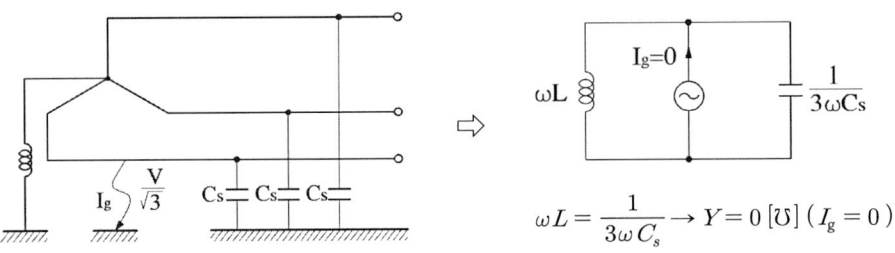

$\omega L = \dfrac{1}{3\omega C_s} \rightarrow Y = 0$ [℧] ($I_g = 0$)

【참고】 변압기 임피던스 ω_t까지 고려한 경우 : $\omega L + \dfrac{x_t}{3} = \dfrac{1}{3\omega C_s}$

(1) 장점
① 지락전류가 적어 계전기 검출이 어려우므로 지락 고장 발생 중에도 계속적인 전력 공급이 가능하다.
② 지락 고장 발생 중에도 계속적인 전력 공급이 가능하므로 과도 안정도가 좋다.
③ 고장 발생이 스스로 복귀되는 경우도 있다.
④ 고장 전류($I_g ≒ 0$)가 적으므로 유도장해가 작다.

(2) 단점
① 접지 장치의 가격이 비싸다.
② 지락전류($I_g ≒ 0$)가 적어 고장 검출이 어려우므로 보호계전기의 동작이 불확실하다.
③ 단선 사고 시 직렬공진 (최대 전류)에 의한 이상전압이 최대로 발생할 수 있다.

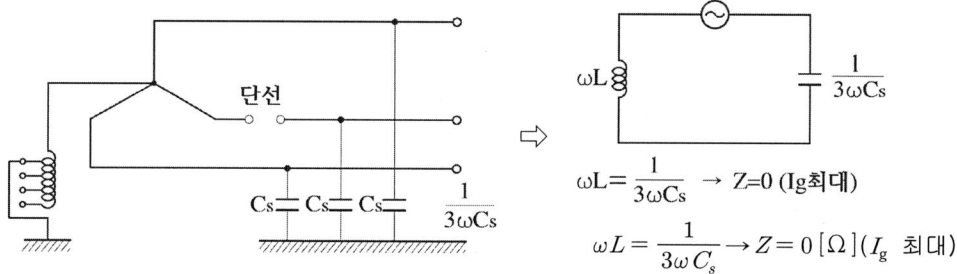

$\omega L = \dfrac{1}{3\omega C_s} \rightarrow Z=0$ (I_g최대)

$\omega L = \dfrac{1}{3\omega C_s} \rightarrow Z = 0\,[\Omega]$ (I_g 최대)

(3) 합조도
단선 사고 등의 경우 직렬공진에 의한 이상전압이 발생하는 것을 방지하기 위하여 소호리액터의 탭을 공진 점에서 벗어나도록 하는 것.

- $P = \dfrac{I_L - I_c}{I_c} \times 100\,[\%]$ (I_L : 사용 탭 전류, I_c : 대지 충전전류)

① $\omega L < \dfrac{1}{3\omega C_s}$: P(+) → 과보상 (실제 운전)

② $\omega L = \dfrac{1}{3\omega C_s}$: P(0) → 공진

③ $\omega L > \dfrac{1}{3\omega C_s}$: P(−) → 부족보상

【참고】 소호리액터의 최대 탭 전류 및 소호리액터 용량
① 최대 탭 전류 : $I_C = 3\omega C \dfrac{V}{\sqrt{3}} \times 10^{-6}\,[A]$ (단, C[μF], V[V]는 선간 전압)

② 소호리액터 용량 : $P = \omega C V^2 \times 10^{-9}$ [kVA] (단, C[μF], V[V]는 선간 전압)

【정리】중성점 접지방식 별 비교특성

	1선지락 사고 시 전압상승	1선지락 사고시 고장전류 (유도 장해와 비례)	계통 절연	과도 안정도
비접지 방식	최 대	–	최 고	–
직접접지방식	최 소	최 대	최 저	가장 나쁘다
소호리액터 접지 방식	–	최 소	–	가장 좋다

Chapter 05 중성점 접지방식

출제예상핵심문제

199 송전선의 중성점을 접지하는 이유가 아닌 것은?

① 코로나 방지
② 지락전류의 감소
③ 이상전압의 방지
④ 전선로 및 기기의 절연 레벨 경감

해설 중성점 접지 목적
- 이상 전압 발생 억제 및 방지
- 1선 지락 시 건전 상 전압 상승 억제 및 선로나 기기의 절연 레벨 경감
- 보호계전기의 신속, 확실한 동작 확보
- 과도 안정도 증진(소호리액터 접지방식)
- 1선 지락 시 지락전류 제한에 의한 아크 소호(소호리액터 접지방식)

200 송전선로의 중성점을 접지하는 목적과 관계없는 것은?

① 이상전압 발생의 억제
② 과도 안정도의 증진
③ 송전 용량의 증가
④ 보호계전기의 신속, 확실한 동작

해설 송전용량 증가 대책
- 계통의 전달리액턴스를 적게 한다.
- 전압변동을 적게 한다.
- 계통에 주는 충격을 감소시킨다.
- 고장 발생 시 발전기의 입, 출력 불평형을 감소시킨다.

201 중성점 비접지 방식이 이용되는 방식은?

① 20~30[kV]정도의 단거리 송전선
② 40~50[kV]정도의 단거리 송전선
③ 60~70[kV]정도의 단거리 송전선
④ 70~80[kV]정도의 단거리 송전선

해설 비접지 방식은 전압이 높고 장거리 송전선로에 채용하면 대지정전용량이 커져서 1선지락 고장 시 아크 지락으로 인해 이상전압을 발생시키므로 높은 전압과 장거리에는 적합하지 않다. 그러므로 20~30[kV] 정도의 저전압 단거리 송전선로에 적합하다.

정답 199.① 200.③ 201.①

202 비접지식 송전 선로에 있어서 1선 지락 고장이 생겼을 경우, 지락점에 흐르는 전류는?

① 고장 상의 전압보다 90도 늦은 전류 ② 고장 상의 전압보다 90도 빠른 전류
③ 고장 상의 전압과 동상의 전류 ④ 직류

해설 비접지 송전선로에서 1선 지락 사고시 지락점에 흐르는 전류는 대지정전용량에 의한 충전 전류이므로 고장 상의 전압보다 90° 앞선 전류이다.

203 3,300[V] Δ결선 비접지 배전 선로에서 1선이 지락하면 전선로의 대지 전압은 몇 [V]까지 상승하는가?

① 3300 ② 4950 ③ 5715 ④ 6600

해설 Δ결선 비접지 선로에서 1선 지락 사고 시 건전상 전압 상승은 지락이 발생한 상이 대지와 같으므로 완전지락의 경우 대지전압의 $\sqrt{3}$ 배만큼 전압이 상승한다.

건전상 전압 = $\sqrt{3} \times \dfrac{3300}{\sqrt{3}} = 3300[V]$

204 배전 선로에 3상 3선식 비접지 방식을 채용할 경우의 해당되지 않는 것은?

① 1선 지락 고장 시 고장 전류가 작다
② 1선 지락 고장 시 인접 통신선의 유도 장해가 작다
③ 고, 저압 혼촉 고장 시 저압선의 전위 상승이 작다
④ 1선 지락 고장 시 건전상의 대지 전위 상승이 작다

해설 Δ결선 비접지 선로에서 1선 지락 사고 시 건전상 전압 상승은 지락이 발생한 상이 대지와 같으므로 완전지락의 경우 대지전압의 $\sqrt{3}$ 배만큼 전압이 상승한다.

205 6.6[kV], 60[Hz] 3상 3선식 비접지 방식에서 선로의 길이가 10[km]이고 1선 대지 정전용량이 0.005[μF/km]일 때 1선 지락시의 고장 전류 I_g[A]의 범위로 옳은 것은?

① $I_g < 1$ ② $1 \leq I_g < 2$ ③ $2 \leq I_g < 3$ ④ $3 \leq I_g < 4$

해설 지락전류 $I_g = j\omega \times 3C_s \times \dfrac{V}{\sqrt{3}} \times \ell \times 10^{-6} = j\sqrt{3}\,\omega C_s V \ell \times 10^{-6}$[A]

$= \sqrt{3} \times 2\pi \times 60 \times 0.005 \times 10^{-6} \times 6600 \times 10$
$= 0.215$[A]

정답 202.② 203.① 204.④ 205.①

206 송전 선로에서 1선 지락 시에 건전상의 전압 상승이 가장 적은 방식은?

① 비접지 방식　　② 직접접지 방식
③ 저항접지 방식　④ 소호리액터접지 방식

해설 직접접지방식의 특징
- 1선 지락 고장 시 건전상 전압상승이 낮다.
- 계통의 절연 레벨 저하 및 변압기 단절연 가능
- 1선지락 전류가 크므로 보호계전기의 동작이 확실하다.
- 유도장해가 크고 과도 안정도가 나쁘다.

207 직접접지방식이 초고압 송전선에 채용되는 이유 중 가장 적당한 것은?

① 지락 고장 시 병행 통신선에 유기되는 유도전압이 작기 때문에
② 지락 시의 지락전류가 적으므로
③ 계통의 절연을 낮게 할 수 있으므로
④ 송전선의 안정도가 높으므로

해설 직접접지방식의 특징
- 1선 지락 고장 시 건전상 전압상승이 낮다.
- 계통의 절연 레벨 저하 및 변압기 단절연 가능
- 1선지락 전류가 크므로 보호계전기의 동작이 확실하다.
- 유도장해가 크고 과도안정도가 나쁘다.

208 송전 계통에 있어서 지락 보호 계전기의 동작이 가장 확실한 접지방식은?

① 직접 접지방식　　② 저저항 접지방식
③ 고저항 접지방식　④ 비접지 방식

해설 직접 접지 방식은 1선지락 전류가 크므로 보호계전기의 동작이 확실이 확실하다.

209 선로, 기기 등의 저감 절연 및 전력용 변압기의 단절연을 모두 행할 수 있는 중성점 접지방식은?

① 직접 접지방식　　② 소호 리액터 접지방식
③ 비접지 방식　　　④ 저항 접지방식

정답　206.②　207.③　208.①　209.①

해설 직접접지방식의 특징
- 1선 지락 고장 시 건전상 전압상승이 낮다.
- 계통의 절연 레벨 저하 및 변압기 단절연 가능
- 1선지락 전류가 크므로 보호계전기의 동작이 확실하다.

210 중성점 직접 접지방식에 대한 다음 설명 중 틀린 것은?

① 지락시의 지락 전류가 크다. ② 계통의 절연을 낮게 할 수 있다.
③ 지락 사고 시 중성점 전위가 높다. ④ 변압기의 단절연을 할 수 있다.

해설 직접접지방식 : 중성점을 임피던스가 거의 없는 굵고 짧은 연동선으로 접지한 방식
- 1선 지락 고장 시 건전상 전압상승이 낮다.
- 계통의 절연 레벨 저하
- 1선지락 전류가 크므로 보호계전기의 동작이 확실하다.
- 유도장해가 크고 과도안정도가 나쁘다.

211 중성점 직접접지 방식에 대한 설명으로 틀린 것은?

① 보호계전기의 동작이 확실하다. ② 변압기의 저감절연이 가능하다.
③ 과도안정도가 대단히 높다. ④ 단선 고장시의 이상전압이 최저이다.

해설 직접접지방식 : 중성점을 임피던스가 거의 없는 굵고 짧은 연동선으로 접지한 방식
- 1선 지락 고장 시 건전상 전압상승이 낮다.
- 계통의 절연 레벨 저하
- 1선지락 전류가 크므로 보호계전기의 동작이 확실하다.
- 유도장해가 크고 과도안정도가 나쁘다.

212 중성점 직접 접지 송전방식의 장점에 해당되지 않는 것은?

① 사용 기기의 절연 레벨을 경감시킬 수 있다.
② 1선 지락 고장 시 건전상의 전위상승이 적다.
③ 1선 지락 고장 시 접지 계전기의 동작이 확실하다.
④ 1선 지락 고장 시 인접 통신선의 전자유도 장해가 적다.

해설 직접접지방식 : 중성점을 임피던스가 거의 없는 굵고 짧은 연동선으로 접지한 방식
- 1선 지락 고장 시 건전상 전압상승이 낮다.

정답 210.③ 211.③ 212.④

- 계통의 절연 레벨 저하 및 변압기 단절연 가능
- 1선지락 전류가 크므로 보호계전기의 동작이 확실하다.
- 유도장해가 크고 과도안정도가 나쁘다.

213 송전 계통의 중성점 접지 방식에서 유효 접지라 하는 것은?

① 저항 접지 및 직접 접지를 말한다.
② 1선 지락 사고 시 건전상의 전위가 사용 전압의 1.3배 이하가 되도록 중성점 임피던스를 억제한 중성점 접지 방식을 말한다.
③ 리액터 접지방식 이외의 접지방식을 말한다.
④ 저항 접지를 말한다.

해설 유효접지방식 : 계통의 중성점을 저항과 리액터를 병렬로 하여 접지하는 방식
- 계통의 영상저항과 영상리액턴스를 정상리액턴스보다 훨씬 적게 하여 1선 지락 고장 건전상 전압이 사용전압의 1.3배를 넘지 않도록 중성점 임피던스를 적당히 조절

214 1선 지락 시 전압 상승을 상규 대지 전압의 1.3배 이하로 억제하기 위한 유효 접지에서는 다음과 같은 조건을 만족하여야 한다. 다음 중 옳은 것은? (단, R_0 : 영상 저항, X_0 : 영상 리액턴스, X_1 : 정상 리액턴스)

① $\dfrac{R_0}{X_1} \leq 1,\ 0 \geq \dfrac{X_0}{X_1} \geq 3$

② $\dfrac{R_0}{X_1} \leq 1,\ 0 \geq \dfrac{X_0}{X_1} \geq 3$

③ $\dfrac{R_0}{X_1} \leq 1,\ 0 \leq \dfrac{X_0}{X_1} \leq 3$

④ $\dfrac{R_0}{X_1} \geq 1,\ 0 \leq \dfrac{X_0}{X_1} \leq 3$

해설 유효접지 조건 : $R_0 \leq X_1,\ 0 \leq X_0 \leq 3X_1$

215 선로의 전기적인 상수를 바꾸어 이상전압의 세력을 감소시키는 감쇠장치로서 선로와 대지 사이에 접속하여 이상전압의 세력을 일시적으로 저장하여 선로 전압의 급변을 방지하는 것은?

① 쵸크코일 ② 소호 코일 ③ 보호 콘덴서 ④ 소호 리액터

해설 소호리액터는 송전계통에 접속된 변압기의 중성점을 송전선로의 3상 일괄한 대지정전용량과 공진하는 접지 리액터로서 1선 지락 사고 시 지락전류를 제한시켜 아크를 소호한다.

정답 213.② 214.③ 215.④

216 3상 1회선 송전 선로의 소호 리액터의 용량[kVA]은?

① 선로 충전 용량과 같다
② 3선 일괄의 대지 충전 용량과 같다
③ 선간 충전 용량의 $\frac{1}{2}$이다
④ 1선과 중성점 사이의 충전 용량과 같다

해설 소호리액터는 송전계통에 접속된 변압기의 중성점을 송전선로의 3상 일괄한 대지충전용량과 공진하는 접지 리액터로서 1선 지락 사고 시 지락전류를 제한시켜 아크를 소호한다.
$\omega L = \dfrac{1}{3\omega C_s}$ 관계가 성립한다. (변압기 리액턴스 무시)

217 송전 선로에 있어서 1선 지락의 경우 지락 전류가 가장 작은 중성점 접지 방식은?

① 비 접지
② 직접 접지
③ 저항 접지
④ 소호리액터 접지방식

해설 소호리액터 접지방식의 특징
• 완전한 병렬공진의 경우 1선 지락전류가 거의 흐르지 않는다.
• 1선지락전류가 작아서 유도장해가 경감되고 과도안정도가 좋다.
• 1선지락전류가 작아서 계전기 동작은 불확실하다.
• 단선 고장시 직렬공진에 의한 최대전류가 흘러 이상전압이 아주 크다.

218 소호 리액터 접지방식에 대한 설명 중 옳지 못한 것은?

① 전자 유도 장해가 경감 된다.
② 지락 중에도 계속 송전이 가능하다.
③ 지락 전류가 적다.
④ 선택 지락 계전기의 동작이 용이하다.

해설 소호리액터 접지방식의 특징
• 완전한 병렬공진의 경우 1선 지락전류가 거의 흐르지 않는다.
• 1선지락전류가 작아서 유도장해가 경감되고 과도안정도가 좋다.
• 지락 중에서 계속 송전이 가능하다.
• 1선지락전류가 작아서 계전기 동작은 불확실하다.

219 송전 선로에서 단선 고장 시 이상 전압이 가장 큰 접지방식은?

① 비접지 방식
② 직접 접지방식
③ 저항 접지 방식
④ 소호 리액터 접지방식

정답 216.② 217.④ 218.④ 219.④

해설 소호리액터 접지방식에서는 단선 고장으로 인하여 중성점 전위 발생 시 직렬공진에 의한 최대전류가 흘러 이상전압이 발생할 수 있다.

220 1상의 대지 정전 용량이 0.5[μF], 주파수 60[Hz]인 3상 송전선이 있다 이 선로에 소호 리액터를 설치한다면, 소호 리액터의 공진 리액턴스는 약 몇[Ω]이면 되는가?

① 970　　② 1,370　　③ 1,770　　④ 3,570

해설 소호리액터 용량 $\omega L = \dfrac{1}{3\omega C_s}[\Omega]$

$\omega L = \dfrac{1}{3\omega C_s} = \dfrac{1}{3 \times 2\pi \times 60 \times 0.5 \times 10^{-6}} ≒ 1,770[\Omega]$

221 1상의 대지 정전 용량 0.4[μF], 주파수 60[Hz]의 3상 송전선의 소호리액터의 리액턴스[Ω]는? (단, 소호 리액터를 접속시키는 변압기의 1상당의 리액터는 9[Ω]이다)

① 1,665　　② 1,668　　③ 2,138　　④ 2,207

해설 소호리액터 용량 : $\omega L + \dfrac{x_t}{3} = \dfrac{1}{3\omega C_s}[\Omega]$ (변압기 리액턴스를 고려한 경우)

$\omega L = \dfrac{1}{3 \times 2\pi \times 60 \times 0.4 \times 10^{-6}} - \dfrac{9}{3} = 2,207[\Omega]$

222 소호 리액터 접지 계통에서 리액터의 탭을 완전 공진 상태에서 약간 벗어나도록 조절하는 이유는?

① 접지 계전기의 동작을 확실하게 하기위하여
② 전력 손실을 줄이기 위하여
③ 통신선에 대한 유도 장해를 줄이기 위하여
④ 직렬 공진에 의한 이상전압의 발생을 방지하기 위하여

해설 합조도 : 소호리액터 접지방식에서 단선 고장시 직렬공진으로인해 발생하는 이상전압을 방지하기 위해 소호리액터의 탭을 완전 공진 상태에서 약간 벗어나도록 설치하여 조절하는 정도

정답　220.③　221.④　222.④

223 소호 리액터 접지방식에서 10[%]정도의 과보상을 한다고 할 때 사용되는 탭의 크기는?

① $\omega L > \dfrac{1}{3\omega C_s}$　② $\omega L < \dfrac{1}{3\omega C_s}$　③ $\omega L > \dfrac{1}{3\omega^2 C_s}$　④ $\omega L < \dfrac{1}{3\omega^2 C_s}$

해설 합조도 $P = \dfrac{I_L - I_C}{I_C} \times 100[\%]$ (I_L : 탭 전류, I_C : 전 대지 충전전류)

- 과 보상 (+) : $\omega L < \dfrac{1}{3\omega C_s}$ (실제 운전)
- 부족 보상 (−) : $\omega L > \dfrac{1}{3\omega C_s}$
- 공진 (0) : $\omega L = \dfrac{1}{3\omega C_s}$

224 1상의 대지 정전용량 0.53[μF], 주파수 60[Hz]의 3상 송전선이 있다. 이 선로에 소호 리액터를 설치하고자 한다. 소호 리액터의 10[%] 과 보상 탭의 리액턴스는 약 몇 [Ω]인가? (단, 소호 리액터를 접지시키는 변압기 1상당의 리액턴스는 9[Ω]이다.)

① 505　② 806　③ 1,498　④ 1514

해설 변압기 리액턴스를 고려한 10[%] 과보상 : $\omega L = \dfrac{1}{3\omega C_s} \times \dfrac{1}{1.1} - \dfrac{xt}{3}[\Omega]$

$\omega L = \dfrac{1}{3 \times 2\pi \times 60 \times 0.53 \times 10^{-6}} \times \dfrac{1}{1.1} - \dfrac{9}{3} = 1514[\Omega]$

225 3상 3선식 소호 리액터 접지방식에서 1상의 대지 정전용량 C[μF], 상전압 E[kV], 주파수 f[Hz] 라 하면 소호 리액터의 용량 [kVA]은?

① $6\pi f C E^2 \times 10^{-3}$　② $3\pi f C E^2 \times 10^{-3}$
③ $2\pi f C E^2 \times 10^{-3}$　④ $\pi f C E^2 \times 10^{-3}$

해설 소호리액터 용량 $\omega L = \dfrac{V}{\sqrt{3}} \times \omega 3 C_s \dfrac{V}{\sqrt{3}} = 3\omega C_s E^2$

$\omega L = 3 \times 2\pi \times f \times C \times 10^{-6} \times (E \times 10^3)^2 \times 10^{-3} = 6\pi f C E^2 \times 10^{-3}[\text{kVA}]$

정답　223.②　224.④　225.①

226 154[kV], 60[Hz], 긍장 200[km]의 병행 2회선 송전선에 설치하는 소호 리액터의 공진 탭 용량[kVA]은? (단, 1선의 대지정전용량은 0.0043[μF/km] 라 한다)

① 7,690 ② 15,370 ③ 23,070 ④ 30,760

해설 소호리액터 용량 $= \omega C_s V^2 \ell \times 10^{-9}$ [kVA]
(C_s[μF/km] :대지정전용량, ℓ [km] :선로 길이)
$P = 2 \times \omega C_s V^2 \ell \times 10^{-9}$
$= 2 \times 2\pi \times 60 \times 0.0043 \times 154,000^2 \times 200 \times 10^{-9} = 15,370$ [kVA]

227 공통 중성선 다중 접지방식의 특성 중 옳은 것은?

① 고·저압 혼촉 시 저압 측 전위 상승이 낮다.
② 합성 접지저항이 매우 높다.
③ 건전 상의 전위 상승이 매우 높다.
④ 고감도의 지락 보호가 용이하다.

해설 3상 4선식 전로에서 중성선을 300[m] 이하 간격으로 계속 접지를 하는 다중접지 방식은 접지 저항이 병렬이므로 그 합성 접지저항이 아주 작아서 고·저압 혼촉 시 저압 측 전위 상승 및 1선 지락 사고시 건전상 전위 상승도 매우 낮다. 또한 지락사고 시 지락전류가 대단히 크므로 지락 보호도 용이한 방식으로 현재 우리나라 배전방식이다.

228 1선 지락 전류가 큰 순서대로 배열된 것은? (단, ⓐ 직접접지 3상 3선식, ⓑ 저항접지 3상 3선식, ⓒ 소호 리액터접지 3상 3선식, ⓓ 다중접지 방식 3상 4선식)

① ⓓ-ⓐ-ⓑ-ⓒ
② ⓓ-ⓑ-ⓐ-ⓒ
③ ⓐ-ⓑ-ⓓ-ⓒ
④ ⓑ-ⓐ-ⓒ-ⓓ

해설 ⓑ 1선 지락 전류 크기 순서 : 다중접지 > 직접접지 > 저항접지 > 소호리액터 접지
다중접지는 각각의 접지저항이 대지에 대해 병렬이므로 합성 접지저항이 아주 작다. 그러므로 1선지락 고장 시 지락전류가 직접접지 방식보다 더 크다.

정답 226.② 227.① 228.①

229 송전선로의 접지방식에 대하여 기술하였다. 다음 중 옳은 것은?

① 소호 리액터 접지방식은 선로의 정전용량과 직렬 공진을 이용한 것으로 지락전류가 타 방식에 비해 좀 큰 편이다.
② 고저항 접지방식은 이중 고장을 발생시킬 확률이 거의 없으며 비접지식보다는 많은 편이다.
③ 직접 접지방식을 채용하는 경우 이상전압이 낮기 때문에 변압기 선정 시 단절연이 가능하다.
④ 비접지방식을 택하는 경우 지락 전류 차단이 용이하고 장거리 송전을 할 경우 이중 고장의 발생을 예방하기 좋다.

해설 송전선로 접지방식별 특징
① 소호리액터 접지방식은 병렬공진 원리를 이용함으로 지락전류가 가장 작다.
② 고저항 접지방식은 비접지방식과 지락 고장 시 전위상승은 커서 이중으로 고장날 확률은 높으나, 지락전류의 크기가 작으므로 고장 검출이 어렵다.

정답 229.③

Chapter 06 유도장해 및 안정도

【유도장해】
전력선에 근접하고 있는 통신선(약전류전선)에 전력선에 의한 정전유도나 전자유도현상에 의하여 통신상에 여러 가지 일으키는 현상
① 정전 유도 장해 : 정전 정전용량 C에 의해 발생
② 전자 유도 장해 : 상호인덕턴스 M에 의해 발생
③ 고조파 유도 장해 : 제3고조파에 의해 발생

1. 정전 유도 장해

(1) 정전 유도 전압

① 단상 전선로

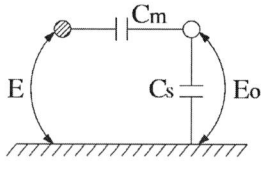

- $E[V]$: 대지전압
- $C_m[\mu F]$: 상호정전용량
- $C_s[\mu F]$: 대지정전용량
- $E_0[V]$: 정전유도전압

정전유도전압 : $E_0 = \dfrac{C_m}{C_m + C_s} E[V]$

② 3상 전선로

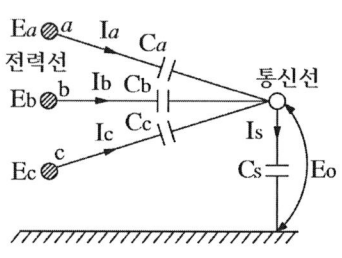

- $E_a, E_b, E_c[V]$: 각 상 대지전압
- $C_a[\mu F/km]$: a상 상호정전용량
- $C_b[\mu F/km]$: b상 상호정전용량
- $C_c[\mu F/km]$: c상 상호정전용량
- $C_s[\mu F/km]$: 대지정전용량
- $E_0[V]$: 정전유도전압

각 상 대지전압 $E_a, E_b, E_c > E_0$ 이므로 각 상 대지전압과 정전유도전압 간 전위차에 의한 전류를 키르히호프 제1법칙에 의하여 구하면 다음과 같이 된다.

$$\dot{I}_a + \dot{I}_b + \dot{I}_c = \dot{I}_s$$

$$\omega C_a(\dot{E}_a - \dot{E}_o) + \omega C_b(\dot{E}_b - \dot{E}_o) + \omega C_c(\dot{E}_c - \dot{E}_o) = \omega C_s \dot{E}_o$$

$$C_a \dot{E}_a - C_a \dot{E}_o + C_b \dot{E}_b - C_b \dot{E}_o + C_c \dot{E}_c - C_c \dot{E}_o = C_s \dot{E}_o$$

$$C_a \dot{E}_a + C_b \dot{E}_b + C_c \dot{E}_c = \dot{E}_o(C_a + C_b + C_c + C_s) \text{ 이므로}$$

정전유도전압

$$\dot{E}_o = \frac{C_a \dot{E}_a + C_b \dot{E}_b + C_c \dot{E}_c}{C_a + C_b + C_c + C_s} = \frac{C_a \dot{E}_a + C_b a^2 \dot{E}_a + C_c a \dot{E}_a}{C_a + C_b + C_c + C_s}$$

$$= \frac{C_a + C_b\left(-\frac{1}{2} - j\frac{\sqrt{3}}{2}\right) + C_c\left(-\frac{1}{2} + j\frac{\sqrt{3}}{2}\right)}{C_a + C_b + C_c + C_s} \dot{E}_a$$

$$= \frac{\sqrt{\left(C_a - \frac{1}{2}C_b - \frac{1}{2}C_c\right)^2 + \left[\frac{\sqrt{3}}{2}(C_c - C_b)\right]^2}}{C_a + C_b + C_c + C_s} \dot{E}_a$$

$$= \frac{\sqrt{C_a^2 + \frac{1}{4}C_b^2 + \frac{1}{4}C_c^2 - C_a C_b + \frac{1}{2}C_b C_c - C_c C_a + \frac{3}{4}C_c^2 - \frac{3}{2}C_b C_c + \frac{3}{4}C_b^2}}{C_a + C_b + C_c + C_s} \dot{E}_a$$

$$= \frac{\sqrt{C_a^2 + C_b^2 + C_c^2 - C_a C_b - C_b C_c - C_c C_a}}{C_a + C_b + C_c + C_s} \dot{E}_a$$

- 정전유도전압 $E_o = \dfrac{\sqrt{C_a(C_a - C_b) + C_b(C_b - C_c) + C_c(C_c - C_a)}}{C_a + C_b + C_c + C_s} \dot{E}_a \, [\text{V}]$

(선간전압이 V[V] 인 경우 대지전압이고 $E_a = \dfrac{V}{\sqrt{3}}$ [V] 이다.)

③ 전선로에 영상전압이 존재하는 경우

3상 전선로에서 불평형이 발생하여 각 상에 영상전압 V_0[V]가 인가되고, 상호정전용량이 C[μF/km]로 동일할 경우 통신선에 유도되는 정전유도전압은 다음과 같이 구할 수 있다.

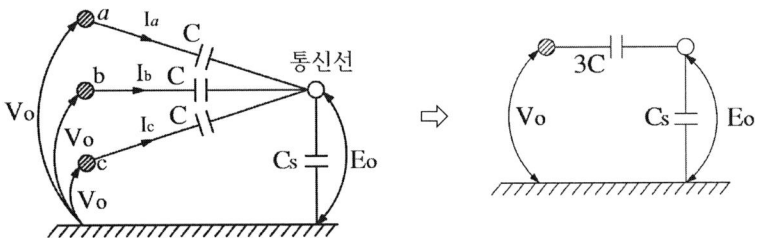

각 상 영상전압 V_0 와 정전유도전압 E_s 간에는 $V_0 > E_s$ 관계가 성립하므로 각 상 영상전압과 정전유도전압 간 전위차에 의한 전류를 키르히호프 제1법칙에 의하여 구하면 다음과 같이 된다.

$\dot{I_a} + \dot{I_b} + \dot{I_c} = \dot{I_s}$

$\omega C(V_0 - E_o) \omega C(V_0 - E_o) + \omega C(V_0 - E_o) = \omega C_s E_o$

$E_o(3C + C_s) = 3CV_0$

- 정전유도전압 $E_o = \dfrac{3C}{3C + C_s} V_0 \,[\text{V}]$

④ 중성점 잔류전압 (비접지식)

3상 전선로에서 각 상과 대지 간에 존재하는 정전용량($C_a \neq C_b \neq C_c$)이 일치할 수 없으므로 중성점에는 잔류전압이 존재하는데 다음과 같이 구할 수 있다.

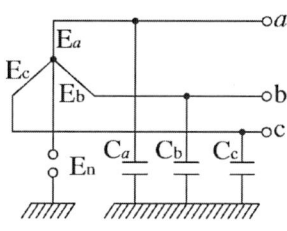

- $E_a,\ E_b,\ E_c[\text{V}]$: 각 상 대지전압
- $C_a[\mu\text{F/km}]$: a상 대지정전용량
- $C_b[\mu\text{F/km}]$: b상 대지정전용량
- $C_c[\mu\text{F/km}]$: c상 대지정전용량
- $E_n[\text{V}]$: 중성점 잔류전압

$\dot{I_a} + \dot{I_b} + \dot{I_c} = 0$ 에서

$\omega C_a(\dot{E_a} + \dot{E_n}) + \omega C_b(\dot{E_b} + \dot{E_n}) + \omega C_c(\dot{E_c} + \dot{E_n}) = 0$ 이므로

- 중성점 잔류전압 $E_n = \dfrac{\sqrt{C_a(C_a - C_b) + C_b(C_b - C_c) + C_c(C_c - C_a)}}{C_a + C_b + C_c} \dot{E_a}\,[\text{V}]$

(선간전압이 V[V]인 경우 대지전압이고 $E_a = \dfrac{V}{\sqrt{3}}$ [V] 이다.)

(2) 정전 유도 방지 대책

① 연가(철탑) : 전력선에 근접한 통신선에 대한 유도장해를 방지하기 위하여 전선로 전 구간을 3등분한 후 연가용 철탑을 통해 전선 각 상 배치를 상호 변경함으로써 전선로 전 구간에 걸쳐 발생하는 전선로 인덕턴스나 정전용량과 같은 선로정수를 평형시키는 방법

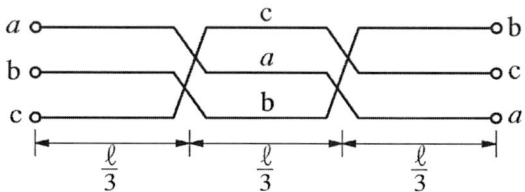

② 완전 연가를 실시한 경우
  ⓐ 선로정수 평형($C_a = C_b = C_c$)
  ⓑ 유도장해 방지(정전유도 전압 $E_s = 0$)
  ⓒ 소호리액터 접지방식에서 직렬공진 방지(중성점 잔류전압 $E_s = 0$)

2. 전자 유도 장해

(1) 전자 유도 장해

전력선의 각 상 간에 존재하는 상호인덕턴스(M[mH/km])로 인하여 인접한 통신선에 발생하는 유도전압은 다음과 같이 구할 수 있다.

$$V_{통신선} = \omega M \dot{I}_a + \omega M \dot{I}_b + \omega M \dot{I}_c$$
$$= \omega M (\dot{I}_a + \dot{I}_b + \dot{I}_c) \,[V]$$

① 3상 평형인 경우

$\dot{I}_a + \dot{I}_b + \dot{I}_c = 0$ 이므로

통신선에 유도되는 전압 $V_{통신선} = 0$

② 3상 불평형인 경우

$\dot{I}_a + \dot{I}_b + \dot{I}_c = 3I_0$ 이므로

통신선에 유도되는 전압 $V_{통신선} = \omega M \times 3I_0$ 에서 선로의 병행거리를 $\ell[km]$라 하면

$V_{통신선} = \omega M \times 3I_0 \times \ell \,[V]$ ($3I_0[A]$: 기유도 전류)

③ 상호인덕턴스 M의 크기 계산 식(카슨-폴라체크의 식)

$M = 0.2 \log_e \dfrac{2}{\gamma d \sqrt{4\pi\omega\sigma}} + 0.1 - j\dfrac{\pi}{20} \,[mH/km]$

(γ : 베셀 정수, d : 전력선과 통신선 이격거리, σ : 대지의 도전율)

(2) 1선 지락 사고 시 중성점 접지별 영상전류(기유도 전류) 분포

① 직접접지 방식

선로 임피던스의 크기에 의해 기(起)유도 전류의 크기가 결정되어지므로 선로의 길이가 짧을수록 고장전류 크기가 커지고, 선로 길이가 클수록 고장전류의 크기가 작아진다.

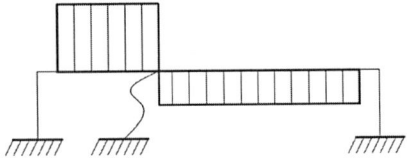

【참고】고장 전류 표시의 의미 :

① 상단 분포 : 좌측으로부터 지락점에 흘러들어오는 전류
② 하단 분포 : 우측으로부터 지락점에 흘러들어오는 전류

② 단일 소호리액터 접지 방식

소호리액터 설치 개소, 사용 탭이 정해지면 지락점의 위치에 관계없이 선로의 거리에 비례하여 대지정전용량 증가에 따른 용량성 리액턴스가 증가하므로 기유도전류 분포는 반비례하면서 감소하는 특성을 갖는다.

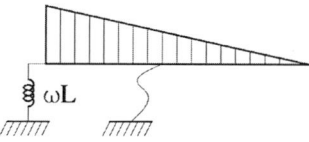

③ 양단 소호리액터 접지 방식

소호리액터 설치 개소, 사용 탭이 정해지면 지락점의 위치에 관계없이 선로의 거리에 비례하여 대지정전용량 증가에 따른 용량성 리액턴스가 증가하므로 기 유도전류 분포는 반비례하면서 감소하는 특성을 갖지만 양단 접지이므로 선로 중앙 부분에서 기 유도전류 분포가 0이 된다.

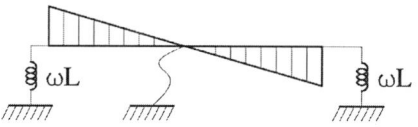

(3) 전자유도 장해 방지 대책

【근본대책】

전력선과 통신선 간 이격거리를 증가하여 상호 인덕턴스의 발생을 억제한다.

① 충분한 연가를 실시한다.
② 전력선과 통신선간의 이격거리를 크게 하여 상호인덕턴스 M을 감소시킨다.
③ 고장의 신속한 제거를 위해 고속차단기 등을 채용한다.
④ 소호리액터 접지방식을 채용하여 기 유도전류(고장전류)의 발생을 억제시킨다.
⑤ 전력선과 통신선은 가능한 한 직각교차 시설한다.
⑥ 차폐선을 시설한다.

⇨ **차폐선 효과**

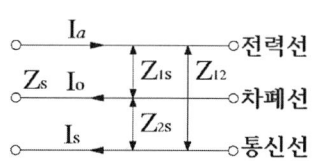

- I_0 : 전력선의 영상전류
- I_s : 차폐선의 유도전류
- Z_{12} : 전력선과 통신선 간의 상호 임피던스
- Z_{1s} : 전력선과 차폐선 간의 상호 임피던스
- Z_{2s} : 통신선과 차폐선 간의 상호 임피던스
- Z_s : 차폐선의 자기 임피던스

- 통신선 유도전압 $V_{통신선} = -Z_{12}I_0 + Z_{2S}I_s = -Z_{12}I_0 + Z_{2S}\dfrac{Z_{1s}I_0}{Z_s} = -Z_{12}I_0\left(1 - \dfrac{Z_{1s}Z_{2s}}{Z_s Z_{12}}\right)$ [V]

⑦ 도전율이 큰 도체로 가공지선(차폐선 역할)을 설치한다.
⑧ 전력선 및 통신선에 케이블을 사용한다.
⑨ 통신선에 성능이 우수한 피뢰기를 설치한다.
⑩ 통신선에 배류코일을 설치하여 저주파수의 유도전류를 대지로 방전한다.
⑪ 통신선 도중에 중계코일(절연변압기)를 채용하여 구간을 분할한다.

3. 안정도

(1) 안정도
전력계통에 이상 현상을 발생하지 않는 범위에서 최대로 공급할 수 있는 전력공급 한도
① 정태 안정도 : 정상적인 운전 상태 하에서의 안정도
② 과도 안정도 : 부하의 급변이나 사고등과 같은 고장 상태 하에서의 안정도
③ 동태 안정도 : 자동 전압 조정기 (AVR)의 효과 등을 고려한 상태 하에서의 안정도

(2) 정태안정도 판별법
- 최대 송전전력 : $P = \dfrac{E_s E_r}{X}\sin\delta$ [kW]

① 이론상 최대공급전력 : $\delta = 90°$
② 실제상 최대공급전력 (R ≠ 0) : $\delta = 80 \sim 85°$
③ 상차 각 δ의 결정 식 : Wagner의 식

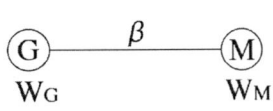

- W_G : 발전기의 관성
- W_M : 전동기의 관성
- tanβ : 송전 계통의 전체 임피던스의 위상차 각

$\tan\delta = \dfrac{W_G + W_M}{W_G - W_M}\tan\beta$

$W_G = W_M$: $\tan\delta = \infty \to \delta = 90°$
$W_G \gg W_M$: $\tan\delta = \tan\beta \to \delta = n\pi + \beta$
$W_G \ll W_M$: $\tan\delta = -\tan\beta \to \delta = n\pi - \beta$

【참고】무한대 모선 : 내부 임피던스가 0이고 수전단 전압은 그 크기와 위상이 부하의 증감에 관계없이 전혀 변화하지 않고, 또 극히 큰 관성정수를 가지고 있다고 생각되는 용량 무한대의 전원

(3) 안정도 향상 대책

① 계통의 전달리액턴스를 적게 한다.
　　ⓐ 리액턴스가 적은 기기(발전기, 변압기)의 채용
　　ⓑ 복도체 및 병행다회선방식의 채용
　　ⓒ 직렬콘덴서의 삽입
　　ⓓ 단락비가 큰 기기의 설치

② 전압변동을 적게 한다.
　　ⓐ 속응 여자 방식의 채용
　　ⓑ 계통 연계(전력 계통을 서로 연락하여 전력을 융통하는 것)
　　ⓒ 중간조상방식의 채용

③ 계통에 주는 충격을 감소시킨다.
　　ⓐ 고장전류의 감소(소호리액터 접지방식 채용),
　　ⓑ 고장 구간의 신속한 제거(고속재폐방식 및 고속차단기의 채용)

④ 고장발생시 발전기의 입, 출력 불평형을 감소시킨다.
　　ⓐ 조속기의 성능 개선
　　ⓑ 제동저항기의 설치

Chapter 06 유도장해 및 안정도

출제예상핵심문제

230 송전 선로에 근접한 통신선에 유도 장해가 발생하였다. 정전 유도의 원인은?

① 영상 전압(V_0) ② 역상 전압(V_2)
③ 역상 전류(I_2) ④ 정상 전류(I_1)

해설 정전유도는 전력선과 통신선과의 정전용량으로 인해 통신선에 전압을 유도시키는 작용으로 3상 불평형이 발생하거나 각 상의 정전용량이 불평형인 경우 발생하는 영상전압에 의하여 통신선에 정전유도전압이 유도된다.

231 전력선 a의 충전 전압을 E, 통신선 b의 대지 정전용량을 C_b, ab사이의 상호 정전 용량을 C_{ab}라고 하면 통신선 b의 정전 유도 전압 E_s는?

① $\dfrac{C_{ab}+C_b}{C_b}E$ ② $\dfrac{C_{ab}+C_a}{C_{ab}}E$

③ $\dfrac{C_b}{C_{ab}+C_b}E$ ④ $\dfrac{C_{ab}}{C_{ab}+C_b}E$

해설 정전 유도 전압 $E_s = \dfrac{C_{ab}}{C_{ab}+C_b}E\,[\text{V}]$

232 3상 송전 선로와 통신선이 병행되어 있는 경우에 통신 유도 장해로서 통신선에 유도되는 정전 유도 전압은?

① 통신선의 길이에 비례한다.
② 통신선의 길이에 자승에 비례한다.
③ 통신선의 길이에 반비례한다.
④ 통신선의 길이에 관계없다

해설 정전유도전압 $E_s = \dfrac{\sqrt{C_a(C_a-C_b)+C_b(C_b-C_c)+C_c(C_c-C_a)}}{C_a+C_b+C_c+C_s} \times \dfrac{V}{\sqrt{3}}\,[\text{V}]$

따라서 정전유도전압은 통신선의 길이에 관계없다.

정답 230.① 231.④ 232.④

233
그림에서 통신선에 유도되는 정전유도전압은? 단, 전력선의 대칭분 전압은 V_0, V_1, V_2 이고 상순은 a, b, c라 한다.

① $\dfrac{3CV_0}{3C+C_0}$ ② $\dfrac{3C_0V_1}{C+3C_0}$

③ $\dfrac{\sqrt{3}\,CV_2}{C+C_0}$ ④ $\dfrac{\sqrt{3}\,C_0V_0}{C+3C_0}$

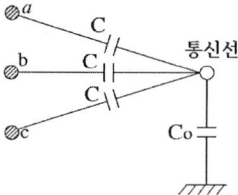

해설 전선로에 동위상의 특성을 갖는 영상전압이 존재하는 경우 다음과 같은 등가회로로 바꾸어 해석할 수 있다.

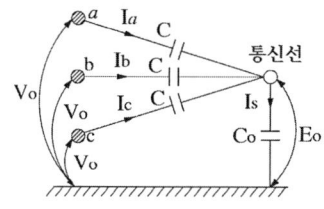 ⇒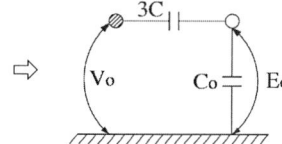

정전유도전압 $E_0 = \dfrac{3C}{3C+C_0}V_0\,[\text{V}]$

234
154[kV] 2회선 송전선이 있다. 1회선만이 운전 중일 때, 휴전 회선에 대한 정전 유도 전압 [V]은? (단, 송전 중의 회선과 휴전 중인 회선과의 상호 정전용량은 C_a = 0.002, C_b = 0.0008, C_c = 0.0006[μF/km]이고 휴전회선의 1선 대지정전용량은 C_s = 0.0062[μF/km]이다)

① 12,100   ② 13,800   ③ 17,100   ④ 18,800

해설 정전유도전압 $E_s = \dfrac{\sqrt{C_a(C_a-C_b)+C_b(C_b-C_c)+C_c(C_c-C_a)}}{C_a+C_b+C_c+C_s} \times \dfrac{V}{\sqrt{3}}$

$E_n = \dfrac{\sqrt{0.002(0.002-0.0008)+0.0008(0.0008-0.0006)+0.0006(0.0006-0.002)}}{0.002+0.0008+0.0006+0.0062} \times \dfrac{154000}{\sqrt{3}}$

$\approx 12,100\,[\text{V}]$

235
66[kV] 송전선에서 연가 불충분으로 각 선의 대지 정전 용량이 C_a = 1.1[μF], C_b = 1[μF], C_c = 0.9[μF] 가 되었다. 이 때 잔류 전압 [V]은?

① 1,500   ② 1,800   ③ 2,200   ④ 2,500

정답 233.① 234.① 235.③

해설 중성점 잔류전압 $E_n = \dfrac{\sqrt{C_a(C_a-C_b)+C_b(C_b-C_c)+C_c(C_c-C_a)}}{C_a+C_b+C_c} \times \dfrac{V}{\sqrt{3}}$

$E_n = \dfrac{\sqrt{1.1(1.1-1)+1(1-0.9)+0.9(0.9-1.1)}}{1.1+1+0.9} \times \dfrac{66000}{\sqrt{3}} = 2,200[\text{V}]$

236 그림과 같이 b 및 c 상의 대지 정전 용량은 각각 C, a상의 정전용량은 없고 선간전압은 V라 할 때, 중성점과 대지 사이의 잔류전압 E_n은? (단, 선로의 직렬 임피던스는 무시한다.)

① $\dfrac{V}{2}$

② $\dfrac{V}{\sqrt{3}}$

③ $\dfrac{V}{2\sqrt{3}}$

④ $2V$

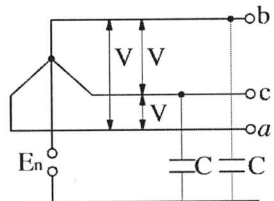

해설 중성점 잔류전압 $E_n = \dfrac{\sqrt{C_a(C_a-C_b)+C_b(C_b-C_c)+C_c(C_c-C_a)}}{C_a+C_b+C_c} \times \dfrac{V}{\sqrt{3}}$[V] 에서

$C_a = 0$ 이고 $C_b = C_c = C$ 이므로 위 식에 대입하여 정리한다.

$E_n = \dfrac{\sqrt{0(0-C)+C(C-C)+C(C-0)}}{0+C+C} \times \dfrac{V}{\sqrt{3}} = \dfrac{V}{2\sqrt{3}}[\text{V}]$

237 66[kV], 60[Hz] 3상 3선식 선로에서 중성점을 소호 리액터방식으로 접지하여 완전공진 상태로 되었을 때 중성점에 흐르는 전류[A]는? (단, 소호리액터를 포함한 영상회로의 등가저항은 200[Ω], 잔류전압은 500[V]라고 한다.)

① 2.5   ② 4.5   ③ 6.5   ④ 10

해설 소호리액터 접지에서 완전공진시 영상회로의 등가저항은 200[Ω]인 저항만 고려한다.

중성점에 흐르는 전류 $I_0 = \dfrac{E_n}{R} = \dfrac{500}{200} = 2.5[\text{A}]$

238 3상 3선식 송전 선로를 연가 하는 목적은?

① 전압 강하를 방지하기 위하여   ② 송전선을 절약하기 위하여
③ 미관 상   ④ 선로 정수를 평형 시키기 위하여

정답 236.③   237.①   238.④

해설 연가 목적
- 선로정수 평형($C_a = C_b = C_c$)
- 정전유도 방지($E_s = 0$)
- 소호리액터 접지방식의 직렬공진 방지($E_n = 0$)

239 전력선과 통신선과의 상호 인덕턴스에 의하여 발생되는 유도 장해는?

① 정전 유도 장해 ② 전자 유도 장해
③ 고조파 유도 장해 ④ 전력 유도 장해

해설 전자 유도 현상 : 전력선과 통신선의 자기 결합으로 인한 상호인덕턴스 때문에 전력선의 기유도 전류에 의하여 통신선에 전압을 유도시키는 현상이다.

240 전력선에 의한 통신선로의 전자 유도 장해의 주된 원인은?

① 영상전류가 흘러서
② 전력선의 연가 불충분
③ 전력선과 통신선 사이의 차폐효과 불충분
④ 전력선의 전압이 통신선보다 높기 때문

해설 전자유도작용에 의한 유도전압 : $V = \omega M \times \ell \times 3I_0 [V]$
따라서 전자유도장해의 주 원인은 3상 불평형 시 발생하는 영상분 전류라 할 수 있다.

241 통신 유도 장해 방지 대책의 일환으로서 전자 유도 전압을 계산할 때 이용하는 상호 인덕턴스의 계산식을 무엇이라 하는가?

① Peek의 식 ② Peterson의 식
③ Carson-Pollaczek의 식 ④ Still의 식

해설 상호인덕턴스 계산식 : 카슨-폴라체크의 식
$$M = 0.2\log_e \frac{2}{\gamma d \sqrt{4\pi\omega\sigma}} + 0.1 - j\frac{\pi}{20} [mH/km]$$
γ : 베셀 정수, d : 전력선과 통신선의 이격 거리, σ : 대지의 도전율

정답 239.② 240.① 241.③

242 3상 3선식 단일 소호 리액터 접지방식에서 1선 지락 고장 시에 영상 전류의 분포는?

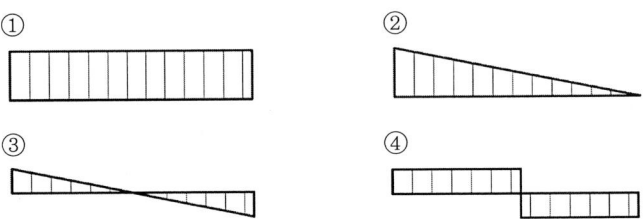

해설 1선 지락 사고 시의 영상전류 분포 특징

접지별 영상전류 분포	영상 전류 특징
단일 저항	선로전체부분에 거의 일정하게 분포
단일 소호리액터	선로의 길이에 반비례하여 분포
양단 소호리액터	선로 길이에 반비례 분포되며 선로의 중앙에서 영상전류 분포가 0
양단 저항	선로 길이에 골고루 분포되며 선로의 중앙에서 영상전류 분포가 0

243 어떤 선로 양단에 같은 크기(용량)의 소호 리액터를 설치한 3상 1회선 송전선로에서 전원 측으로부터 선로 긍장의 1/4 지점에 1선 지락 고장이 일어났을 경우 영상 전류의 분포는?

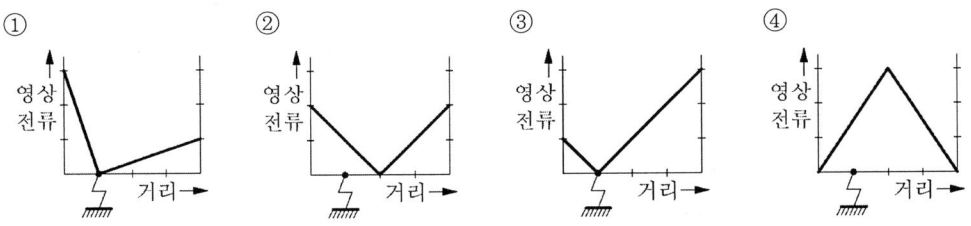

해설 1선 지락 사고 시의 영상전류 분포 특징

접지별 영상전류 분포	영상 전류 특징
단일 저항	선로전체부분에 거의 일정하게 분포
단일 소호리액터	선로의 길이에 반비례하여 분포
양단 소호리액터	선로 길이에 반비례 분포되며 선로의 중앙에서 영상전류 분포가 0
양단 저항	선로 길이에 골고루 분포되며 선로의 중앙에서 영상전류 분포가 0

정답 242.② 243.②

244 송전 선로의 1선 지락 고장 시 인접 통신선에 대한 전자 유도 장해의 방지 대책이 아닌 것은?

① 전력선과 통신선과의 병행거리 단축
② 전력선과 통신선과의 이격거리 단축
③ 고속도 계전기 및 차단기를 채용
④ 도전율이 높은 도체로 가공 지선 설치

해설 전자유도 장해 방지 대책: 가장 근본적인 대책은 중성점 직접접지 계통에 통신선이 인접한 경우 통신선을 지중 광통신 케이블화 한다.

전력선측
○ 전력선과 통신선 이격거리 증가
○ 전력선과 통신선 사이에 차폐선을 설치
○ 중성점 접지저항을 크게 하여 유도전류 발생 억제
○ 고속차단기 채용(고장시간 단축)
○ 전력선 지중케이블화
통신선측
○ 통신선 도중에 중계코일을 넣어 구간을 분할하여 병행 거리 단축
○ 배류코일을 설치하여 통신 잡음 저감
○ 통신선 광케이블 사용
○ 통신선에 성능이 우수한 피뢰기 설치
○ 통신선의 경과지 변경

245 송전선의 통신선에 대한 유도장해 방지 대책이 아닌 것은?

① 전력선과 통신선과의 상호인덕턴스를 크게 한다.
② 전력선의 연가를 충분히 한다.
③ 고장 발생 시의 지락전류를 억제하고, 고장구간을 빨리 차단한다.
④ 차폐선을 설치한다.

해설 전자유도장해 방지를 위해서는 전력선과 통신선 간의 이격거리를 증가시켜 상호인덕턴스 발생을 억제하여야 한다.

정답 244.② 245.①

256 통신선에 대한 유도 장해의 방지법으로 가장 적당하지 않은 것은?

① 전력선과 통신선의 교차 부분을 비스듬히 한다.
② 소호 리액터 접지 방법을 채용한다.
③ 통신선에 배류 코일을 채용한다.
④ 통신선에 절연 변압기를 채용한다.

해설 전자유도장해 방지를 위해서는 전력선과 통신선 접근 시 가능한 한 직각 교차 시설하여 그 병행 거리를 단축하여야 한다.

247 유도장해를 방지하기 위한 전력선측의 대책으로 옳지 않은 것은?

① 소호리액터를 채용한다.
② 차폐선을 설치한다.
③ 배류 코일을 채용한다.
④ 중성점 접지에 고 저항을 넣어서 지락전류를 줄인다.

해설 전자유도장해 방지를 위해서 설치하는 배류코일은 통신선을 접지하여 저주파수의 유도 전류를 대지로 방전시켜 통신선의 전위 상승을 억제시키는 작용을 한다.

248 송전선이 통신선에 미치는 유도 장해를 억제시키는 방법이 아닌 것은?

① 송전선에 충분한 연가를 실시한다.
② 송전 계통의 중성점 접지 개소를 택하고 중성점을 리액터 접지한다.
③ 송전선과 통신선의 상호 접근 거리를 크게 한다.
④ 송전선측에 특성이 양호한 피뢰기를 설치한다.

해설 전자유도작용에 의하여 통신선에 유기된 전압을 방전 전압이 낮고 방전전류 용량이 크며 방전의 지연이 없는 성능이 우수한 피뢰기를 설치하여 방전시킴으로써 유도전압을 강제적으로 저감시킨다.

249 유도 장해의 방지책으로 차폐선을 사용하면 유도 전압을 몇 [%]정도 줄일 수 있는가?

① 10 ~ 20   ② 30 ~ 50   ③ 70 ~ 80   ④ 80 ~ 90

정답 246.① 247.③ 248.④ 249.②

해설 유도전압 경감 효과
- 차폐선 : 30~50[%]
- 중계코일(절연변압기) : 80~90[%]

250 통신선과 평행인 주파수 60[Hz]인 3상 1회선 송전선에서 1선 지락으로 영상 전류가 100[A] 흐르고 있을 때 통신선에 유기되는 전자 유도 전압[V]은?(단, 영상 전류는 송전선 전체에 걸쳐 있으며 통신선과 송전선의 상호 인덕턴스는 0.05[mH/km]이고 그 평행 길이는 50[km]이다.)

① 162 ② 192 ③ 242 ④ 283

해설 전자유도전압 $V = \omega M \times 3I_0 \times \ell$ [km] (ℓ[km] : 병행 거리)
$V = 2\pi \times 60 \times 0.05 \times 10^{-3} \times 3 \times 100 \times 50 = 283$[V]

251 3상 송전선의 각 선의 전류가 $\dot{I}_a = 220 + j50$[A], $\dot{I}_a = 220 + j50$[A], $\dot{I}_b = -150 - j300$[A], 일 때 이것과 병행으로 가설된 통신선에 유기되는 전자유도전압[V]은?(단, 송전선과 통신선 사이의 상호 임피던스는 15[Ω]이다.)

① 510 ② 1,020 ③ 1,530 ④ 2,040

해설 전자유도전압 $V = \omega M \times 3I_0 \times \ell$ [V] (ℓ[km] : 병행 거리)
기유도 전류 $3\dot{I}_0 = \dot{I}_a + \dot{I}_b + \dot{I}_c = (220 + j50) + (-150 - j300) + (-50 + j150) = 20 - j100$
$3I_0 = \sqrt{20^2 + 100^2} = 101.98$[A]
전자유도전압 $V = \omega M \times 3I_0 = 15 \times 101.98 = 1530$[V]

252 과도 안정 극한 전력이란?

① 부하가 서서히 감소할 때의 극한 전력
② 부하가 서서히 증가할 때의 극한 전력
③ 부하가 갑자기 사고가 났을 때의 극한 전력
④ 부하가 변하지 않을 때의 극한 전력

해설 과도 안정 극한 전력 : 계통의 단락 사고나 부하가 갑자기 사고가 발생하여 계통에 큰 동요가 일어났을 때 계통에 연결된 각 동기기가 동기를 유지하여 계속 운전할 수 있는 능력

정답 250.④ 251.③ 252.③

253 송전선로의 정상 상태 극한(최대)송전 전력은 선로 리액턴스와 대략 어떤 관계가 성립하는가?

① 송·수전단 사이의 선로 리액턴스에 비례한다.
② 송·수전단 사이의 선로 리액턴스에 반비례한다.
③ 송·수전단 사이의 선로 리액턴스의 제곱에 비례한다.
④ 송·수전단 사이의 선로 리액턴스의 제곱에 반비례한다.

해설 정태 안정 극한 전력은 $P = \dfrac{E_s E_r}{X} \sin\delta [W]$ 로서 리액턴스에 반비례한다.

254 그림과 같은 계통에서 발전기에서 전동기로 전달되는 전력 P를 표시하는 식은? (단, X = $X_G + X_L + X_M$ 이고 E_G, E_M 은 각각 발전기 및 전동기의 유기기전력이고 δ는 E_G, E_M 간의 상차 각이다.)

① $P = \dfrac{E_G}{X \cdot E_M} \cdot \sin\delta$

② $P = \dfrac{E_G \cdot E_M}{X} \cdot \sin\delta$

③ $P = \dfrac{E_G \cdot E_M}{X} \cdot \cos\delta$

④ $P = X \cdot E_G \cdot E_M \cdot \cos\delta$

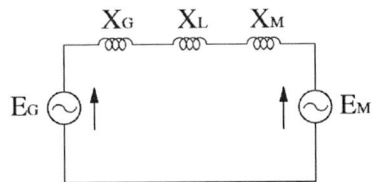

해설 안정극한전력 $P = \dfrac{E_G \cdot E_M}{X} \cdot \sin\delta [W]$

255 전력 계통 주파수가 기준값보다 증가하는 경우 어떻게 하는 것이 타당한가?

① 발전 출력[kW]을 증가시켜야 한다.
② 발전 출력[kW]을 감소시켜야 한다.
③ 무효전력[kV ar]을 증가시켜야 한다.
④ 무효전력[kV ar]을 감소시켜야 한다.

해설 발전 전력-주파수 특성 : 반비례 관계
• 주파수가 기준 값보다 증가 → 발전 출력 감소
• 주파수가 기준 값보다 감소 → 발전 출력 증가

정답 253.② 254.② 255.②

256 전력 계통에서 부하가 증가하면 주파수는 어떻게 변하는가?

① 주파수도 증가한다.
② 주파수는 감소한다.
③ 전력의 흐름에 따라 주파수가 증가하는 곳도 있고 감소하는 곳도 있다.
④ 부하의 증감과 주파수는 서로 관련이 없다.

해설 부하와 주파수 특성 : 서로 비례 관계
- 부하 증가 → 주파수 증가
- 부하 감소 → 주파수 증가

257 송전 선로의 안정도 향상 대책이 아닌 것은?

① 병행 다회선이나 복도체 방식을 채용
② 속응 여자방식을 채용
③ 계통의 전압변동률 증가
④ 고속도 차단기의 이용

해설 계통의 안정도 향상 대책

향상 대책	상세 대책
계통 전달리액턴스 감소	○단락비 큰 기기 사용 ○리액턴스 적은 기기 채용 ○병행 다회선 방식 채용 ○직렬콘덴서 삽입
계통의 전압변동률 감소	○속응여자방식, 중간조상방식 채용
계통에 주는 충격을 감소	○소호리액터 접지방식 채용 ○고속 재폐로 차단 방식, 고속차단기 채용
고장발생시 발전기 입출력의 불평형 감소	○조속기의 성능 개선 ○제동저항기 설치

258 송전계통의 안정도를 증진시키는 방법이 아닌 것은?

① 전압 변동을 작게 한다.
② 직렬 리액턴스를 크게 한다.
③ 제동 저항기를 설치한다.
④ 동기기의 임피던스를 감소시킨다.

정답 256.① 257.③ 258.②

해설   계통의 안정도 향상 대책

향상 대책	상세 대책
계통 전달 리액턴스 감소	○ 단락비 큰 기기 사용 ○ 리액턴스 적은 기기 채용 ○ 병행 다회선 방식 채용 ○ 직렬콘덴서 삽입

259 송전선로의 안정도를 증진시키는 방법이 아닌 것은?

① 선로의 회선 수 감소　　② 재폐로 방식 채용
③ 중간조상방식 채용　　　④ 리액턴스 감소

해설   안정도 향상 대책 : 병행다회선 방식 채용(병렬 회선수 증가)

260 송전계통의 안정도 향상 대책으로 적당하지 않은 것은?

① 직렬콘덴서로 선로의 리액턴스를 보상한다.
② 기기의 리액턴스를 감소시킨다.
③ 발전기의 단락비를 작게 한다.
④ 계통을 연계한다.

해설   안정도 향상 대책 : 발전기 단락비를 크게 하여야 한다.

261 교류발전기의 전압 조정장치에는 속응 여자방식을 채택하고 있다. 그 목적에 대한 설명 중 틀린 것은 어느 것인가?

① 전력계통에 고장 발생 시 발전기의 동기 화력을 증가시키기 위함이다.
② 송전계통의 안정도를 높이기 위함이다.
③ 여자기의 전압상승률을 크게 하기 위함이다.
④ 전압조정용 탭의 수동변환을 원활히 하기 위함이다.

해설   안정도 향상 대책 : 전압변동률을 감소시키기 위해서 속응여자방식을 채용

정답   259.①　260.③　261.④

262 중간 조상 방식이란?

① 송전 선로의 중간에 동기 조상기 연결
② 송전 선로의 중간에 직렬 전력 콘덴서 삽입
③ 송전 선로의 중간에 병렬 전력 콘덴서 연결
④ 송전 선로의 중간에 개폐소 설치

해설 중간조상방식 : 송전선로 중간에 동기조상기를 연결하여 무효전력을 조정으로 전압을 일정하게 유지함으로써 안정극한전력을 증대시키는 방식

263 전력계통의 안정도 향상 대책으로 옳지 않은 것은?

① 계통의 직렬 리액턴스를 작게 한다.
② 고속도 재폐로 방식을 채용한다.
③ 지락전류를 크게 하기 위하여 직접 접지방식을 채용한다.
④ 고속도 차단방식을 채용한다.

해설 안정도 향상 대책으로 계통에 주는 기계적 충격을 감소시키기 위해서는 지락전류 감소를 위해 소호리액터 접지방식을 채용한다.

정답 262.① 263.③

Chapter 07 이상전압 및 개폐기

1. 이상전압

(1) 이상전압의 발생원인
① 내부적인 요인 : 선로의 개폐, 변압기의 3상 비동기투입, 발전기의 자기여자현상
② 외부적인 요인 : 직격뢰, 유도뢰, 유도현상

(2) 직격뢰의 파형
충격파(서지) : 극히 짧은 시간에 파고 값에 도달했다가 소멸해버리는 파형.

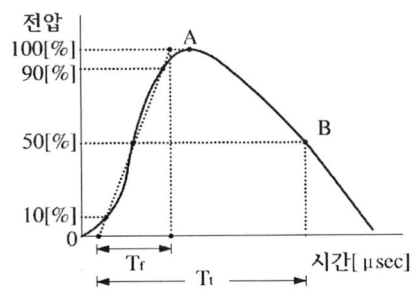

- OA : 파두
- AB : 파미
- T_f : 파두장
- T_t : 파미장

① 파두장은 짧고, 파미장은 길다.
② 국제 표준 충격파 : $1.2 \times 50 [\mu ses]$

(3) 이상전압 진행파의 반사파와 투과파
이상전압(e_1) 발생 시 선로 상에서 변위 점이 존재하면 그 점에서 일부는 반사, 일부는 투과하는 특성이 발생하므로 다음과 같이 투과전압(e_3) 과 반사전압(e_2) 을 구할 수 있다.

- 입사전류 : $i_1 = \dfrac{e_1}{Z_1}$
- 반사전류 : $i_2 = \dfrac{e_2}{Z_1}$
- 투과전류 : $i_3 = \dfrac{e_3}{Z_2}$

이상전압 $e_1 = Z_1 i_1$ 에서 반사전압 $e_2 = Z_1 i_2$, 투과전압 $e_3 = Z_2 i_3$ 가 되며
전류 관계식은 $i_1 - i_2 = i_3$ 에서 $i_2 = i_1 - i_3$ 이므로
$e_1 + e_2 = e_3$ 에서

$$e_3 = e_1 + e_2 = e_1 + Z_1 i_2 = e_1 + Z_1(i_1 - i_3) = e_1 + Z_1\left(\frac{e_1}{Z_1} - \frac{e_3}{Z_2}\right) = e_1 + e_1 - \frac{Z_1}{Z_2}e_3$$

따라서, 투과전압 $e_3\left(1 + \dfrac{Z_1}{Z_2}\right) = 2e_1$ 이므로 다음과 같이 투과전압과 반사전압을 구할 수 있다.

① 투과전압 : $e_3 = \dfrac{2Z_2}{Z_1 + Z_2}e_1$ 투과계수 : $\dfrac{2Z_2}{Z_1 + Z_2}$

② 반사전압 : $e_2 = \dfrac{Z_2 - Z_1}{Z_1 + Z_2}e_1$ 반사계수 : $\dfrac{Z_2 - Z_1}{Z_1 + Z_2}$

③ Z1 = Z2 : 진행파는 모두 투과되므로, 무반사가 된다.

(4) 선로 개폐 시의 이상전압

$$e_3 = \frac{2Z_2}{Z_1 + Z_2}e_1 = \frac{2}{\dfrac{Z_1}{Z_2} + 1}e_1 = 2e_1$$

개폐기 개방 시 전로가 개방되어 부하임피던스가 ∞가 되므로 이론상 개폐기 양단에 발생하는 전압은 2배이지만 접점의 반복적인 개방, 폐로로 인하여 약 4 ~ 6배 정도까지의 전압이 발생하므로 개폐기 개방 시 아크 발생이 대단히 크다. 또한 송전선로에서 무부하 충전전류(진상전류)의 차단 시에는 재점호 현상으로 인하여 이상전압이 상승하지만 대부분의 경우 상규 대지전압의 약 3.5배 이하로 4배를 넘는 경우는 거의 없다. 또한 송전선로의 개폐 조작에 따른 과도현상 때문에 발생하는 이상전압인 개폐서지는 일반적으로 회로를 투입할 때보다는 개방할 때, 또 부하가 있는 회로보다는 무 부하 회로를 개방할 때 더 높은 이상전압을 발생한다. 따라서 이상전압이 가장 큰 경우는 충전전류가 여러 번 재점호를 일으키면서 이상전압을 발생하기 때문에 무부하 송전선로의 충전전류를 차단하는 경우이다.

【참고】재점호 : 교류회로를 차단하는 경우 접점 분리에 의해 아크가 발생하며 접점 간격이 증가됨에 따라 아크가 퍼지게 된다. 반주기마다 전류는 0이 되므로 아크는 순간적으로 소멸되지만 접점 간에 다수의 전하가 남아 있어 절연이 회복되질 못하고 전류 0점 직후 접점 간의 전압 때문에 아크가 발생한다. 이와 같이 전류 0점 통과 후 절연을 회복하지 못하고 다시 아크를 발생시키는 현상

2. 피뢰기

(1) 피뢰기 구조 및 제한전압

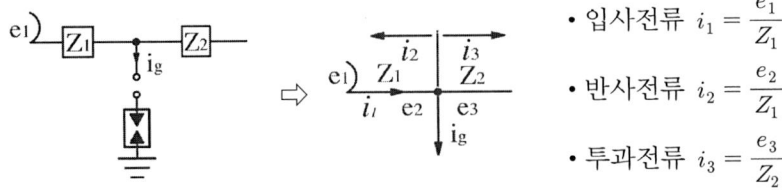

- 입사전류 $i_1 = \dfrac{e_1}{Z_1}$
- 반사전류 $i_2 = \dfrac{e_2}{Z_1}$
- 투과전류 $i_3 = \dfrac{e_3}{Z_2}$

e_1, i_1 : 전압 전류 입사파, e_2, i_2 : 반사파, e_3, i_3 : 투과파

① 직렬 갭 : 이상 전압 내습 시 이상 전압을 대지로 방전

② 특성요소 : 뇌 서지 등에 의한 큰 방전전류에 대해서는 저항 값이 작아져 제한전압을 낮게 하지만, 계통전압에 의한 속류에 대해서는 저항 값이 커져서 직렬 갭에 의한 속류 차단

⇨ **속류** : 방전 종료 후 전원으로부터 공급되는 상용주파수의 전류

③ 실드링 : 대지정전용량의 불균형 완화 및 피뢰기 방전 개시시간의 저하방지

④ 피뢰기 제한전압 : 피뢰기 동작 중 피뢰기 양단자간에 나타나는 단자전압(파고값)

전류 관계식에서 $i_1 = i_2 + i_g$ 이므로 $i_2 = i_1 - i_3 - i_g$ 가 성립한다.

또한, 전압 관계식은 $e_1 + e_2 = e_3$ 이므로 $e_3 = e_1 + e_2$ 가 성립한다.

$$e_3 = e_1 + e_2 = e_1 + Z_1 i_2 = e_1 + Z_1(i_1 - i_3 - i_g)$$
$$= e_1 + Z_1\left(\dfrac{e_1}{Z_1} - \dfrac{e_3}{Z_2}\right) - Z_1 i_g = e_1 + e_1 - \dfrac{Z_1}{Z_2} e_3 - Z_1 i_g$$

따라서, $e_3\left(1 + \dfrac{Z_1}{Z_2}\right) = 2e_1 - Z_1 i_g$ 이므로

피뢰기의 제한전압 $e_3 = \dfrac{2Z_2}{Z_1 + Z_2} e_1 - \dfrac{Z_1 Z_2}{Z_1 + Z_2} i_g \, [\text{V}]$

(2) 피뢰기의 정격전압

그 전압을 선로단자와 접지단자에 인가한 상태에서 소정의 단위동작책무를 소정의 회수로 반복 수행할 수 있는 정격주파수의 상용주파전압 최고 한도를 규정한 실효치, 즉 속류를 차단할 수 있는 최고 허용 교류전압으로 그 선정법은 다음과 같다.

① 피뢰기 정격전압 = 공칭전압 $\times \dfrac{1.4}{1.1} [\text{kV}]$

② 피뢰 정격전압 : $E_R = \alpha \beta V_m [\text{kV}]$

ⓐ α : 접지계수$\left(= \dfrac{\text{고장 중 건전상의 최대 대지전압}}{\text{최대 선간전압}}\right)$

ⓑ β : 여유도(대부분 1.15적용)
ⓒ V_m[kV] : 최고 허용 전압
③ 직접 접지 및 저항, 소호리액터 접지계통의 정격전압 : 선로의 공칭전압을 V[kV]라 할 경우
ⓐ 직접 접지 계통 : (0.8 ~ 1.0)V[kV]
ⓑ 저항, 소호리액터 접지 계통 : (1.4 ~ 1.6)V[kV]
④ 내선 규정에 의한 피뢰기의 정격전압

전력 계통		피뢰기 정격전압(kV)	
전압(kV)	중성점 접지방식	변전소	배전 선로
345	유효접지	288	
154	유효접지	144	
66	PC접지 또는 비접지	72	
22	PC접지 또는 비접지	24	
22.9	3상4선 다중접지	21	18

(3) 피뢰기의 구비조건
① 속류 차단 능력이 있을 것.
② 제한전압이 낮을 것.
③ 충격방전 개시전압은 낮을 것.
  ⇨ **충격 방전 개시전압** : 피뢰기 양 단자 간에 충격파 전압을 인가할 경우 방전을 개시하는 전압
④ 상용주파 방전 개시전압은 높을 것.
  ⇨ **상용주파 방전 개시전압** : 피뢰기 양 단자 간에 상용 주파수의 전압을 인가할 경우 방전을 개시하는 전압.(피뢰기 정격 전압의 1.5배 정도)
⑤ 방전 내량이 클 것
  ⇨ **방전내량** : 직렬 갭 동작에 의한 충격파 전류의 대지 방전 시 허용 최대 전류.

(4) 피뢰기의 설치 장소
① 발·변전소 또는 이에 준하는 장소의 가공전선 인입구 및 인출구
② 고압 및 특고압 가공전선로로부터 공급을 받는 수용장소의 인입구
③ 가공전선로와 지중 전선로가 접속되는 곳
④ 가공전선로에 접속하는 배전용 변압기의 고압 및 특고압 측

(5) 기준 충격 절연강도 (BIL, Basic Impulse insulation Level)

송전계통에 시설하는 선로애자, 개폐기, 지지애자, 변압기 등에 대한 최소 절연 기준값으로 피뢰기의 제한전압을 기본으로 하므로 피뢰기의 제한전압은 다른 기기류의 기준충격절연 강도보다 낮아야 한다.

① 기기의 여유도 = $\dfrac{\text{기기의 기준충격절연강도(BIL)} - \text{제한전압}}{\text{제한전압}} \times 100[\%]$

② $BIL = 5 \times \text{절연계급} + 50 = 5 \times \dfrac{\text{공칭전압}}{1.1} + 50[\text{kV}]$

【참고】절연협조 : 계통 내의 각 기기, 기구 및 애자 등의 상호 간에 적정한 절연강도를 지니게 함으로써 계통 설계를 합리적, 경제적으로 할 수 있게 한 것.

3. 가공지선

지지물의 최상단에 설치하여 직격뢰로부터 전선로를 보호하기 위한 나전선

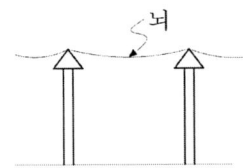

- 고압전선로 : 4.0 [mm]이상 나경동선
- 특고압전선로 : 5.0[mm]이상 나경동선

① 차폐각이 작을수록 차폐 효율이 높다.
  ⇨ **차폐각** : 가공지선을 대지 기준 수직으로 내린 것과 지지물 위의 전선 간에 이루는 각
② 가공지선을 2조로 하면 차폐각이 더 작아진다.
③ 차폐각은 보통 35° ~ 40° 정도로 하고 있으며, 이때 그 효율은 90[%] 이상이다.
④ 차폐각이 클수록 정전유도가 커진다.

4. 매설지선

철탑의 접지저항을 감소시켜 직격뢰 등에 의한 애자련의 역섬락을 방지하기 위한 금속선
  ⇨ **역섬락** : 철탑각의 접지 저항이 클 때 철탑 양단의 전위가 상승하여 철탑으로부터 전선을 향한 섬락이 발생하여 애자련 등이 파괴되는 현상.

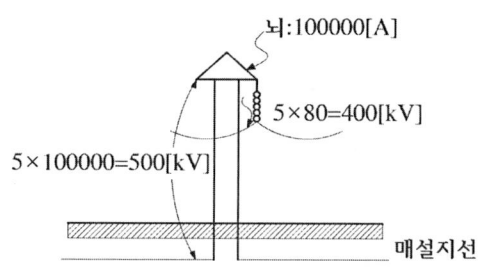

- 100,000[A] : 뇌격 시 철탑 방전전류
- 5[Ω] : 철탑 탑각 접지저항
- 500[kV] : 철탑 전위 파고값
- 80[kV] : 현수애자 건조 섬락전압
- 400[kV] : 애자련의 섬락전압

(1) 매설지선의 시설
① 매설지선(금속선) : 아연도금철선 7/3.2[mm]이상
② 매설 깊이 : 지중 30 ~ 50[cm]
③ 매설 지선의 길이 : 30 ~ 50[m]

(2) 매설지선의 접지 방법

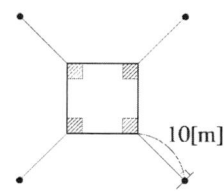

① 분포접지 : 철탑각으로부터 매설지선을 방사상으로 설치하는 것
② 집중접지 : 철탑각으로부터 10[m] 정도 떨어진 지점에서 직각방향으로 설치하는 것

5. 서지흡수기

직격뢰 등으로부터 발전기를 보호하기 위하여 발전기 단자부근에 설치하는 전압분배용 콘덴서

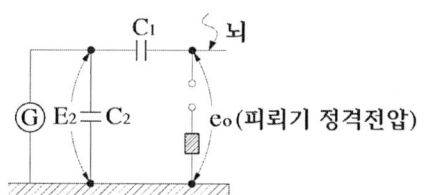

- 콘덴서 정전용량 $V_1 = 1[F]$, $C_2 = 4[F]$
- 피뢰기 제한전압 $e_0 = 100[kV]$
- 발전기 인가전압

$$E_2 = \frac{C_1}{C_1 + C_2} \times e_0 = \frac{1}{1+4} \times 100 = 20[kV]$$

6. 단로기(DS : Disconnecting Switch)

무부하 상태에서 전로를 개폐하거나, 차단기, 변압기, 피뢰기 등과 같은 고전압 기기류의 1차 측에 부착하여 기기류 점검, 보수 시 회로를 분리하는 데 사용하는 것으로 부하 전류 개폐 능력은 없지만 극히 미약한 선로의 충전전류나 변압기의 여자 전류는 개폐할 수 있다.

【참고】 각 종 개폐기의 특성 비교

명칭	특징
전력퓨즈(PF)	• 일정치 이상의 과부하 전류에서 단락전류까지 대전류 차단 • 전로의 개폐 능력은 없음 • 고압 개폐기와 조합하여 사용
선로개폐기 (LS)	• 보안상 책임 분계점 등에서 선로의 보수, 점검 시 전로를 개폐 • 부하전류를 개폐하지 않는 장소에 채용(무 부하 상태에서 개폐) • 정격전압에서 전로의 충전전류는 개폐 가능 • 66[kV]이상 특고압 수전설비에서 단로기 대용 인입구 개폐기로 사용
부하개폐기 (LBS)	• 정상적인 부하전류 개폐는 가능하지만 과부하, 단락전류 차단 기능은 없음 • 개폐 빈도가 적은 부하의 개폐용 스위치로 사용 • 전력퓨즈와 사용 시 결상 방지 목적
전자접촉기 (MC)	• 정상적인 부하전류 또는 과부하 전류까지 안전하게 개폐 • 부하의 개폐·제어가 주 목적이고, 개폐 빈도가 많은 부하의 조작이나 제어용 스위치로 이용 • 전력퓨즈와의 조합에 의해 Combination Switch로 널리 사용
자동고장구분 개폐기(ASS)	• 전 부하 상태에서 자동 또는 수동 투입 및 개방이 가능 • 과부하 및 고장전류 보호 기능 • 타보호 기기와 협조하여 고장 구간을 자동 개방 분리하여 사고가 파급, 확산되는 것을 방지

7. 차단기(CB : Circuit Breaker)

전로에 전류가 흐르고 있는 상태에서 회로를 개폐하거나 차단기 부하 측에서 단락 사고 및 지락 사고가 발생했을 때 신속하게 회로를 차단할 수 있는 차단기

(1) 차단기의 소호매질에 의한 분류

명 칭	약호	소호원리
기중차단기	ACB	• 대기 중에서 아크를 길게 하여 소호 실에서 냉각 차단
유입차단기	OCB	• 소호 실에서 아크에 의한 절연유 분해가스의 흡부력을 이용하여 차단 • 콘덴서 전류에 대한 재 점호가 거의 없다.
공기차단기	ABB	• 10기압 이상의 압축 공기를 아크에 불어 넣어서 차단 • 전류 절단 현상 발생, 콘덴서 전류에 대한 재 점호가 거의 없다.
진공차단기	VCB	• 고진공 중에서 전자의 고속도 확산을 이용하여 차단 • 콘덴서 전류에 대한 재 점호가 없다.
가스차단기	GCB	• 고성능 절연 특성을 가진 SF_6(육플루우르황) 가스를 흡수해서 차단 • 콘덴서 전류에 대한 재 점호가 없다.
자기차단기	MBB	• 대기 중에서 전자력을 이용하여 아크를 소호실내로 유도하여 냉각 차단

⇨ SF_6가스의 특징 :

① 불활성, 무색, 무취, 무독성이다.
② 열전도성이 뛰어나다. (공기의 약 1.6배)
③ 절연내력이 뛰어나다. (공기의 약 3배 : 106 [kV/cm])
④ 소호능력이 뛰어나다. (공기의 약 100배)

(2) 차단기 표준 동작책무에 의한 분류

① 일반형 :
  ① A형 : O → 1분 → C.O → 3분 → C.O
  ② B형 : C.O → 15초 → C.O
② 고속형(자동재폐로 방식 채용) : O → θ → C.O → 1분 → C.O
  → 약호의 의미 : O(open, 차단동작), C(close, 투입동작)
        C.O(close and open, 투입 직후 차단), θ(무 전압 시간, 약 0.35초)

(3) 차단기의 정격전압, 정격전류, 정격차단전류

① 정격전압 : 규정된 조건에 따라 차단기에 부과될 수 있는 사용 회로 전압의 상한값 (계통 최고 선간 전압)

공칭전압[kV]	정격전압[kV]
3.3	3.6
6.6	7.2
22, 22.9	25.8
66	72.5
154	170
345	362

② 정격전류 [A] : 정격 전압 및 정격 주파수하에서 일정한 온도 상승 한도를 넘지 않는 상태에서 그 차단기에 연속적으로 흘릴 수 있는 전류

③ 정격차단전류[kA] : 정격전압 하에서 규정된 표준 동작책무 및 동작 상태에 따라 차단할 수 있는 차단 전류의 한도 (실효값)

(4) 차단기의 정격차단 용량

차단기의 차단 용량 계산은 전로의 임피던스를 고려한 %Z법에 의한 용량 선정이 원칙이지만, 차단기가 설치된 계통 최고 선간전압(차단기 정격전압)이나 정격 차단전류에 의해 다음과 같이 구할 수 있다.

- 정격차단용량 : $P_s = \sqrt{3} \times$ 정격전압[kV] $\times$ 정격차단전류[kA]

(5) 차단기의 정격차단시간

정격전압 하에서 규정된 표준 동작책무 및 동작상태에 따라 차단할 때의 차단시간 한도로서 트립 코일 여자로부터 아크의 소호까지의 시간(개극 시간 + 아크 시간)

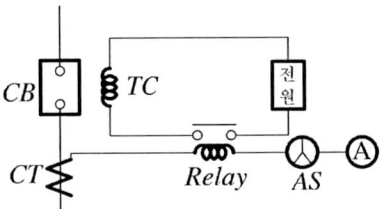

⇨ **과전류계전기의 전류 탭 선정 :**
차단기가 투입된 상태에서 위 부하에 흐를 수 있는 전 부하 전류 $I_1 = 60[A]$라 하면 CT의 2차 측에 흐르는 전류 I_2는 CT의 변성비가 100/5라 하면 3[A]가 된다. 그러나 과부하나 단락사고 등에 의한 과전류가 CT에 유입되면 CT의 2차 전류 I_2 또한 3[A]보다 큰 과전류가 OCR에 흐르게 되어 평상 시 무여자 상태에 있던 OCR이 여자되어 OCR의 접점이 폐로되므로 직류전원에 의한 트립 코일이 여자되어 차단기는 동작하게 된다.
① 과전류계전기의 전류 탭=전 부하전류÷변류비×탭 설정 값(최소동작전류 설정 배수)
② OCR의 동작 탭 : 4, 5, 6, 7, 8, 10, 12[A]

(6) 단로기, 선로개폐기, 차단기에 의한 전원의 투입 및 차단
전원 투입 시에는 부하전류 개폐 능력이 없는 단로기나 선로개폐기를 먼저 ON한 후 부하전류 개폐 능력이 있는 차단기를 투입하지만, 전원 차단 시에는 먼저 부하전류 개폐 능력이 있는 차단기를 개방시킨 후 부하전류 개폐 능력이 없는 단로기나 선로개폐기를 개방한다.

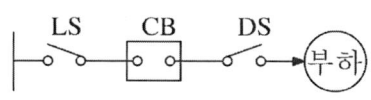

- DS : 단로기
- LS : 선로개폐기
- CB : 차단기

① 전원 투입(급전) : DS on → LS on → CB on
② 전원 차단(정전) : CB off → DS off → LS off

8. 계전기

(1) 보호계전기의 구비조건
① 고장의 정도 및 위치를 정확히 파악할 것
② 동작이 예민하고 오동작이 없을 것
③ 소비전력이 적고 경제적일 것
④ 적당한 후비 보호 능력이 있을 것

(2) 동작원리에 의한 보호계전기의 분류
① 가동코일형(직류형)
② 가동철편형
③ 유도형

④ 전류력계형
⑤ 전자형(트랜지스터 계전기)
   ⓐ 장점 : 무접점, 고속 동작, 소비전력이 적다.
   ⓑ 단점 : 온도 민감, 서지에 약하다
⑥ 디지털 계전기 (마이컴 이용) : 입력된 기준량과 실제 운전량을 비교하여 고장을 검출하는 방식 표준화가능(→ 자동화 시스템 채용), 성능의 변화가 없다.

(3) 동작시한에 의한 분류
① 순한시 계전기 (고속도 계전기) : 고장 검출 즉시 동작하는 계전기
② 정한시 계전기 : 고장 검출 일정 시간 후 동작하는 계전기
③ 반한시 계전기 : 고장 전류가 크면 동작 시한이 짧고, 고장 전류가 작으면 동작 시한이 길어지는 특성으로 동작하는 계전기
④ 반한시성 정한시 계전기 : 고장 전류가 적은 동안에는 고장 전류가 클수록 동작 시한이 짧게 되지만 고장 전류가 일정 값 이상이 되면 정한시 특성을 갖는 계전기

(4) 용도 및 사용목적에 따른 계전기의 분류
① 과전류 계전기(OCR) : 전류가 일정 값 이상으로 흐를 때 동작하는 계전기
② 과전압 계전기(OVR) : 전압이 일정 값 이상이 되었을 때 동작하는 계전기
③ 부족전압 계전기(UVR) : 전압이 일정 값 이하로 되었을 때 동작하는 계전기
④ 지락 계전기 (GR) : 지락 사고 시 발생하는 지락 전류에 의하여 동작하는 계전기
⑤ 선택지락 계전기(SGR) : 병행 2회선 송전 선로에서 지락이 발생된 회선만을 검출하여 선택 차단할 수 있도록 선택단락계전기의 동작 전류를 작게 한 것.
⑥ 지락방향 계전기(DGR) : 지락 과전류계전기에 방향성을 준 것.
⑦ 임피던스 (거리)계전기(ZR) : 전압 및 전류를 입력량으로 하여 전압과 전류의 비의 함수가 예정 값 이하로 되었을 때 동작하는 계전기
⑧ mho 계전기 : 방향특성을 갖는 거리 계전기
⑨ 단락방향계전기(역력계전기, DSR) : 어느 일정 방향으로 일정 값 이상의 단락 전류가 발생할 경우 동작하는 계전기(전력 조류가 반대로 발생)
⑩ 선택단락계전기(SSR) : 병행 2회선 송전선로 등에서 한 회선에 단락이 발생한 경우 2중 방향 동작의 계전기를 사용해서 고장 회선만을 선택 차단할 수 있는 계전기

(5) 기기(발전기, 변압기) 내부고장 검출 계전기

① 차동계전기 : 내부 고장 발생 시 고, 저압 측에 설치한 CT 2차 전류의 차에 의하여 동작하는 방식의 계전기

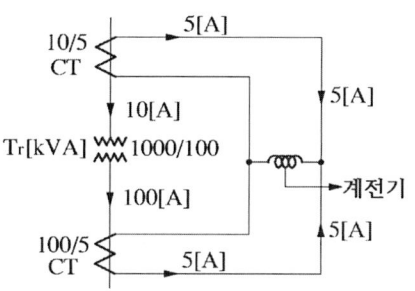

- 1000/100 : 변압기 전압 변성비
- 10[A] : 변압기 1차 부하전류
- 100[A] : 변압기 2차 부하전류
- 10/5[A] : CT 1차 측 전류 변성비
- 100/5[A] : CT 2차 측 전류 변성비
- 5[A] : CT 2차 측 전류

② 비율차동계전기 : 발전기나 변압기 등의 내부고장 발생 시 CT 2차 측의 억제코일에 흐르는 부하전류와 동작코일에 흐르는 차 전류의 오차가 일정 비율 이상일 경우에 동작하는 계전기

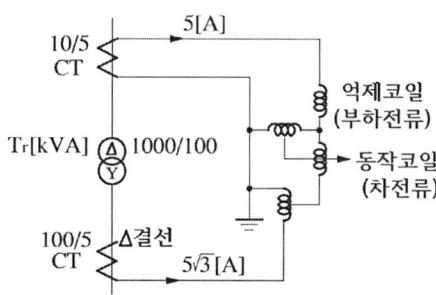

- 1000/100 : 변압기 전압 변성비
- 10[A] : 변압기 1차 부하전류
- 100[A] : 변압기 2차 부하전류
- 10/5[A] : CT 1차 측 전류 변성비
- 100/5[A] : CT 2차 측 전류 변성비
- 5[A], $5\sqrt{3}$: CT 2차 측 전류

ⓐ 보호기기 : 변압기, 발전기 내부 고장 검출용

ⓑ 보상변류기 : 변압기 결선이 Δ-Y로서 1차, 2차 결선이 다른 경우 변류기 결선시 변압기 1, 2차 전류 간에 30°의 위상차를 보상해줘야 한다.

변압기 결선	Δ-Y	Y-Δ
CT 결선	Y-Δ	Δ-Y

ⓒ 보조변류기 (Compensating Current Transformer : CCT) : 변압기 1,2차 측 결선 특성 및 변압비에 의한 전류 오차 보상
- 접속 : CT의 2차 측에 흐르는 전류가 큰 쪽에 접속하여 전류를 감소시키도록 한다.

③ 부흐홀츠 계전기 : 변압기 내부 고장으로 인한 절연유의 온도 상승 시 발생하는 유증기를 검출하여 경보 및 차단을 하기 위한 계전기.

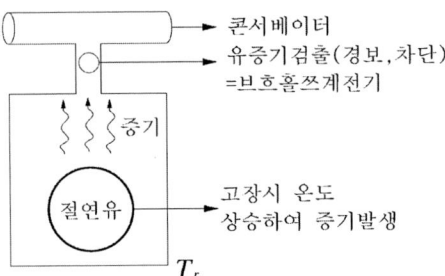

9. 계기용 변성기

(1) 계기용 변압기 (PT : Potential Transformer)

고압회로의 높은 전압을 이에 비례하는 낮은 전압으로 변성하여 배전반의 측정계기인 전압계나 보호 계전기인 과전압계전기(OVR), 부족전압계전기(UVR)의 전원으로 사용하는 전압변성기

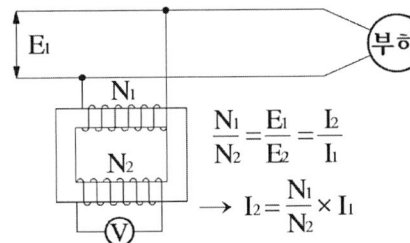

- N_1, N_2 : 1, 2차 권수
- I_1, I_2 : 1, 2차 전류
- $E_1[V]$: 1차 정격전압 (단, Y결선에서는 선간전압을 $\sqrt{3}$으로 나눈 상전압)
- $E_2[V]$: 2차 정격전압(110[V])

① 권수비 $a = \dfrac{N_1}{N_2} = \dfrac{E_1}{E_2}$

② PT의 보호 :

ⓐ 1차 측 채용 퓨즈(PF, COS) : PT의 고장이 선로에 파급, 확산되는 것을 방지

ⓑ 2차 측 채용 퓨즈 : PT의 오접속이나 부하 고장 등으로 인한 2차 측 단락 발생 시 PT로 사고가 파급, 확산되는 것을 방지

③ PT의 2차 부담[VA]

2차 회로에서 오차 범위를 유지할 수 있는 부하(계전기 입력회로) 임피던스

- 부담[VA] = $\dfrac{V_2^2}{Z}$
- V_2 : 정격 2차 전압

- Z : 계전기, 계측기 및 2차 케이블을 포함한 전체 부하임피던스

④ PT의 접속법

ⓐ 3상 3선식 : V 결선

ⓑ 3상 4선식 : Y 결선

(2) 계기용 변류기 (CT : Current Transformer)

고압회로에 흐르는 큰 전류를 이에 비례하는 적은 전류로 변성하여 배전반의 측정계기인 전류계나 보호계전기인 과전류계전기(OCR)에 공급하기 위한 전류 변성기.

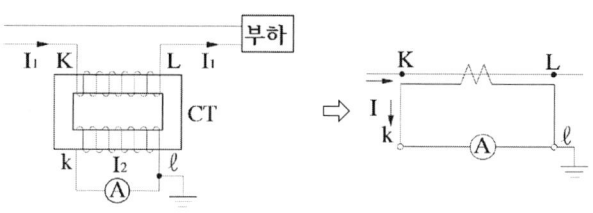

- K : CT 1차 전원 측 단자
- L : CT 1차 부하 측 단자
- k : CT 2차 전압 측 단자
- ℓ : CT 2차 접지 측 단자
- I_1, I_2 : CT 1,2차 전류

[CT 실제 결선도]   [CT 결선도 표현]

① CT 점검 시 주의 사항

ⓐ 변류기 사용 중 2차 측에 접속된 전류계 등을 교체할 때에는 반드시 먼저 2차 측을 단락한 다음 계기를 교체하여야 한다.

ⓑ 변류기 2차 측을 개방시키면 1차 부하전류가 모두 여자전류로 변화하여 2차 단자 간에 대단히 큰 고전압이 유기되어 절연이 파괴되고, 권선이 소손될 위험이 있다.

② CT의 선정

부하설비계통에서의 최대부하전류에 25~50[%]정도의 여유를 주어 계산한 값에 적합한 CT를 다음 정격 용량 표에 의하여 선정할 것.

ⓐ 1차 전류(I_1) : 부하설비 계통에서의 최대부하전류

ⓑ 정격 1차 전류(I_{1n}) : 최대 부하전류에 여유를 주어 선정한 CT의 1차 측 표준용량

ⓒ 2차 전류(I_2) : CT 변류비($I_{1n}/5$)에 의하여 변성된 CT의 2차 측 부하전류

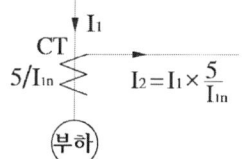

$I_2 = I_1 \times \dfrac{5}{I_{1n}}$

ⓓ 정격 2차 전류(I_{2n}) : 5[A]

CT	1차 정격전류[A]	10, 15, 20, 30, 40, 50, 60, 75, 100, 150, 200, 250, 300, 400, 500, 600, 750, 1000, 1200, 1500, 2000, 2500, 3000
	2차 정격전류[A]	5
	정격 부담[VA]	5, 10, 15, 25, 40, 100 (일반적으로 고압 40, 저압 15)

③ CT의 정격부담

변류기의 2차 단자 간에 접속되는 부하가 정격 2차 전류에서 소비하는 피상전력
- 정격부담 : $P = VI = I^2 Z$ [VA]
- I[A] : 변류기 2차 권선의 정격 전류 5[A]
- Z[Ω] : 변류기 2차 측에 접속되는 계전기, 계기 및 전선 포함 전체 부하임피던스

④ CT의 접속법

ⓐ CT 1대 접속법

CT 1차 측에는 K, L, 2차 측에는 k, ℓ 의 단자번호가 기록되어 있으며, 그 접속은 반드시 K 단자를 전원 측에, L 단자를 부하 측에 접속한다.

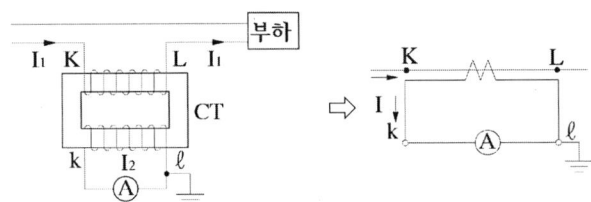

- K : CT 1차 전원 측 단자
- L : CT 1차 부하 측 단자
- k : CT 2차 전압 측 단자
- ℓ : CT 2차 접지 측 단자
- I1, I2 : CT 1,2차 전류

[CT 실제 결선도] [CT 결선도 표현]

ⓑ CT 2개의 V결선 접속법

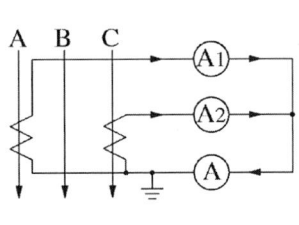 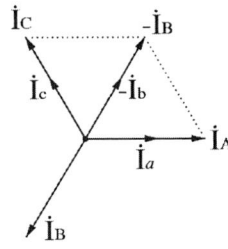

[CT V결선도] [CT V결선 벡터도]

3상 3선식 평형인 상태에서 1차 전류 I_A, I_B, I_C 라 하면

$I_A + I_B + I_C = 0$, $I_A + I_C = -I_B$

각각의 CT 2차 측에 흐르는 전류를 I_a, I_c 라면

$I_a = \dfrac{1}{a} I_A$, $I_c = \dfrac{1}{a} I_C$ (단, a는 변류비)

$I_Ⓐ = I_a + I_c = \dfrac{1}{a}(I_A + I_C) = \dfrac{1}{a}(-I_B)$

- 전류계 Ⓐ에 흐르는 전류 크기(b상 전류) : $I_Ⓐ = \dfrac{1}{a} I_A$ [A]
- CT 1차 측에 흐르는 전류 크기 : $I_1 = aI_Ⓐ$ [A]

ⓒ CT 2개 교차 결선 접속법

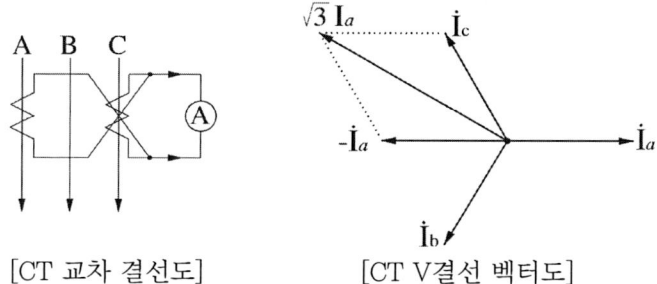

[CT 교차 결선도]　　　[CT V결선 벡터도]

3상 3선식 평형인 상태에서 CT의 1차 전류를 I_A, I_B, I_C 라 하면

$I_A + I_B + I_C = 0$

각각의 CT 2차 측에 흐르는 전류를 I_a, I_c 라면

$I_a = \dfrac{1}{a}I_A$, $I_c = \dfrac{1}{a}I_C$ (단, a는 변류비)

$I_{\text{Ⓐ}} = (-I_a) + I_c = \sqrt{3}\,I_a$

전류계 Ⓐ에 흐르는 전류 크기 : $I_{\text{Ⓐ}} = \sqrt{3}\,I_a = \sqrt{3} \times \dfrac{I_A}{a}[A]$

CT 1차 측에 흐르는 전류 크기 : $I_1 = aI_a = a \times \dfrac{I_{\text{Ⓐ}}}{\sqrt{3}}[A]$

(3) 단상계기용 변압기에 의한 영상전압 검출

단상 계기용 변압기 3대를 1차 측은 Y결선 중성점 접지하고, 2차 측을 오픈 델타결선 접속하면 PT 2차 측에는 각 상의 대지 전압에 상당한 2차 전압이 유기되므로, 평형이 되어 있으면 2차 개방 단자에는 전압이 나타나지 않지만 지락 고장에 의한 중성점의 전위가 발생되면 개방 3각 결선 양 단자에는 평상시 각 상 2차 전압의 3배인 영상 전압이 나타난다. 또한 1선 (a상)이 완전 지락 되었을 때 중성점의 대지가 a상이 되므로 다른 건전 상에는 전압의 $\sqrt{3}$ 배 전압이 발생한다.

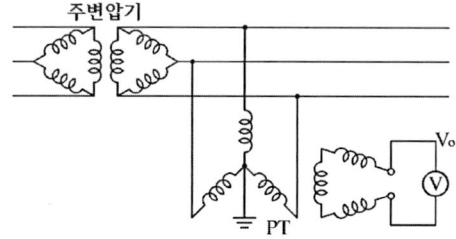

① 정상 운전의 경우 : 각 상 램프에는 $\frac{110}{\sqrt{3}}$[V] 전압이 인가되어 램프 밝기가 모두 같으면서 영상전압계의 지시값은 0이 된다.

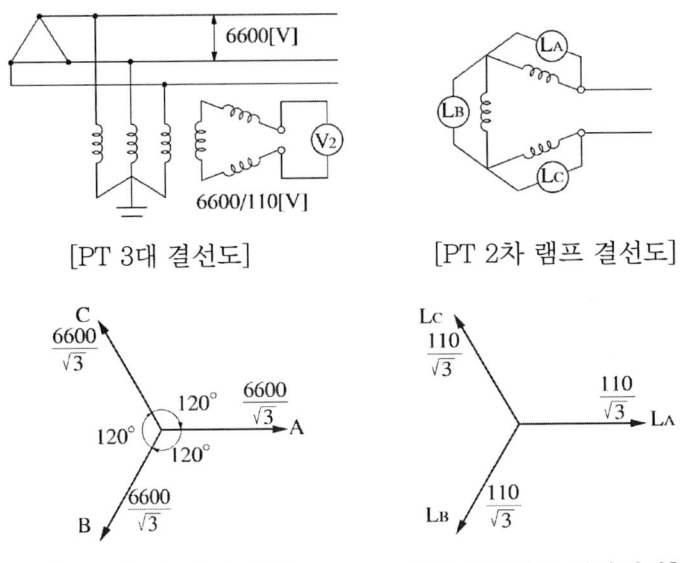

② A 상에서 완전 지락이 발생한 경우 : 지락이 발생한 A상이 대지가 되므로 a상에 접속한 램프에는 전압이 인가되지 않으므로 램프가 소등되지만, 지락이 발생하지 않은 건전 상에는 $\sqrt{3}$배 상승한 110[V] 전압이 인가되므로 램프의 밝기가 더 밝아진다.

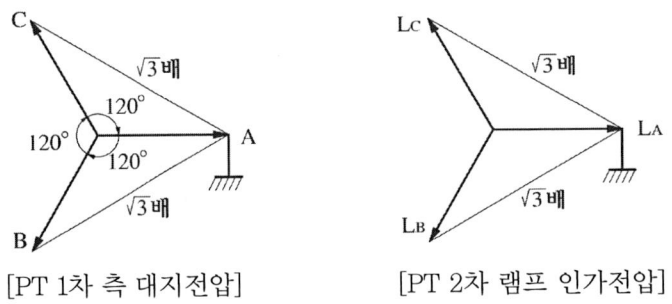

⇨ **전류제한저항기(CLR : Current Limit Resistor)** : GPT 2차 측에 접속하여 "① SGR을 동작시키기 위한 유효전류를 발생시키고, ② 개방 삼각결선 각 상 전압에서의 제 3고조파 전압의 발생을 방지하여 중성점 이상전위 진동 및 중성점 불안정 현상등과 같은 이상 현상을 방지"하는 역할을 한다.

(4) 3상 접지형 계기용 변압기에 의한 검출법

3상 접지계기용 변압기의 1차 측은 Y결선으로 하여 중성점 접지하면서, 2차 측은 Y결선 접속하여 정상전압을 얻고 3차 권선은 개방 3각 결선 접속하여 영상전압을 얻을 수 있으면서, 2차 측에는 단락계전기 및 계기를 접속하고 3차 측에는 지락계전기, 영상전압계, 전류제한 저항기 등을 접속하는 외에 지락 상 표시 램프를 접속할 수 있다.

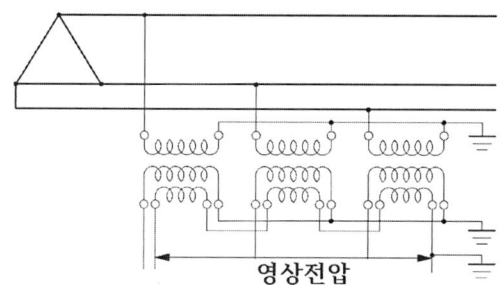

(5) 영상변류기 (ZCT)

지락 사고 시 선로 전류 내에 포함되어 있는 영상분 전류를 검출하여 지락계전기 등에 공급하여 차단기를 동작시키기 위한 전류 변성기로 그 부착 위치는 고압 전로에 지락이 발생했을 때 전로를 자동으로 차단할 수 있도록 전원의 가장 가까운 곳에 설치한다. 또한 3상 선로에서의 불평형, 단상 2선식에서의 전류 차, 접지선의 전류 등을 검출하여 누전차단기, 지락계전기, 화재경보기 등의 전원으로 사용한다.

① 정격영상 1차 전류 : 200[mA]
② 정격영상 2차 전류 : 1.5[mA]

(6) 전력수급용 계기용 변성기(MOF)

계기용변압기(PT)와 계기용 변류기(CT)를 한 탱크 속에 넣은 것으로 회로의 고전압 대 전류를 각각 PT비 및 CT비에 비례하는 낮은 값으로 변성하여 최대수요전력량계(DM ; Demand Meter)에 공급하기 위한 전력수급용 계기용 변성기함(MOF ; Metering Out Fit)으로 MOF 내에는 PT, CT가 3상 4선식으로 결선되어 있고 일반 PT, CT에 비해 그 정밀도가 높아야 하므로 0.5급 계급의 변성기를 채용한다.

① MOF의 결선
- 3상 3선식 : V 결선
- 3상 4선식 : Y 결선

② 승률

전력량계에 대한 전력 측정 시 실제 수전전력을 구하기 위하여 그 선로에 설치된 변성기의 변성비와 전력량계의 계기정수 및 치차비 등을 고려하여 전력량계의 계량치에 곱하는 일정한 배수로 계기정수 및 치차비를 고려하여 구하는 것이 원칙이나 경우에 따라서는 CT비와 PT비 만을 고려하여 다음과 같이 산출할 수 있다.

10. 전원 종류별 송배전 방식의 특징

(1) 교류송전방식
① 변압기를 이용한 전압의 변환이 용이하다.
② 직류방식에 비하여 전류의 차단이 비교적 용이하다.
③ 3상 교류방식에서 회전 자계를 쉽게 얻을 수 있다.

(2) 직류송전방식
① 역률이 항상 1이므로 무효전력의 발생이 없다.
   (송전용량증대, 전력손실 및 전압변동 감소)
② 표피효과가 없으므로 도체의 이용율이 높다.
③ 교류방식에 비하여 선로의 절연이 용이하다.
④ 리액턴스에 의한 위상각을 고려할 필요가 없으므로 안정도가 좋다.
⑤ 변환, 역변환 장치가 필요하므로 설비가 복잡해진다.
⑥ 고전압 대전류의 경우 회로 차단이 어렵다.

Chapter 07 이상전압 및 개폐기

출제예상핵심문제

264 송배전선로에서 이상전압 발생의 내부적 원인이 아닌 것은?

① 선로의 개폐
② 아크 접지
③ 선로의 이상 상태
④ 유도뢰

해설 이상전압의 발생 요인
① 내부적 요인 : 개폐 이상 전압(개폐 서지), 계통의 고장 발생,
② 외부적 요인 : 직격뢰, 유도뢰, 유도현상

265 송전선로에서 이상전압이 가장 크게 발생하기 쉬운 경우는?

① 무부하 송전선로를 폐로하는 경우
② 무부하 송전선로를 개로하는 경우
③ 부하 송전선로를 폐로하는 경우
④ 부하 송전선로를 폐로하는 경우

해설 송전선로에서 이상전압이 가장 크게 발생하는 경우는 무부하 송전선로의 충전전류를 차단하는 경우이다. 그 이유는 특히 90°앞선 진상전류인 충전전류 차단 시 재점호를 여러 번 일으키면서 이상전압의 크기가 커지기 때문이다.

266 차단기의 개폐에 의한 이상 전압은 송전선의 Y전압의 몇 배 정도가 최고인가?

① 2배
② 4배
③ 8배
④ 10배

해설 송전선로에서 무부하 시 개폐기를 개방하면 상규 대지전압의 약 2배 이하 정도의 이상전압이 발생한다. 그런데 무 부하 충전전류(진상전류)의 차단 시에는 재 점호현상으로 인하여 이상전압이 상승하지만 대부분의 경우 상규 대지전압의 약 3.5배 이하로 4배를 넘는 경우는 거의 없다.

정답 264.④ 265.② 266.②

267 초고압용 차단기에서 개폐 저항기를 사용하는 이유는?

① 개폐 서지 이상 전압 억제 ② 차단 전류 감소
③ 차단 속도 증진 ④ 차단전류의 역률 개선

해설 차단기 개폐 시 재점호 현상으로 인하여 개폐 서지 이상전압이 발생할 때 이상전압의 크기를 낮추고 절연내력을 증대시키기 위하여 차단기 접촉자 간에 병렬 임피던스로서 저항을 접속하는 것을 개폐 저항기라고 한다.

268 기기의 충격 전압시험을 할 때 채용하는 우리나라의 표준 충격전압파의 파두장 및 파미장을 표시한 것은?

① $1.5 \times 40[\mu s]$ ② $2.0 \times 40[\mu s]$
③ $1.2 \times 50[\mu s]$ ④ $2.3 \times 50[\mu s]$

해설 표준 충격파 : $1.2 \times 50[\mu s]$
① $1.2[\mu s]$: 파두장
② $50[\mu s]$: 파미장
③ 뇌서지 파두장은 짧고, 파미장은 길다.

269 뇌 서지와 개폐 서지의 다른 점으로 다음 중 옳은 것은?

① 파두장이 같고 파미장이 다르다 ② 파두장만이 다르다
③ 파두장과 파미장이 모두 다르다 ④ 파두장과 파미장이 같다

해설 표준 충격파 : $1.2 \times 50[\mu s]$
① $1.2[\mu s]$: 파두장
② $50[\mu s]$: 파미장
③ 뇌 서지 파두 장은 짧고, 파미 장은 길다.
④ 개폐서지 파두장, 파미장은 뇌서지의 파두장 파미장 지속시간보다 길다.

270 서지파(진행파)가 서지임피던스 Z_1의 선로에서 임피던스 Z_s의 선로 측으로 e_1이 입사할 때 투과계수($\frac{투과(침입)파전압}{입사파전압}$) b를 나타내는 식은?

정답 267.① 268.③ 269.③ 270.②

① $b = \dfrac{Z_2 - Z_1}{Z_1 + Z_2}$ ② $b = \dfrac{2Z_2}{Z_1 + Z_2}$ ③ $b = \dfrac{Z_1 - Z_2}{Z_1 + Z_2}$ ④ $b = \dfrac{2Z_1}{Z_1 + Z_2}$

해설 투과전압 $e_3 = \dfrac{2Z_2}{Z_1 + Z_2}e_1$ [V], 투과계수 : $\dfrac{2Z_2}{Z_1 + Z_2}$

271 파동 임피던스 Z_1 = 400[Ω]인 가공 선로에 파동 임피던스 50[Ω]인 케이블을 접속하였다. 이때 가공 전로에 e_1 = 800[kV] 인 전압파가 들어왔다면 접속점에서 전압의 투과파[kV]는?

① 약 178 ② 약 238 ③ 약 298 ④ 약 328

해설 투과 전압 $e_3 = \dfrac{2Z_2}{Z_1 + Z_2}e_1$ [V]

투과 전압 $e_3 = \dfrac{2Z_2}{Z_1 + Z_2}e_1 = \dfrac{2 \times 50}{400 + 50} \times 800 = 178$ [V]

272 파동 임피던스 Z_1 = 600[Ω], Z_2 = 1300[Ω]의 변압기가 접속되어있다. 지금 선로에서 파고 e_1 = 900[kV]의 전압이 입사되었다면 접속점에서 전압 반사파 [kV] 는?

① 약 530 ② 약 430 ③ 약 330 ④ 약 230

해설 반사 전압 : $e_2 = \dfrac{Z_2 - Z_1}{Z_1 + Z_2}e_1$ [V], 반사계수 : $\dfrac{Z_2 - Z_1}{Z_1 + Z_2}$

반사 전압 $e_2 = \dfrac{Z_2 - Z_1}{Z_1 + Z_2}e_1 = \dfrac{1300 - 600}{600 + 1300} \times 900 = 330$ [kV]

273 파동 임피던스 Z1 = 500[Ω], Z_2 = 300[Ω]인 두 무 손실 선로 사이에 그림과 같이 저항 R을 접속한다. 제 1선로에서 구형파가 진행하여 왔을 때 무반사로 하기 위한 R의 값은 몇 [Ω]인가?

① 100 ② 200
③ 300 ④ 500

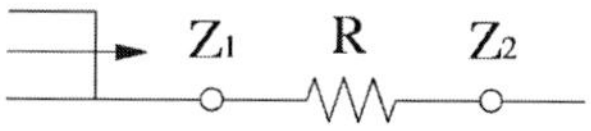

해설 무 반사 조건은 "입사파 = 투과파" 관계가 성립하면 된다. 즉 임피던스가 달라지는 변위점이 형성되지 않으면 된다.

Z1 = R + Z_2에서 R = Z_1 - Z_2 = 500 - 300 = 200[Ω]

274 임피던스 Z_1, Z_2 및 Z_3을 그림과 같이 접속한 선로의 A쪽에서 전압파 E가 진행해 왔을 때, 접속점 B에서 무반사로 되기 위한 조건은?

① $Z_1 = Z_2 + Z_3$
② $\dfrac{1}{Z_3} = \dfrac{1}{Z_1} + \dfrac{1}{Z_2}$
③ $\dfrac{1}{Z_1} = \dfrac{1}{Z_2} + \dfrac{1}{Z_3}$
④ $\dfrac{1}{Z_2} = \dfrac{1}{Z_1} + \dfrac{1}{Z_3}$

해설 무반사 조건은 "입사파 = 투과파" 관계가 성립하면 된다. 즉 임피던스가 달라지는 변위점이 형성되지 않으면 되므로 B점 좌우 임피던스가 같으면 된다.
$Z_1 = \dfrac{1}{\dfrac{1}{Z_2} + \dfrac{1}{Z_3}}$ 에서 $\dfrac{1}{Z_2} + \dfrac{1}{Z_3} = \dfrac{1}{Z_1}$ 이면 된다.

275 피뢰기를 가장 적절하게 설명한 것은?

① 동요 전압의 파두, 파미의 파형의 준도를 저감하는 것
② 이상 전압이 내습하였을 때 방전에 의한 기류를 차단하는 것
③ 뇌 동요 전압의 파고를 저감하는 것
④ 1선이 지락 할 때 아크를 소멸시키는 것

해설 피뢰기는 뇌 서지 등에 이상전압 내습 시 순간적으로 대지로 방전하여 이상전압의 파고 값을 저감시킴으로써 전력 계통에 설치된 기기의 절연 파괴를 방지하는 장치로, 방전 후에는 원래 상태로 회복시키는 기능을 가진 보호장치이다.

276 전력용 피뢰기에서 직렬 갭(Gap)의 주된 사용 목적은?

① 방전내량을 크게 하고 장시간 사용하여도 열화를 적게 하기 위함이다.
② 충격방전개시전압을 높게 하기 위함이다.
③ 상시는 누설전류를 방지하고 충격파 방전 후에는 속류를 즉시 차단하기 위함이다.
④ 충격파 발생 시 방전전류를 크게 하여 제한전압을 낮게 하기 위함이다.

해설 피뢰기에서 직렬 갭은 평상시에는 상용주파수의 상규 전압에 대해서는 전로와 대지 간 절연을 유지하여 누설전류가 흐르는 것을 방지하지만 이상전압이 내습하면 갭이 방전을 개시하여 특성요소를 통하여 서지전류를 대지로 방전시킴으로서 전압의 상승을 방지함과 충격파 방전 후에는 속류를 신속하게 차단하는 역할을 한다.

정답 274.③ 275.② 276.③

277 피뢰기의 제한 전압이란?

① 상용 주파 전압에 대한 피뢰기의 충격 방전 개시전압
② 충격파 침입 시 피뢰기의 충격 방전 개시전압
③ 충격파 방전 종료 후 언제나 속류를 확실히 차단할 수 있는 상용주파 허용 단자전압
④ 충격파 전류가 흐르고 있을 때의 피뢰기의 단자전압

해설 피뢰기 제한전압은 피뢰기가 동작할 때 피뢰기의 단자 간에 계속해서 남아 있는 충격파 단자전압의 파고값으로 절연 협조 시 그 기준이 된다.

278 외뢰에 대한 주 보호 장치로서 송전계통의 절연 협조의 기본이 되는 것은?

① 선로   ② 변압기   ③ 피뢰기   ④ 변압기 부싱

해설 계통 내의 각 기기, 기구, 애자 등의 상호간에 적정한 절연강도를 갖게 하여, 계통설계를 합리적, 경제적으로 할 수 있게 하는 절연협조 시 그 기본은 피뢰기의 제한 전압이다.

279 가공선의 임피던스가 Z_1, 케이블의 임피던스가 Z_2인 선로의 접속점에 피뢰기를 설치하였더니 가공선 쪽에서 파고값 e[V]의 진행파가 진행되어 이상 전류 i[A]를 방전시켰다면 피뢰기의 제한전압 식은?

① $\dfrac{2Z_2}{Z_1+Z_2}e + \dfrac{Z_1Z_2}{Z_1+Z_2}i$ ② $\dfrac{2Z_2}{Z_1+Z_2}e - \dfrac{Z_1Z_2}{Z_1+Z_2}i$

③ $\dfrac{2Z_2}{Z_1+Z_2}e + \dfrac{Z_1+Z_2}{Z_1Z_2}i$ ④ $\dfrac{2Z_2}{Z_1+Z_2}e - \dfrac{Z_1+Z_2}{Z_1Z_2}i$

해설 피뢰기 제한전압, 충격방전개시전압, 상용주파 방전 개시전압
- 제한전압 : 피뢰기가 동작할 때 피뢰기의 단자 간에 계속해서 남아있는 충격파 단자 전압의 파고값
- 충격 방전 개시전압 : 피뢰기 단자 간에 충격파 전압을 인가할 경우 피뢰기가 방전을 개시할 때의 충격파 단자전압의 최대값
- 상용주파 방전 개시전압 : 피뢰기 단자 간에 상용주파수 전압을 인가할 경우 방전을 개시하는 단자전압의 실효 값(피뢰기 정격전압의 약 1.5배 이상)

정답 277.④ 278.③ 279.②

280 피뢰기의 정격 전압이란?

① 충격 방전 전류를 통하고 있을 때의 단자 전압
② 충격파의 방전 개시 전압
③ 속류의 차단이 되는 최고의 교류전압
④ 상용 주파수의 방전 개시 전압

해설 피뢰기 정격전압 : 그 전압을 인가한 상태에서 소정의 동작책무를 수행할 수 있는 정격 주파수의 상용주파전압 최고 한도를 규정한 실효치, 즉 속류를 차단할 수 있는 최고 허용 교류전압

【참고】 피뢰기의 동작 책무 : 피뢰기가 뇌 서지 등에 의한 이상전압 내습 시 즉시 대지로 방전 시켜 기기의 절연강도를 낮출 수 있는 특성과 속류 차단 능력을 갖추는 것.

281 피뢰기의 상용 주파 허용 단자 전압이란?

① 피뢰기가 동작하여도 변압기가 파괴되는 전압
② 피뢰기가 받을 수 있는 뇌 전압
③ 피뢰기 동작 중 단자 전압의 파고치
④ 속류를 차단할 수 있는 최대의 교류 전압

해설 피뢰기 상용주파 허용 단자전압 : 속류를 차단할 수 있는 최대의 교류 전압으로서 이 전압 이상이면 차단할 수 없고 피뢰기가 파괴되는 교류 전압

282 유효접지 계통에서 피뢰기의 정격 전압을 결정하는데 가장 중요한 요소는?

① 선로 애자련의 충격섬락 전압
② 내부 이상전압 중 과도이상전압의 크기
③ 유도뢰의 전압의 크기
④ 1선 지락고장 시 건전상의 대지 전위 즉, 지속성 이상 전압

해설 피뢰기 정격전압 : 그 전압을 인가한 상태에서 소정의 동작책무를 수행할 수 있는 정격 주파수의 상용주파전압 최고 한도를 규정한 실효치, 즉 속류를 차단할 수 있는 최고 허용 교류전압이며 유효접지 계통에서 피뢰기 정격전압 선정 시에는 1선 지락 사고 시 발생할 수 있는 이상전압의 크기를 고려하여 선정한다.

정답 280.③ 281.④ 282.④

283 송, 변전 계통에 사용되는 피뢰기의 정격 전압은 선로의 공칭 전압의 보통 몇 배로 선정하는가?

① 직접 접지계 : 0.8~1.0배, 저항 또는 소호 리액터 접지 : 0.7~0.9배
② 직접 접지계 : 1.0~1.3배, 저항 또는 소호 리액터 접지 : 1.4~1.6배
③ 직접 접지계 : 0.8~1.0배, 저항 또는 소호 리액터 접지 : 1.4~1.6배
④ 직접 접지계 : 1.0~1.3배, 저항 또는 소호 리액터 접지 : 0.7~0.9배

해설 직접 접지 및 저항, 소호리액터 접지 계통의 피뢰기 정격전압 비율
- 직접 접지 계통 : 공칭전압의 0.8~1.0배
- 저항, 소호리액터 접지 계통 : 공칭전압의 1.4~1.6배

284 피뢰기의 구비해야 할 조건 중 잘못 설명된 것은?

① 충격 방전 개시 전압이 낮을 것
② 상용 주파 방전 개시 전압이 높을 것
③ 방전 내량이 작으면서 제한전압이 높을 것
④ 속류의 차단 능력이 충분할 것

해설 피뢰기의 구비 조건
① 속류 차단능력이 있을 것.
② 제한전압이 낮을 것.
③ 충격방전개시 전압은 낮을 것.
④ 상용 주파 방전개시전압은 높을 것.
⑤ 방전 내량이 클 것.

285 피뢰기의 충격 방전 개시전압은 무엇으로 표시하는가?

① 직류전압의 크기
② 충격파의 평균치
③ 충격파의 최대치
④ 충격파의 실효치

해설 피뢰기 충격 방전 개시전압 : 피뢰기 단자 간에 충격파 전압을 인가할 경우 피뢰기가 방전을 개시할 때의 충격파 단자전압의 최대값.

정답 283.③ 284.③ 285.③

286 송전 계통에서 절연협조의 기본이 되는 것은?

① 피뢰기 제한전압 ② 애자의 섬락전압
③ 변압기 부싱의 섬락전압 ④ 권선의 절연내력

해설 절연협조 : 계통 내의 각 기기, 기구, 애자 등의 상호간에 적정한 절연강도를 갖게 하여, 계통 설계를 합리적, 경제적으로 할 수 있게 한 것으로 피뢰기 제한전압을 그 기본으로 한다.

287 피뢰기 제한전압이 728[kV]이고 변압기의 기준충격 절연강도가 1030[kV]라고 하면 보호 여유도는 약 몇 [%] 정도 되는가?

① 29 ② 35 ③ 41 ④ 47

해설 기기의 보호여유도 $= \dfrac{BIL - 제한전압}{제한전압} \times 100[\%]$

- BIL기의 (기준충격절연강도) : 전력 계통에서 절연협조 시 사용전압 등급별로 피뢰기의 제한전압보다 높은 충격파전압을 기준으로 하여 정한 최소 절연값
- $BIL = 5 \times 절연계급 + 50 = 5 \times \dfrac{공칭전압}{1.1} + 50 [kV]$
- 변압기 여유도 $= \dfrac{BIL - 제한전압}{제한전압} \times 100 = \dfrac{1030 - 728}{728} \times 100 = 41.48[\%]$

288 직격뢰에 대한 방호 설비로서 가장 적당한 것은

① 가공지선 ② 서지 흡수기 ③ 복도체 ④ 정전 방전기

해설 가공지선 : 지지물 최상단에 설치하여 직격 뇌에 대한 전선의 차폐 및 진행파의 감쇠 목적으로 설치하는 나전선

289 가공 지선의 설치 목적이 아닌 것은?

① 정전 차폐 효과 ② 전압강하의 방지
③ 직격 차폐 효과 ④ 전자 차폐 효과

해설 가공 지선의 설치 목적
- 직격뢰에 대한 전선의 차폐 및 진행파의 감쇠
- 정전 차폐(유도뢰 전압 저감) 및 전자 차폐(유도 장해 방지)

정답 286.① 287.③ 288.① 289.②

290 가공 지선에 대한 다음 설명 중 옳은 것은?

① 차폐각은 보통 15~30°정도로 하고 있다
② 차폐각이 클수록 벼락에 대한 차폐효과가 크다
③ 가공지선을 2선으로 하면 차폐각이 적어진다.
④ 가공지선으로는 연동선을 주로 사용한다.

해설 차폐각 : 가공지선을 대지 기준 수직으로 내린 것과 지지물 위의 전선 간에 이루는 각
- 차폐각이 작을수록 차폐효율이 크다.
- 차폐각은 보통 35° ~ 40° 정도로 하고 있다.
- 가공지선을 2조(차폐각 감소)로 하여 차폐효율을 크게 한다.
- 차폐각이 클수록 정전유도가 커진다.

291 철탑에서 차폐각에 대한 설명 중 옳은 것은?

① 차폐각이 클수록 차폐효율이 크다.
② 차폐각이 클수록 정전유도가 커진다.
③ 차폐각이 10°도인 경우 차폐 효율은 90[%]정도이다.
④ 차폐각은 보통 90°이상으로 설계한다.

해설 차폐각 : 가공지선을 대지 기준 수직으로 내린 것과 지지물 위의 전선 간에 이루는 각
- 차폐각이 작을수록 차폐효율이 크다.
- 차폐각은 보통 35° ~ 40° 정도로 하고 있다.
- 가공지선을 2조(차폐각 감소)로 하여 차폐효율을 크게 한다.
- 차폐각이 클수록 정전유도가 커진다.

292 접지봉을 사용하여 희망하는 접지 저항까지 줄일 수 없을 때 사용하는 선은?

① 차폐선　　② 가공지선　　③ 크로스본드선　　④ 매설지선

해설 매설지선 : 철탑의 접지저항을 감소시켜 직격뢰 등에 의한 애자련의 역섬락을 방지하기 위해 지중에 철탑각에 매설하는 금속선
- 매설지선(금속선) : 아연도금철선 7/3.2[mm]이상
- 매설 깊이 : 지중 30 ~ 50[cm]
- 매설 지선의 길이 : 30 ~ 50[m]

정답　290.③　291.②　292.④

293 송전선로에 매설지선을 설치하는 목적은?

① 직격 뇌로부터 송전선을 차폐 보호하기 위하여
② 철탑 기초의 강도를 보강하기 위하여
③ 현수애자 1련의 전압분담을 균일하게 하기 위하여
④ 철탑으로부터 송전선로의 역섬락을 방지하기 위하여

해설 매설지선 : 철탑의 접지저항을 감소시켜 직격뢰 등에 의한 애자련의 역섬락을 방지하기 위해 지중에 철탑각에 매설하는 금속선

294 송전선로에서 역섬락을 방지하는 가장 유효한 방법은?

① 피뢰기를 설치한다. ② 가공지선을 설치한다.
③ 소호각을 설치한다. ④ 탑각 접지저항을 작게 한다.

해설 역섬락 : 철탑에 뇌격 발생 시 철탑의 접지저항에 의한 철탑과 대지 간의 전위가 상승하여 애자 절연내력보다 클 경우 절연이 파괴되고 섬락이 역으로 전선으로 유입되는 현상
- 원인 : 철탑각의 접지저항이 큰 경우 애자련을 통해 역으로 전선으로 섬락 유입
- 방지대책 : 철탑각의 접지저항을 작게 하기위해 철탑각에 매설지선 시설

295 154[kV] 송전선로의 철탑에 90[kA]의 직격 전류가 흐를 때 역섬락을 일으키지 않을 탑각 접지 저항은 몇 [Ω]인가? (단, 154[kV]의 송전선에서 1련의 애자 수는 9개를 사용하였고, 이때 애자의 섬락전압은 860[kV]이다)

① 9.5 ② 14.6 ③ 17.2 ④ 21.2

해설 역섬락 방지 조건 : 애자의 섬락전압 > 뇌격에 의한 철탑과 대지간 전위 V
V = 뇌 전류 × 철탑 접지저항 = $90 \times R_G$[kV]
역섬락 방지 조건 860[kV] > $90 \times R_G$[kV] 에서
접지저항 $R_G < \dfrac{860}{90} = 9.56[\Omega]$

296 서지 흡수기를 접속시키는 곳은?

① 차단기 단자 ② 변전소의 고 전압 측 모선
③ 변압기 단자 ④ 발전기 단자

정답 293.④ 294.④ 295.① 296.④

해설 　서지흡수기 : 구내 선로에서 발생할 수 있는 개폐서지, 순간과도전압 등으로 이상전압이 2차기기에 악영향을 주는 것을 방지하기 위해 설치하는 보호 설비
　　　• 설치 위치 : 보호하고자 하는 기기 전단(차단기 후단과 부하 측 사이에 설치)
　　　• 발전기를 보호를 위해 발전기 단자 부근에 설치

297 단로기의 사용 목적은?

① 과전류의 차단　　② 단락사고의 차단
③ 부하의 차단　　　④ 회로의 개폐

해설　단로기(DS) : 무부하 상태에서만 전로를 개폐할 수 있는 개폐기
　　• 부하전류 개폐 능력이 없으므로 아크 소호가 불가능한 개폐기
　　• 2차 측에 차단기와 조합하여 사용
　　• 회로를 개폐, 분리하는 경우만 사용

298 단로기에 대한 다음 설명 중 옳지 않은 것은?

① 소호장치가 있어서 아크를 소멸시킨다.
② 회로를 분리하거나, 계통의 접속을 바꿀 때 사용한다.
③ 고장전류는 물론 부하 전류의 개폐에도 사용할 수 없다
④ 배전용 단로기는 보통 디스커넥팅 바로 개폐한다.

해설　단로기(DS) : 무부하 상태에서만 전로를 개폐할 수 있는 개폐기
　　• 부하전류 개폐 능력이 없으므로 아크 소호가 불가능한 개폐기
　　• 2차 측에 차단기와 조합하여 사용
　　• 회로를 개폐, 분리하는 경우만 사용

299 과부하 전류는 물론 사고 때의 대 전류도 개폐할 수 있는 것은?

① 단로기　　　② 나이프 스위치
③ 차단기　　　④ 부하개폐기

해설　차단기는 정상적인 부하전류 개폐는 물론 과부하 전류, 단락전류, 지락전류 같은 모든 고장전류까지 차단이 가능한 만능 개폐기이다.

정답　297.④　298.①　299.③

300 그림과 같은 배전선이 있다. 부하에 급전 및 정전할 때 조작 중 옳은 것은?

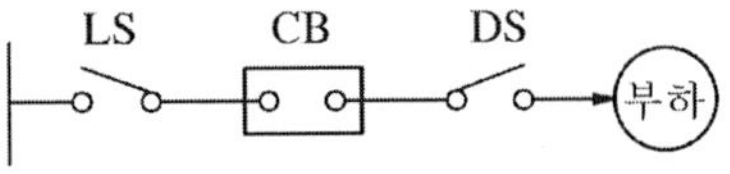

```
   LS   CB   DS
───o─o─[o o]─o─o──(부하)
```

① 급전 및 정전할 때는 항상 DS, CB순으로 한다.
② 급전 및 정전할 때는 항상 CB, DS순으로 한다.
③ 급전 시는 DS, CB순이고 정전 시는 CB, DS순이다.
④ 급전 시는 CB, DS순이고 정전 시는 DS, CB순이다.

해설 단로기는 부하전류 개폐 능력이 다음과 같은 순서로 동작시켜야 한다.
① 전원 투입(급전) : DS on → LS on → CB on
② 전원 차단(정전) : CB off → DS off → LS off

301 급전 시 인터록의 설명으로 옳게 된 것은?

① 차단기가 열려 있어야만 단로기를 닫을 수 있다
② 차단기가 닫혀 있어야만 단로기를 닫을 수 있다
③ 차단기와 단로기는 제각기 열리고 닫힌다.
④ 차단기의 접점과 단로기의 접점이 기계적으로 연결되어 있다

해설 단로기는 부하전류 개폐 능력이 다음과 같은 순서로 동작시켜야 한다.
① 전원 투입(급전) : DS on → LS on → CB on
② 전원 차단(정전) : CB off → DS off → LS off

302 다음 차단기의 소호 매질이 적합하지 않게 결합된 것은?

① 공기차단기 - 압축공기   ② 가스차단기 - SF_6
③ 자기차단기 - 진공   ④ 유입차단기 - 절연유

해설 차단기의 소호 매질
- 진공차단기(VCB) : 진공
- 유입차단기(OCB) : 절연유
- 자기차단기(MBB) : 전자력
- 가스차단기(GCB) : SF_6가스
- 공기차단기(ABB) : 10기압 이상 압축공기
- 기중차단기(ACB) : 일반 대기

정답 300.③ 301.① 302.③

303 그림은 유입 차단기의 구조도이다. A의 명칭은?

① 절연 liner
② 승강간
③ 가동 접촉자
④ 고정 접촉자

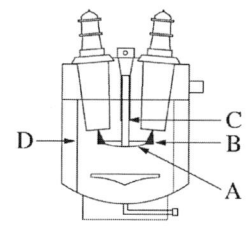

해설 유입차단기(OCB) : 소호 실에서 아크에 의한 절연유 분해가스의 흡부력을 이용하여 차단
A : 가동접촉자 B : 고정접촉자 C : 승강간 D : 절연라이너

304 유입 차단기의 특징이 아닌 것은?

① 방음 설비가 필요하다.
② 부싱 변류기를 사용할 수 있다.
③ 소호 능력이 크다.
④ 높은 재기 전압 상승에서도 차단 성능에 영향이 없다.

해설 유입차단기의 특징
- 공기보다 소호 능력이 크다.
- 방음 설비가 필요 없다.
- 높은 재기전압 상승에도 차단 성능에 영향이 없다
- 콘덴서 전류에 대한 재점호가 거의 없다.
- 절연유가 있으므로 유지, 보수가 어렵다.

305 고압 폐쇄식 배전반에 수반할 수 없는 차단기는?

① 유입 차단기   ② 자기 차단기   ③ 공기 차단기   ④ 진공 차단기

해설 유입형 차단기는 대전류를 차단할 때 생기는 아크(arc)가 절연유 속에서는 쉽게 사라지는 점을 이용한 것으로 절연유가 공기보다 소호 능력은 좋지만 유지, 보수가 어렵고 화재 우려가 있으므로 폐쇄식 배전반 내에서는 사용하지 않는다.

정답 303.③ 304.① 305.①

306 차단기를 신규로 설치할 때 소 내 전력 공급용(22.9[kV]급)으로 현재 가장 많이 채용되고 있는 것은?

① OCB   ② GCB   ③ VCB   ④ ABB

해설 진공차단기(VCB) : 고진공 중에서 전자의 고속도 확산을 이용하여 아크를 소호, 차단하는 방식의 차단기로 현재 22.9[KV] 이하 계통에서 가장 많이 채용하고 있다.

307 진공 차단기의 특징에 속하지 않는 것은?

① 화재 위험이 거의 없다.
② 소형 경량이고 조작기구가 간편하다.
③ 동작 시 소음은 크지만 소호실의 보수가 거의 필요하지 않다.
④ 차단시간이 짧고 차단성능이 회로주파수의 영향을 받지 않는다.

해설 진공차단기의 특징
- 소형, 경량이고 조작이 간단하다.
- 진공을 이용하므로 화재 위험이 없다.
- 동작 시 소음발생이 없고 소호실의 보수도 거의 필요 없다.
- 차단시간이 짧고 차단 성능이 주파수와 관계없다.
- 개폐 서지 전압이 대단히 커서 서지흡수기를 시설하여야 한다.

308 특고압 차단기 중 개폐 서지 전압이 가장 높은 것은?

① 유입차단기   ② 진공차단기   ③ 자기차단기   ④ 공기차단기

해설 진공차단기는 개폐 시 발생하는 개폐 서지 전압이 대단히 크므로 서지흡수기를 취부하여 사용한다.

309 수십 기압의 압축 공기로 소호실 내의 아크를 흡수하여 아크 흔적을 급속히 차단하며, 차단 정격 전압이 가장 높은 차단기는?

① MBB   ② ABB   ③ VCB   ④ ACB

해설 공기차단기(ABB) : 10기압 이상의 압축공기로 아크를 소호하여 차단

정답 306.③ 307.③ 308.② 309.②

310 다음 차단기중 투입과 차단을 다 같이 압축공기의 힘으로 하는 것은?

① 유입차단기 ② 팽창 차단기 ③ 자기 차단기 ④ 임펄스 차단기

해설 임펄스차단기는 압축 공기력 또는 피스톤 작용으로 소호 매질을 아크에 불어 넣어서 소호하는 타력 강제 소호방식의 차단기로 투입과 차단을 모두 압축공기의 힘을 이용하는 차단기이다.

311 최근 154[kV]급 변전소에 주로 설치하는 차단기는?

① 자기 차단기 ② 유입 차단기
③ 기중 차단기 ④ SF₆가스 차단기

해설 가스차단기(GCB) : 고성능 절연 특성을 가진 SF_6(육플루오르황) 가스를 흡수해서 아크를 소호, 차단하는 방식의 차단기로 현재 154[kV] 이상 계통에서 채용하고 있다.

312 SF₆가스 차단기의 설명이 잘못된 것은?

① SF_6가스 절연 내력이 공기의 2~3배이고, 소호 능력이 공기의 100~200배이다
② 밀폐구조이므로 소음이 없다
③ 근거리 고장 등 가혹한 재기 전압에 대해서도 우수하다
④ 아크에 의해 SF_6가스는 분해되어 유독 가스를 발생시킨다.

해설 가스차단기(GCB)에 사용되는 SF_6가스의 특징은 무색, 무취, 무독성, 불활성, 불연성의 성질을 가지고 있어서 유독가스가 발생하지 않고 화재 위험도 없다.

313 SF₆가스 차단기가 공기 차단기와 다른 점은?

① 소음이 적다. ② 압축 공기로 투입한다.
③ 지지애자를 사용한다. ④ 고속조작에 유리하다.

해설 가스 차단기는 공기차단기(ABB)보다 밀폐구조로 되어 있어서 소음이 거의 없다.

정답 310.④ 311.④ 312.④ 313.①

314 가스절연개폐설비(GIS)의 특징이 아닌 것은?

① 감전사고 위험 감소

② 밀폐형이므로 배기 및 소음이 없음

③ 신뢰도가 높음

④ 변성기와 변류기는 따로 설치

해설 가스절연개폐설비(GIS) : 차단기, 단로기 등의 개폐설비와 변성기, 변류기, 피뢰기, 주회로 모선 등을 금속제 탱크 내에 일괄 수납하고 소호능력이 뛰어난 SF_6가스를 절연 매체로 하여 충전, 밀봉한 개폐 설비 시스템

장 점	단 점
① 대기절연에 비해 현저하게 소형화 할 수 있다.	① 내부를 눈으로 직접 볼 수 없다.
② 충전부가 완전 밀폐되기 때문에 안정성이 높다.	② 가스 압력, 수분 등을 엄중하게 감시해야 한다.
③ 대기 오염물 영향이 없으므로 신뢰도가 높고, 보수가 용이하다.	③ 한랭지, 산악 지역에서는 액화 방지 대책이 필요하다.
④ 소음이 적고 환경 조화를 이룰 수 있다.	④ 내부 점검, 부품 교환이 어렵다.
⑤ 공사 기간을 단축할 수 있다.	⑤ 비교적 고가이다

315 축소형 변전설비(GIS)는 SF_6 가스를 사용하고 있다. 이 가스의 특성으로 옳지 않은 것은?

① 절연성이 높다.   ② 가연성이다.

③ 독성이 없다.   ④ 냄새가 없다.

해설 SF_6가스의 특징 : 무색, 무취, 무독성, 불연성 가스

316 자기차단기의 특징 중 옳지 않은 것은?

① 화재의 위험이 적다.

② 보수, 점검이 비교적 쉽다.

③ 전류 절단에 의한 과전압이 발생되지 않는다.

④ 회로의 고유주파수에 차단 성능이 좌우된다.

정답 314.④ 315.② 316.④

해설 자기차단기(MBB)의 특징
- 전자력을 이용하므로 화재 위험성이 적다.
- 보수, 점검이 비교적 쉽다.
- 전류 절단에 의한 과전압이 발생하지 않는다.
- 압축공기 설비가 필요 없다.
- 회로의 고유주파수에 차단 성능이 좌우되는 일이 없다.

317 차단기에서 O − 1분 − C.O − 3분 − C.O 부호의 의미는 어느 것인가?(단, O: 차단 동작, C: 투입 동작에 뒤따라서 곧 차단 동작을 나타낸다.)

① 일반차단기의 표준 동작 책무
② 자동 재 폐로용
③ 정격차단용량 50[mA]미만인 것
④ 무전압 시간

해설 표준 동작책무에 따른 일반용 차단기 분류 : 차단−투입−차단의 동작을 반복하는 일련의 동작 규정
- A형 : O − 1분 − C.O − 3분 − C.O
- B형 : C.O − 15초 − C.O

여기서, O : 차단동작, C.O : 투입동작에 이어 즉시 차단 동작

318 고속도 재투입용 차단기의 표준 동작 책무는?(단, θ는 임의의 시간 간격으로 재투입 시간을 말하며 O=차단동작, C=투입동작, C.O=투입동작에 계속하여 차단 동작하는 것을 말함)

① O − 1분 − CO − 3분 − CO
② O − 15초 − CO
③ C.O − 1분 − CO − θ − CO
④ O − θ − C.O − 1분 − CO

해설 고속도 재투입용(R형) 차단기의 동작책무 : O − θ초 − C.O − 1분 − C.O

정답 317.① 318.④

319 재폐로 차단기에 대한 설명으로 옳은 것은?

① 배전선로용은 고장 구간을 고속 차단하여 제거한 후 다시 수동 조작에 의해 배전이 되도록 설계된 것이다.
② 재폐로 계전기와 함께 설치하여 계전기가 고장을 검출하여 이를 차단기에 통보, 차단하도록 된 것이다.
③ 송전선로의 고장구간을 고속 차단하고 재송전하는 조작을 자동적으로 시행하는 재폐로 차단 장치를 장비한 자동 차단기이다.
④ 3상 재폐로 차단기는 1상의 차단이 가능하고 무전압 시간을 약 20~30초로 정하여 재폐로하도록 되어 있다.

해설 재폐로 차단기 : 송전선로에서 수목 접촉이나 일시적인 사고시 고장 구간을 신속히 차단하여 무전압으로 한 후 고장 원인이 해소되면 고속으로 자동 재투입하여 동작하는 차단기

320 차단기의 차단 책무가 가장 가벼운 것은?

① 중성점 저항 접지 계통의 지락 전류 차단
② 중성점 직접 접지 계통의 지락 전류 차단
③ 중성점을 소호 리액터로 접지한 장거리 송전선로의 충전 전류 차단
④ 송전선로의 단락 사고 시의 차단

해설 차단기를 사용하는 가장 큰 목적은 선로 상에서 고장 발생 시 흐를 수 있는 가장 큰 전류인 단락전류 차단에 있다. 따라서 차단기 차단 책무가 가장 가벼운 것은 고장전류의 크기가 가장 작은 경우를 의미하므로 중성점을 소호리액터로 접지한 경우이다.

321 차단기의 차단 용량은 [MVA]로 나타낼 때 고려해야 할 항목은?

① 차단 전류, 재기 전압
② 차단 전류, 회복 전압, 상 계수
③ 회복 전압, 차단 전류, 회로 역률
④ 회복 전압, 차단 전류, 주파수

해설 차단기 용량[MVA] = $\sqrt{3}$ × 정격전압[kV] × 정격차단전류[kA]

여기서, $\sqrt{3}$ 은 상 계수(3상), 정격전압 = 회복전압

【참고】 차단기의 재기전압과 회복전압
- 재기전압 : 차단기 동작 후 차단기 전극 간에 나타나는 과도분 전압
- 회복전압 : 재기전압 소멸 후 남아 있는 전원주파수에 의한 전압
- 정격전압 : 계통에서 발생할 수 있는 최고 선간전압

정답 319.③ 320.③ 321.②

322 전력 회로에 사용되는 차단기의 용량은 다음 중 어느 것에 의하여 결정되어야 하는가?

① 예상최대 단락전류　　② 회로에 접속되는 전부하 전류
③ 계통의 최고전압　　　④ 회로 구성 전선의 최대허용전류

해설　차단기 용량(단락용량) 결정 시 고려하는 전압과 전류
- 정격차단전류 : 계통에서 발생할 수 있는 예상최대 단락전류 기준
- 정격전압 : 정격전압(공급측 전원의 크기가 결정)

323 수전용 변전 설비의 1차 측에 있어서의 차단기 용량은 주로 다음의 어느 것에 의하여 정해지는가?

① 수전 계약 용량　　　② 부하 설비 용량
③ 수전 전력의 역률과 부하율　　④ 공급측 전원의 크기

해설　차단기 용량(단락용량) 결정 시 고려하는 전압과 전류
- 정격차단전류 : 계통에서 발생할 수 있는 예상최대 단락전류 기준
- 정격전압 : 정격전압(공급측 전원의 크기가 결정)

324 차단기의 정격차단시간은?

① 고장 발생부터 소호까지의 시간
② 트립 코일 여자부터 소호까지의 시간
③ 가동 접촉자 시동부터 소호까지의 시간
④ 가동 접촉자 개극부터 소호까지의 시간

해설　차단기 정격차단시간 : 정격전압 하에서 규정된 표준 동작 책무 및 동작 상태에 따라 차단할 때의 차단시간의 한도
- 정격차단시간 : 트립 코일 여자로부터 아크의 소호까지의 시간(개극시간+아크시간)

325 차단기의 차단 시간은?

① 개극 시간을 말하며 대개 3~8 사이클이다.
② 개극 시간과 아크 시간을 합친 것을 말하며 3~8 사이클이다.
③ 아크 시간을 말하며 8사이클 이하이다.
④ 개극과 아크 시간에 따라 3사이클 이하이다.

정답　322.①　323.④　324.②　325.②

해설 차단기의 정격차단시간 : 트립 코일 여자로부터 아크의 소호까지의 시간
- 개극시간+아크시간 : 3~8 사이클 정도의 시간

326 다음 중 차단기의 개방 시 재점호를 일으키기 가장 쉬운 경우는?

① 1선 지락전류인 경우
② 무부하 충전전류인 경우
③ 무부하 변압기의 여자전류인 경우
④ 3상 단락전류인 경우

해설 단락전류, 충전전류 차단 시 재 점호 특성
- 단락전류 차단 : 재기전압이 높지만 지상전류이므로 재점호는 거의 없다.
- 충전전류 차단 : 재기전압은 낮지만 재 점호를 여러 번 일으켜 이상전압이 커진다.

327 절연통 속에 퓨즈를 넣은 다음 석영 입자, 대리석 입자, 붕산 등의 소호제를 채우고 양끝을 밀봉한 퓨즈는?

① 방출형 퓨즈   ② 인입형 퓨즈   ③ 한류형 퓨즈   ④ 피스톤형 퓨즈

해설 한류형 퓨즈 : 자기 또는 무기 절연물(석영 입자, 대리석 입자, 붕산)을 절연통에 밀봉한 구조
- 단락전류 차단
- 사고 전류를 적은 값으로 줄여 강제적으로 소호(한류형)하는 방식

328 전력용 퓨즈는 주로 어떤 전류의 차단을 목적으로 사용하는가?

① 충전전류   ② 과부하 전류   ③ 단락 전류   ④ 과도 전류

해설 차단기
- 전력퓨즈 : 단락전류 차단(부하전류의 2배에 용단되지 않을 것)
- 컷아웃스위치 : 전로의 과부하전류 차단 목적(최대 부하전류의 1.5배에 용단되지 않을 것)

정답 326.②   327.③   328.③

329 전력퓨즈에 대한 설명 중 옳지 않는 것은?

① 차단 용량이 크다.
② 보수가 간단하다.
③ 정전 용량이 크다.
④ 가격이 저렴하다.

해설 전력퓨즈의 장단점

장점	단점
차단 용량이 크며 고속 차단 가능 계전기나 변성기 불필요 한류형: 차단 시, 무소음, 무방출 특성 후비보호 완벽	동작후 재투입 불가능 동작 시간-전류 특성 조정 불가능 한류형 차단 시 과전압 발생

330 보호계전기가 구비하여야 할 조건이 아닌 것은?

① 보호동작이 정확, 확실하고 감도가 예민할 것
② 열적, 기계적으로 견고할 것
③ 가격이 싸고, 계전기의 소비전력이 클 것
④ 오래 사용하여도 특성의 변화가 없을 것

해설 보호계전기의 구비 조건
- 고장의 정도 및 위치를 정확히 파악할 것
- 동작이 예민하고 오동작이 없을 것
- 계전기 소비전력이 적고 경제적일 것
- 적당한 후비 보호 능력이 있을 것

331 트랜지스터 계전기의 설명 중 틀린 것은?

① 가동 부분이 없으므로 보수가 용이하다.
② 동작이 고속이고 정정치(setting value) 부근에서도 그 값이 변하지 않는다.
③ 접점 빈도의 문제가 없다.
④ CT의 부담은 크나 PT의 부담이 작으므로 PT의 오차가 낮게 된다.

정답 329.③ 330.③ 331.④

해설 트랜지스터 계전기의 특징
- 가동 부분이 없으므로 접점 빈도 문제가 없고, 보수가 용이하다.
- 동작이 고속이고 정정치 부근에서도 그 값이 변하지 않는다.
- CT 및 PT 부담이 작으므로 오차가 낮아진다.
- 고장전류에 의한 고조파의 영향 및 서지에 대한 대책이 필요하다.
- 온도의 영향을 많이 받는다.

332 최소 동작 전류 이상의 전류가 흐르면 즉시 동작하는 계전기는?

① 반한시 계전기 ② 정한시 계전기
③ 순한시 계전기 ④ 한시 계전기

해설 순한시 계전기(고속도 계전기) : 고장 전류가 최소 동작전류 이상일 경우 즉시 검출하여 동작하는 계전기로 0.5~2[Hz]에서 동작하는 계전기

333 동작 전류의 크기에 관계없이 일정한 시간에 동작하는 한시특성을 갖는 계전기는?

① 순한시 계전기 ② 정한시 계전기
③ 반한시 계전기 ④ 반한시성 정한시 계전기

해설 정한시 계전기 : 고장 전류가 최소 동작전류 이상일 경우 그 입력값에 관계없이 일정시간 후 동작하는 계전기

334 과전류 계전기는 그 용도에 따라 적정한 동작 시한이 있는 것을 선정하여야 하는데 그림에서 반한시형은?

① ①
② ②
③ ③
④ ④

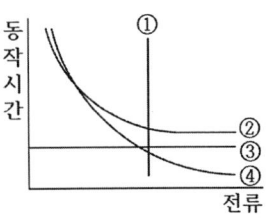

해설 반한시 계전기 : 고장 전류가 크면 동작 시한이 짧고, 고장 전류가 작으면 동작시한이 길어지는 특성으로 동작하는 계전기로서 동작시한과 고장전류가 반비례하는 그래프이므로 ④그림이 된다.

정답 332.③ 333.② 334.④

335 보호 계전기에서 동작 전류가 적은 동안에는 동작 시간이 길고, 동작 전류가 커질수록 동작 시간이 짧게 되며, 어떤 전류 이상이면 동작 전류의 크기에 관계없이 일정한 시간에 동작하는 특성은?

① 정한시 특성   ② 반한시 특성
③ 순한시 특성   ④ 반한시 정한시성 특성

해설 　반한시 정한시성 계전기 : 입력값의 어느 범위까지는 반한시 특성을, 그 이상이 되면 정한시 특성을 가지는 계전기

336 발전기, 변압기, 선로 등의 단락 보호용으로 사용되는 것으로 보호할 회로의 전류가 정상치보다 커질 때 동작하는 계전기는?

① OCR　② OVR　③ SGR　④ UCR

해설 　OCR(과전류계전기)는 보호할 회로의 전류가 어떤 일정 값보다 커질 때 동작하며, 주로 발전기, 변압기, 선로 등의 단락보호용으로 사용한다.

337 과전류 계전기의 탭 값은 무엇으로 표시되는가?

① 계전기의 최소 동작전류   ② 계전기의 최대 부하 전류
③ 계전기의 동작시한   ④ 변류기의 권수비

해설 　과전류 계전기의 전류 탭 값이란 과전류계전기가 동작할 수 있는 최소 전류값
OCR의 전류 탭=전 부하전류÷변류비×탭 설정값(최소 동작전류 설정 배수)

338 변전소에서는 사용하지 않는 계전기로서 교류 발전기의 계자 보호나 직류기 기동용 등에 사용되는 보호 계전기는?

① 부족 전압 계전기   ② 비율 차동 계전기
③ 부족 전류 계전기   ④ 방향 지락 계전기

해설 　UCR(부족전류계전기)은 보호할 회로의 전류가 일정 값보다 작을 경우 동작하는 것으로 교류 발전기의 계자 보호나 직류전동기 기동용으로 사용한다.

정답　335.④　336.①　337.①　338.③

339 다음 중 전압이 정정치 이하로 되었을 때 동작하는 것으로서, 단락 고장 검출 등에 사용되는 계전기는 어느 것인가?

① 재폐로 계전기　　② 역상 계전기
③ 부족 전류 계전기　④ 부족 전압 계전기

해설 UVR(부족전압계전기)은 전압이 일정값 이하가 되었을 때 동작하는 계전기로서 단락 고장 검출에 사용된다.

340 중성점 저항접지방식의 병행 2회선 송전선로의 지락사고 차단에 사용되는 계전기는?

① 선택접지계전기　　② 과전류계전기
③ 거리계전기　　　　④ 단락회로 선택계전기

해설 SGR(선택지락계전기, 선택접지계전기)는 병행 2회선 송전선로에서 한 쪽의 1회선이 지락 고장이 발생할 경우 고장 회선만을 선택하여 차단할 수 있도록 동작하는 계전기이다.

341 다음은 어떤 계전기의 동작 특성을 나타낸다. 계전기의 종류는?(단, 전압 및 전류를 입력량으로 하여 전압과 전류의 비의 함수가 예정값 이하로 되었을 때 동작한다.)

① 변화폭 계전기　　② 거리 계전기
③ 차동 계전기　　　④ 방향 계전기

해설 거리계전기는 전압과 전류의 비가 일정 값 이하일 경우 동작하는 것으로 전압과 전류의 비는 전기적인 거리 즉, 임피던스를 나타내므로 거리계전기라는 명칭을 사용한다. 송전선의 경우는 선로의 길이가 전기적인 길이에 비례하므로 이 계전기를 이용하여 선로의 단락 보호 또는 계통의 탈조 사고 검출용으로 사용된다.

342 선로의 단락 보호 또는 계통의 탈조 사고 검출용으로 사용되는 계전기는?

① 접지 계전기　　② 역상 계전기
③ 재폐로 계전기　④ 거리 계전기

해설 거리계전기는 전압과 전류의 비가 일정 값 이하일 경우 동작하는 것으로 전압과 전류의 비는 전기적인 거리 즉, 임피던스를 나타내므로 거리계전기라는 명칭을 사용한다. 송전선의 경우는 선로의 길이가 전기적인 길이에 비례하므로 이 계전기를 이용하여 선로의 단락 보호 또는 계통의 탈조 사고 검출용으로 사용된다.

정답　339.④　340.①　341.②　342.④

343 거리 계전기의 기억 작용이란?

① 고장 후에도 건전 전압을 잠시 유지하는 작용
② 고장 위치를 기억하는 작용
③ 거리와 시간을 판별하는 작용
④ 전압, 전류의 고장전 값을 파악하는 작용

해설 거리계전기의 기억 작용 : 계전기의 입력이 급변했을 때 건전 전압을 계전기에 일시적으로 잔류시키게 하는 것을 말하며 주로 MHO형 거리계전기에 사용한다.

344 3상 결선 변압기의 단상운전에 의한 소손방지 목적으로 설치하는 계전기는?

① 차동 계전기
② 결상 계전기
③ MHO형 계전기
④ 단락 계전기

해설 결상계전기 : 3상 회로에 설치된 기기에 평형 3상 입력이 가해지지 않는 경우(3상 중 1상의 입력이 가해지지 않는 경우) 기기 또는 회로를 보호하기 위하여 결상 상태를 검출하여 차단 또는 경보하도록 동작하는 계전기

345 방향성을 갖지 않는 계전기는?

① 전력 계전기
② 비율 차동 계전기
③ Mho 계전기
④ 지락 계전기

해설 방향성 계전기의 종류
- 전력방향계전기 : 전압 벡터를 기준으로 흐르는 전류 방향(역률각)이 일정 범위 안에 있을 때 동작하는 계전기
- 방향지락계전기 : 과전류 지락계전기에 방향성을 준 계전기
- MHO 계전기 : 거리계전기에 방향성을 준 계전기

346 수전 설비와 병렬로 자가용 발전기가 설치된 회로에서 발전기 쪽으로 전류가 흐를 경우 동작하는 계전기를 자동 제어 기구 번호로 나타내면?

① 51　　② 67　　③ 80　　④ 90

정답 343.① 344.② 345.④ 346.②

해설 계전기 번호 및 특성
- 51(OCR ; 과전류계전기) : 과전류에 동작하는 것
- 67(DGR ; 전력방향계전기, 방향지락계전기) : 전력, 지락 방향에 따라 동작하는 것.
- 80(FR ; 주파수계전기) : 주파수가 일정 값 이상일 경우 동작하는 것.
- 90(AVR ; 자동전압조정기) : 전압을 어떤 범위로 조정하는 것

347 전류 차동 계전기는 무엇에 의하여 동작하는가?

① 양쪽 전압의 차로 동작한다.
② 양쪽 전류의 차로 동작한다.
③ 전압과 전류의 배수의 차로 동작한다.
④ 정상전류와 역상전류의 차로 동작한다.

해설 전류차동계전기는 피보호설비에 유입되는 총 전류와 유출되는 총 전류 간의 전류 차이가 일정치 이상으로 되면 동작하는 계전기로 주로 발전기, 변압기 내부 고장 검출 목적으로 사용한다.

348 모선 보호형 계전기로 사용하면 가장 유리한 것은?

① 재폐로 계전기　② 옴형 계전기
③ 속도 계전기　　④ 차동 계전기

해설 발·변전소의 모선 보호방식 : 전류차동계전방식, 전압차동계전방식, 위상비교 계전방식, 방향비교 계전방식
- 속도계전기 : 회전 기기의 회전속도에 따라 동작하는 계전기로 주로 과속도 운전 방지나 속도 조정용으로 사용한다.
- 옴형 계전기 : MHO형 거리계전기와는 반대로 측정된 임피던스의 일정 각도에 대한 성분의 크기가 일정값 이하로 된 경우 동작하는 계전기

349 보호 계전기 중 발전기, 변압기, 모선 등의 보호에 사용되는 것은?

① 비율차동계전기　② 과전류 계전기
③ 과전압 계전기　　④ 유도형 계전기

정답 347.② 348.④ 349.①

해설 비율차동계전기는 발전기나 변압기 등의 내부고장 발생시 CT 2차 측의 억제코일에 흐르는 부하전류와 동작코일에 흐르는 차 전류의 오차가 일정 비율 이상일 경우에만 동작하는 계전기
• 발전기, 변압기 내부 고장 및 모선 고장 검출

350 변압기 보호용 비율 차동계전기를 사용하여 Δ − Y결선의 변압기를 보호하려고 한다. 이 때 변압기 1, 2차 측에 설치하는 변류기 결선 방식은?

① Δ − Δ ② Δ − Y ③ Y − Δ ④ Y − Y

해설 보상변류기 : 변압기 결선이 Δ − Y로서 1차, 2차 결선이 다른 경우 변류기 결선시 변압기 1, 2차 전류 간에 30°의 위상차를 보상해줘야 한다.

변압기 결선	Δ − Y	Y − Δ
CT 결선	Y − Δ	Δ − Y

351 다음 중 보상 변류기에 대한 설명으로 맞는 것은?

① 변압기의 고 · 저압 간의 전류 위상을 보상한다.
② 계전기의 오차와 위상을 보상한다.
③ 전압과 전류의 배수 차로 위상을 보상한다.
④ 역률을 보상한다.

해설 보상변류기 : 변압기 결선이 Δ − Y로서 1차, 2차 결선이 다른 경우 변류기 결선시 변압기 1, 2차 전류 간에 30°의 위상차를 보상해줘야 한다.

352 부흐홀츠 계전기의 설치 위치는?

① 변압기 주 탱크 내부
② 콘서베이터
③ 변압기의 고압 측 부싱
④ 변압기 주 탱크와 콘서베이터를 연결하는 파이프의 도중

해설 부흐홀츠계전기
• 위치 : 변압기 주 탱크와 콘서베이터 사이에 설치
• 목적 : 절연유의 온도 상승시 유증기 검출하여 경보 및 차단

정답 350.③ 351.① 352.④

353 용량성 전압변성기(C·P·D)의 특징에 속하지 않는 것은?

① 고압 회로용의 경우 권선형에 비해 소형경량이다.
② 절연의 신뢰도가 권선형에 비해 크다.
③ 통신용 콘덴서와 공용할 수 있다.
④ 전자형에 비해 오차가 적고 특성이 좋다.

해설 용량성 전압변성기(콘덴서형 계기용변압기) 특성
- 권선형, 전자형에 비해 비오차가 크고, 특성이 나쁘다.
- 절연에 대한 신뢰도가 높다.
- 고압인 경우 소형 경량이고, 값이 싸다.
- 전력선 반송용 결합콘덴서(통신용 콘덴서)와 공용할 수 있다.
- 공진을 이용하므로 주파수 특성이 좋다.

354 변류기 개방 시 2차 측을 단락하는 이유는?

① 2차 측 절연보호 목적이다.
② 2차 측 과전류 보호 목적이다.
③ 측정 오차 방지를 위함이다.
④ 1차 측 과전류 방지를 위함이다.

해설 CT 점검 시 주의 사항
변류기 사용 중 2차 측 점검이나 교체시에는 반드시 CT 2차 측을 단락하여야 한다.
변류기 2차 측을 개방시 2차측에 고전압이 유기되어 절연 파괴,, 권선 소손 우려

355 다음과 같이 200/5 CT 1차 측에 150[A]의 3상평형 전류가 흐를 때 전류계 A_3 흐르는 전류는 몇 [A]인가?

① 3.75
② 5
③ $3.75\sqrt{3}$
④ $5\sqrt{3}$

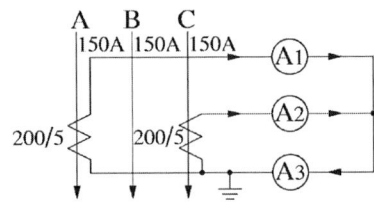

정답 353.④ 354.① 355.①

해설 CT V결선

3상3선식 평형인 상태에서 1차 전류 I_A, I_B, I_C 라 하면
$I_A + I_B + I_C = 0$, $I_A + I_C = -I_B$
$I_{A3} = I_a + I_c = \frac{1}{a}(I_A + I_C) = \frac{1}{a}(-I_B)$
전류계 A_3에 흐르는 전류(b상 전류)
$I_{A3} = \frac{1}{a}I_A = \frac{5}{200} \times 150 = 3.75[A]$

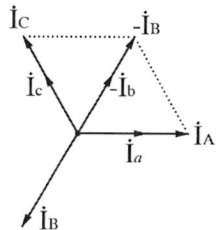

356 3상으로 표준 전압 3[kV], 600[kW]를 역률 0.85로 수전하는 회로에 시설하는 계기용 변류기의 변류비는 다음 중 어느 것이 적당한가?

① 50 ② 40 ③ 20 ④ 10

해설 계기용 변류기(CT) 변류비 선정법 : 부하 설비 계통에서 CT에 흐를 수 있는 최대 부하 전류의 25~50[%] 정도의 여유를 주어 선정한다.

CT 1차측 최대부하전류

$I_1 = \frac{600 \times 10^3}{\sqrt{3} \times 3000 \times 0.85} = 135.85[A]$

$= 135.85 \times (1.25 \sim 1.5) = 169.82 \sim 203.73[A]$

그러므로 CT비 200/5 [$\frac{200}{5} = 40$ 이 적당하다.

357 변성기의 정격부담을 표시하는 단위는?

① W ② S ③ dyne ④ VA

해설 부담(Burden) : 계전기 입력회로의 임피던스를 말하며, 소비 VA, 소비전력, 부담임피던스 중의 하나로 표시한다. 부담을 나타낼 때는 변류기(CT)를 사용하는 전류회로와 계기용 변압기(PT)를 사용하는 전압회로의 부담은 정격 VA로, 직류회로는 소비전력으로 그 외의 회로 부담은 부담 임피던스(부담을 옴으로 나타낸 것)로 표현한다.

358 계기용 변성기의 위상각이란?

① 1차 전류 또는 전압 벡터와 180°회전시킨 2차 전류 또는 2차 전압과의 상차각
② 2차 전압과 1전압의 위상차
③ 2차 전류 전압을 180°회전시킨 1차 전류 전압과의 상차각
④ 2차 전압 벡터와 전류 벡터의 상차

정답 356.② 357.④ 358.①

해설 계기용 변성기 위상각 : 1차 입력(전압전류)벡터와 2차 입력(전압전류)벡터 사이의 위상각 차(위상오차)

359 MOF에 대한 설명으로 옳은 것은?

① 계기용변성기의 약호이다.
② 계기용 변류기의 약호이다.
③ 한 탱크 내에 계기용 변압기, 변류기를 장치한 것이다.
④ 변전소 내의 계기류의 총칭이다.

해설 MOF(전력수급용 계기용 변성기)는 계기용변압기(PT)와 계기용변류기(CT)를 한 탱크 안에 넣어 적산전력계에 전압과 전류를 공급하는 장치

360 변전소에서 비 접지 선로의 접지 보호용으로 사용되는 계전기에 영상 전류를 공급하는 계기는?

① CT   ② GPT   ③ ZCT   ④ PT

해설 영상변류기(ZCT)는 선로 중에 흐르는 정상전류나 역상전류에는 동작하지 않으며 영상전류(지락전류)에만 동작하므로 주로 지락 사고시 지락계전기(접지계전기)에 사용된다.

361 송전 선로의 보호 방식으로 지락에 대한 보호는 영상 전류를 이용하여 어떤 계전기를 동작시키는가?

① 차동계전기   ② 전류계전기
③ 과전압계전기   ④ 접지계전기

해설 영상변류기(ZCT)는 선로 중에 흐르는 정상전류나 역상전류에는 동작하지 않으며 영상전류(지락전류)에만 동작하므로 주로 지락 사고시 지락계전기(접지계전기)에 사용된다.
• 지락 계전기 :과전류지락, 방향지락, 선택지락계전기

정답 359.③ 360.③ 361.④

362 그림과 같은 회로 중 영상 전류를 검출하는 방법이 아닌 것은?

①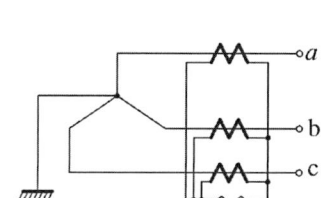

②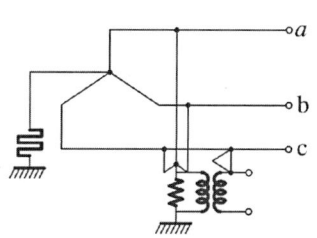

③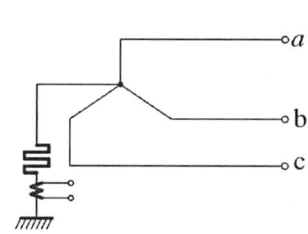

④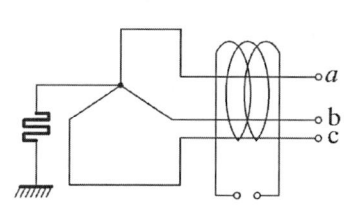

해설 영상전류 검출
- ① : CT 3대를 이용한 잔류회로에 의한 영상 전류 검출
- ③ : 접지선에 흐르는 영상전류를 영상변류기를 이용하여 검출
- ④ : 전류의 벡터 합, 즉 3배의 영상전류를 영상변류기를 이용하여 검출

【참고】② : 단상 계기용변압기 3대를 이용하여 영상전압을 검출하는 방법

363 66[kV] 비접지계통에서 영상전압을 얻기 위하여 변압비가 66,000/110[V]인 PT 3개를 아래 그림과 같이 접속하였다. 66[kV] 선로 측에서 1선 지락 고장 시 PT 2차 측 개방 단에 나타나는 전압 [V]은?

① 약 110
② 약 190
③ 약 220
④ 약 330

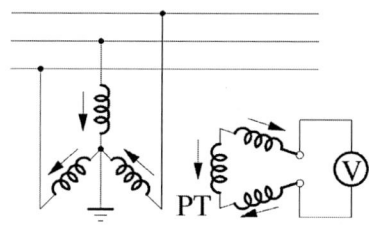

정답 362.② 363.②

해설 영상전압 측정 : PT 3대를 이용하여 측정

1차측 PT 각상 대지전압 $\dfrac{66000}{\sqrt{3}}$ [V] 이면 변압비가 66,000/110이므로

2차측 각상 대지전압 $E_2 = \dfrac{66000}{\sqrt{3}} \times \dfrac{110}{66,000} = \dfrac{110}{\sqrt{3}}$ [V]

정상운전의 경우에는 0이지만 2차측을 개방하면 3배의 전압이 발생하므로 가 나타난다.

ⓥ $= \dfrac{110}{\sqrt{3}} \times 3 = 110\sqrt{3} = 190$ [V]

364
6.6[kV] 고압 비접지 배전선로에서 지락 보호를 위하여 특별히 필요하지 않은 것은?

① 과전류계전기(OCR)
② 선택접지계전기(SGR)
③ 영상변류기(ZCT)
④ 접지변압기(GPT)

해설 비접지 배전선로 보호장치
- 선택접지계전기 : 비접지 계통의 배전선 지락사고를 검출하여 사고회선만을 선택 차단
- 접지변압기(GPT) : 지락사고시 계전기 설치점에 나타나는 영상전압 측정
- 영상변류기(ZCT) : 영상지락 고장전류를 검출

365
비접지 3상 3선식 배전 선로에 방향지락계전기를 사용하여 선택 지락 보호를 하려고 한다. 필요한 것은?

① CT와 OCR
② CT 와 PT
③ 접지 변압기와 ZCT
④ 접지 변압기와 OCR

해설 비접지 배전선로 보호장치
- 선택접지계전기 : 비접지 계통의 배전선 지락사고를 검출하여 사고회선만을 선택 차단
- 접지변압기(GPT) : 지락사고시 계전기 설치점에 나타나는 영상전압 측정
- 영상변류기(ZCT) : 영상지락 고장전류를 검출

366
모선 보호에 사용되는 계전 방식은?

① 과전류 계전 방식
② 전력 평형 보호 방식
③ 전류 차동 계전 방식
④ 표시선 계전 방식

정답 364.① 365.③ 366.③

해설 모선 보호계전방식
- 차동 보호계전방식 : 전류비율 차동방식, 전압 차동방식, Linear Coupler 방식, 위상비교방식
- 방향 비교 보호계전방식
- 차폐 모선 보호계전방식

367 송전 선로 보호를 위한 것이 아닌 것은?

① 과전류 계전 방식
② 방향 계전 방식
③ 평형 계전 방식
④ 차동 보호 방식

해설 송전선로 보호 계전방식
- 과전류 보호, 방향 과전류 보호, 회선선택 보호, 방향거리 보호 계전방식
- 표시선 보호계전방식(방향비교, 전류비교, 전송트립)
- 반송계전 보호 방식(방향 계전 방식)
- 재폐로 보호계전방식
- 평형 보호계전방식

368 표시선 계전 방식이 아닌 것은?

① 전압 반향 방식
② 방향 비교 방식
③ 전류 순환 방식
④ 반송 계전 방식

해설 표시선 보호계전방식
- 방향비교 방식
- 전송트립 방식
- 전류비교 방식 : 전류순환방식, 전압반향방식

369 송전선 보호 방식 중 가장 뛰어난 방식으로 고속도 차단 재폐로 방식을 쉽고 확실하게 적용할 수 있는 것은?

① 표시선 계전 방식
② 과전류 계전 방식
③ 방향 거리 계전 방식
④ 회로 선택 계전 방식

정답 367.④ 368.④ 369.①

해설 표시선 계전방식(Pilot wire system) : 보호 구간의 양단에 시설한 표시선(Pilot Wire)에 직접 신호를 교환하여 고장점의 위치에 관계없이 송·수전단 양단을 동시에 고속 차단하는 방식
- 고속도 차단 재폐로 방식을 쉽고 확실하게 적용
- 단거리나 중요 장소에만 시설(연피케이블 사용하여 비경제적)

370 파일럿 와이어 계전 방식에 대한 설명 중 옳지 않은 것은?

① 고장점 위치에 관계없이 양단을 동시에 고속 차단할 수 있다
② 송전선에 평행이 되도록 양단을 연락하게 한다.
③ 고정점 위치에 관계없이 부하 측 고장을 고속도 차단한다.
④ 고장시 장해를 받지 않게 하기 위하여 연피케이블을 사용한다.

해설 표시선 계전방식(Pilot wire system) : 보호 구간의 양단에 시설한 표시선(Pilot Wire)에 직접 신호를 교환하여 고장점의 위치에 관계없이 송·수전단 양단을 동시에 고속 차단하는 방식
- 고속도 차단 재폐로 방식을 쉽고 확실하게 적용
- 단거리나 중요 장소에만 시설(연피케이블 사용하여 비경제적)

371 전력선반송 보호 계전방식의 장점이 아닌 것은?

① 동작이 예민하다.
② 고장의 선택성이 우수하다.
③ 장치가 간단하고 고장이 없으며 계전기의 성능 저하가 없다.
④ 고장점 및 계통의 여하에도 불구하고 선택차단개소를 동시에 고속도 차단할 수 있다.

해설 전력선 반송 보호 계전방식의 특징
- 고장점 및 계통의 상태 여하에 관계없이 고장 구간의 고속도 동시 차단이 가능하다.
- 고장 구간의 선택이 확실하다.
- 동작을 예민하게 할 수 있다.
- 장치가 복잡하고 고장 확률이 높으므로 보수 점검에 주의하여야 한다.

정답 370.③ 371.③

372 전력선 반송보호 계전방식에서 고장의 선택 방법이 아닌 것은?

① 방향 비교방식　　　　　　　　② 순환 전류방식
③ 위상 비교방식　　　　　　　　④ 고속도 거리 계전기와 조합하는 방식

해설　전력선 반송 보호계전방식 : 방향비교 방식(전력방향계전, 고속도 거리계전), 위상비교 방식, 전송차단 방식

373 전력선 반송 전화 장치를 송전선에 접속하는 장치로 사용되는 것은?

① 정전방전기　　② 전력용 콘덴서　　③ 중계선륜　　④ 결합콘덴서

해설　결합콘덴서 : 고압 전류를 차단하고 고주파만 통과할 있도록 통신설비와 송전선 사이에 송수신 장치를 접속하기 위한 콘덴서

374 전원이 있는 방사상 송전선로의 단락보호에 사용되는 계전기는?

① 방향 거리 계전기(DZ), 과전압 계전기(OVR)의 조합
② 방향 단락 계전기(DS), 과전류 계전기(OCR)의 조합
③ 선택 접지 계전기(SGR), 과전류 계전기(OCR)의 조합
④ 부족 전류 계전기(UCR), 과전압 계전기(OVR)의 조합

해설　방사상 송전선로의 단락 보호 계전방식 : 과전류 계전방식, 거리 계전방식, 방향단락 계전기와 과전류 계전기의 조합

375 환상 선로의 단락 보호에 사용하는 계전방식은?

① 선택접지 계전방식　　　　　　② 과전류 계전방식
③ 방향단락 계전방식　　　　　　④ 비율차동 계전방식

해설　환상 송전선로의 보호계전방식 : 방향단락 계전방식, 방향거리 계전방식

정답　372.②　373.④　374.②　375.③

376 직류송전방식이 교류송전방식에 비하여 유리한 점이다. 틀린 것은?

① 표피 효과에 의한 송전 손실이 없다.
② 통신선에 대한 유도 잡음이 적다.
③ 선로의 절연이 용이하다.
④ 정류가 필요없고 승압 및 강압이 쉽다.

해설 직류 송전방식의 특징
- 리액턴스에 의한 위상각이 없으므로 역률이 항상 1이다.
- 표피효과가 없으므로 도체의 이용률이 높고 송전손실이 없다.
- 선로의 절연이 용이하다.
- 변환, 역변환 장치가 필요하므로 설비가 복잡해진다.
- 승압, 강압이 어렵다.

377 직류 송전방식에 대한 설명으로 틀린 것은?

① 케이블 송전일 경우 유전체손이 없기 때문에 교류 방식보다 유리하다.
② 선로의 절연이 교류 방식보다 유리하다.
③ 리액턴스 또는 위상각에 대해서 고려할 필요가 없다.
④ 비동기 연계가 불가능하므로 주파수가 다른 계통 간의 연계가 불가능하다.

해설 직류에 의한 계통연계는 단락용량을 증가시키지 않으므로 계통의 차단 용량이 작아도 되며, 비동기 연계가 가능하므로 주파수가 다른 계통 간의 연계가 가능하다.

378 교류 송전 방식에 대한 직류 송전 방식의 장점에 해당되지 않는 것은?

① 기기 및 선로의 절연에 요하는 비용이 절감 된다.
② 전압 변동률이 양호하고 무효 전력에 기인하는 전력 손실이 생기지 않는다.
③ 안정도의 한계가 없으므로 송전 용량을 높일 수 있다.
④ 고전압, 대 전류의 차단이 용이하다.

해설 직류 송전방식은 고전압 대전류의 차단이 교류에 비해서 어렵다.

정답 376.④ 377.④ 378.④

379 직류 송전 방식에 비하여 교류 송전 방식의 가장 큰 이점은?

① 선로의 리액턴스에 의한 전압 강하가 없으므로 장거리 송전에 유리하다.
② 지중 송전의 경우, 충전전류와 유전체 손을 고려하지 않아도 된다.
③ 변압이 쉬워 고압송전이 유리하다.
④ 같은 절연에서 송전전력이 크게 된다.

해설 교류 송전방식의 특성
- 전압의 승압 및 강압이 용이하다.
- 3상 교류방식으로 회전자계를 얻을 수 있다.
- 교류 방식으로 일관된 운용을 할 수 있다.
- 무효전력이나 표피효과 때문에 송전손실이 커진다.

정답 379.③

Chapter 08 배전계통의 구성 및 배전선로 운용

1. 배전선로의 배전방식

【배전선로의 구성】

① 급전선(feeder) : 변전소 또는 발전소에서 수용가에 이르는 배전선로 중 분기선 및 배전용 변압기가 일체 없는 부분
② 간선 : 수용 지점에서 부하 분포에 따라 급전선에 접속하여 각 수용가에 공급하는 주요 배전선
③ 분기선 : 간선과 부하 사이의 선로

(1) 가지식, 수지식 (tree system)

나뭇가지 모양처럼 한 쪽 방향으로만 전력을 공급하는 방식.

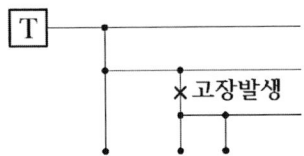

① 시설이 간단하다.
② 전압강하가 크고 정전범위가 넓다. (공급신뢰도가 낮다.)
③ 농어촌 지역에 적합하다.

(2) 환상식(loop system)

간선을 환상으로 구성하여 양방향에서 전력을 공급하는 방식.

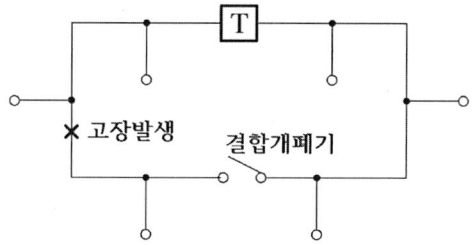

① 전류통로에 대한 융통성이 있다.
② 전압강하(변동)가 경감된다.
③ 공급신뢰도가 향상된다.
④ 설비의 복잡화에 따른 부하증설이 어렵다.
⑤ 부하밀집지역에 적합하다.

(3) 뱅킹 방식(banking system)

같은 간선에 접속된 2대 이상의 변압기의 저압 측 간선을 상호 병렬 접속하여 부하의 융통성을 도모한 배전방식

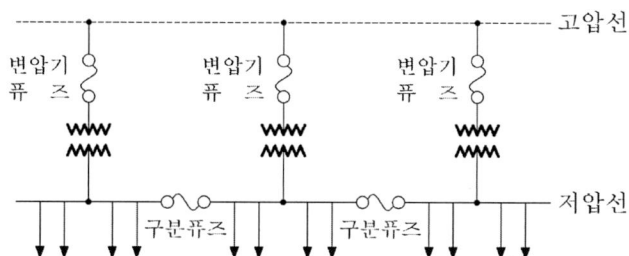

① 전압강하(변동) 및 전력 손실이 경감된다.
② 플리커 현상이 감소한다.
③ 공급신뢰도가 향상된다.
④ 캐스케이딩 현상에 의한 정전범위가 넓어진다.
⇨ **캐스케이딩 현상** : 변압기 2차 측 저압선 일부의 고장으로 인하여 건전한 변압기의 일부 또는 전부가 변압기 1차 측 보호 장치에 의하여 차단되는 현상.
⑤ 부하밀집지역에 적합하다.

(4) 망상식(network system)

같은 변전소의 같은 변압기에서 나온 2회선 이상의 고압 배전선에 접속된 변압기의 2차 측을 같은 저압선에 연결하여 부하에 전력을 공급하는 방식.

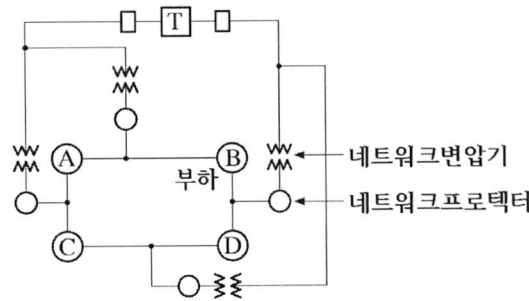

⇨ **네트워크 프로텍터** : 변전소의 차단기 동작 시 네트워크에서 전류가 변압기 쪽으로 흘러 1차 측으로 역가압되는 현상을 방지하기 위한 보호 장치로 역전력 계전기와 과전압 재폐로 계전기를 조합한 것.

① 전압강하가 경감된다.
② 무정전 전력공급이 가능하다.
③ 공급 신뢰도가 가장 좋다.
④ 부하증설이 용이하다.
⑤ 네트워크 변압기나 네트워크 프로텍터 설치에 따른 설비비가 비싸다.
⑥ 대형 빌딩가와 같은 고밀도 부하밀집지역에 적합하다.

2. 배전 선로의 전기 공급 방식

(1) 전압 및 전류가 일정할 경우 1선당 공급전력비

결선 방식	공급 전력	1 선 당 공급전력	단상 2선식을 기준으로 한 1선당 공급전력비[%]
(단상 2선식 회로)	$P_1 = VI$	$\dfrac{1}{2}VI$	기준 (100 [%])
(단상 3선식 회로)	$P_2 = 2VI$	$\dfrac{2}{3}VI$ $= 0.67\,VI$	$\dfrac{\frac{2}{3}VI}{\frac{1}{2}VI} = \dfrac{4}{3} = 1.33$배 $(133[\%])$

결선 방식	공급 전력	1선 당 공급전력	단상 2선식을 기준으로 한 1선당 공급전력비[%]
(삼각결선 그림)	$P_3 = \sqrt{3}\,VI$	$\dfrac{\sqrt{3}}{3}VI$ $= 0.57VI$	$\dfrac{\dfrac{\sqrt{3}}{3}VI}{\dfrac{1}{2}VI} = \dfrac{2\sqrt{3}}{3} = 1.15$배 (115[%])
(Y결선 그림)	$P_4 = \sqrt{3}\,VI$	$\dfrac{\sqrt{3}}{4}VI$ $= 0.43VI$	$\dfrac{\dfrac{\sqrt{3}}{4}VI}{\dfrac{1}{2}VI} = \dfrac{2\sqrt{3}}{4} = 0.866$배 (86.6[%])

⇨ 3상 4선식에서 상 전압이 V인 경우의 1선당 공급전력비

공급전력 $P'_4 = 3VI$ → 1선당 공급전력 : $\dfrac{3}{4}VI$

따라서, 단상 2선식 기준 1선당 공급전력비 $= \dfrac{\dfrac{3}{4}VI}{\dfrac{1}{2}VI} = \dfrac{6}{4} = 1.5$배 (150[%])

【정리】 단상 2선식 기준 1선당 전력 공급 비
① 단상 3선식 : 1.33배
② 3상 3선식(선간 전압) : 1.15배
③ 3상 4선식(선간 전압) : 0.866배
④ 3상 4선식(상 전압) : 1.5배

(2) 전압 및 전력, 손실이 일정한 경우 전체 전선중량비

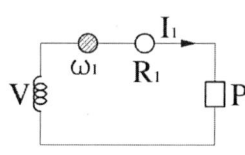

- ω_1 : 1선당 중량
- $W_1 = 2\omega_1$: 2선 전체 중량
- $P_1 = VI_1$: 단상2선식 공급전력
- $P_{\ell 1} = 2I_1^2 R_1$: 2선 전체 전력손실

【전선의 중량과 저항과의 관계】

전선의 중량 : $\omega = \sigma \times A\ell$ (σ : 비중(밀도))에서 $\omega \propto A$ 관계가 성립한다.

전선의 저항 : $R = \rho\dfrac{\ell}{A}$ 에서 $R \propto \dfrac{1}{A}$ 관계가 성립한다.

따라서, 전선의 중량과 단면적은 $\omega \propto \dfrac{1}{R}$ 관계가 성립한다.

① 단상 3선식 : 부하가 평형을 이루어 중성선 전류가 0인 조건에서 구한 것이다.

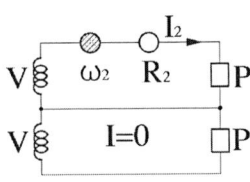

- ω_2 : 1선당 중량
- $W_2 = 3\omega_2$: 3선 전체 중량
- $P_2 = 2VI_2$: 단상3선식 공급전력
- $P_{\ell 2} = 2I_2^2 R_2$: 2선 전체 전력손실

공급전력이 같을 조건 $VI_1 = 2VI_2$ 에서 $I_1 = 2I_2$

전력손실이 같을 조건 $2I_1^2 R_1 = 2I_2^2 R_2$ 에서 $I_1 = 2I_2$ 이므로

저항 비 $\dfrac{R_1}{R_2} = \dfrac{I_2^{\,2}}{I_1^{\,2}}\bigg|_{I_1 = 2I_2} = \dfrac{I_2^{\,2}}{(2I_2)^2} = \dfrac{1}{4}$ 이 된다.

전선 중량 비 $\dfrac{W_2}{W_1} = \dfrac{3\omega_2}{2\omega_1} = \dfrac{3}{2} \times \dfrac{R_1}{R_2} = \dfrac{3}{2} \times \dfrac{1}{4} = \dfrac{3}{8}$ 배 (37.5[%])

② 3상 3선식 : 3상 부하가 평형이 되어 각 선에는 평형 3상전류가 흐른다는 조건에서 구한 것이다.

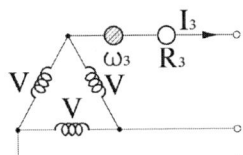

- ω_3 : 1선당 중량
- $W_3 = 3\omega_3$: 3선 전체 중량
- $P_3 = \sqrt{3}\,VI_3$: 3상3선식 공급전력
- $P_{\ell 3} = 3I_3^2 R_3$: 3선 전체 전력손실

공급전력이 같을 조건 $VI_1 = \sqrt{3}\,VI_3$ 에서 $I_1 = \sqrt{3}\,I_3$

전력손실이 같을 조건 $2I_1^2 R_1 = 3I_3^2 R_3$ 에서 $I_1 = \sqrt{3}\,I_3$ 이므로

저항 비 $\dfrac{R_1}{R_3} = \dfrac{3I_3^{\,2}}{2I_1^{\,2}}\bigg|_{I_1 = \sqrt{3}\,I_3} = \dfrac{3}{2} \dfrac{I_3^{\,2}}{(\sqrt{3}\,I_3)^2} = \dfrac{1}{2}$ 이 된다.

전선 중량 비 $\dfrac{W_3}{W_1} = \dfrac{3\omega_3}{2\omega_1} = \dfrac{3}{2} \times \dfrac{R_1}{R_3} = \dfrac{3}{2} \times \dfrac{1}{2} = \dfrac{3}{4}$ 배 (75[%])

③ 3상 4선식 : 3상 부하가 평형이 되어 각 전압선에는 평형 3상전류가 흐르고, 중성선에는 전류가 흐르지 않으며 전압은 상 전압 조건에서 구한 것이다.

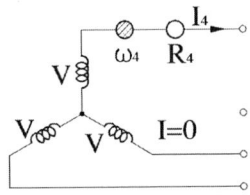

- ω_4 : 1선당 중량
- $W_3 = 34\omega_4$: 4선 전체 중량
- $P_4 = 3VI_4$: 3상4선식 공급전력
- $P_{\ell 4} = 3I_4^2 R_4$: 4선 전체 전력손실

공급전력이 같을 조건 $VI_1 = 3VI_4$ 에서 $I_1 = 3I_4$

전력손실이 같을 조건 $2I_1^2 R_1 = 3I_4^2 R_4$ 에서 $I_1 = 3I_4$ 이므로

저항 비 $\dfrac{R_1}{R_4} = \dfrac{3{I_4}^2}{2{I_1}^2}\bigg|_{I_1 = 3I_4} = \dfrac{3}{2} \times \dfrac{{I_4}^2}{(3I_4)^2} = \dfrac{1}{6}$ 이 된다.

전선 중량 비 $\dfrac{W_4}{W_1} = \dfrac{4\omega_4}{2\omega_1} = \dfrac{4}{2} \times \dfrac{R_1}{R_4} = 2 \times \dfrac{1}{6} = \dfrac{1}{3}$ 배 ($33.3\,[\%]$)

【정리】전압, 전력, 손실 일정 시 전선 중량 비

① 단상 3선식 : $\dfrac{3}{8}$ 배

② 3상 3선식(선간 전압) : $\dfrac{3}{4}$ 배

③ 3상 4선식(상 전압) : $\dfrac{1}{3}$ 배

3. 단상 3선식의 특징

(1) 단상 3선식 장점(단상 2선식 기준)

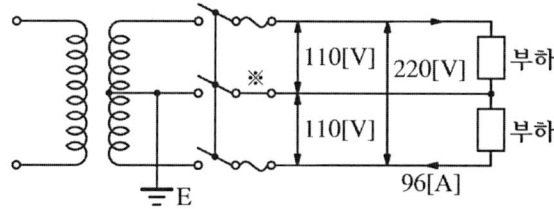

① 전압과 전류가 일정할 경우 1선당 공급전력이 1.33배 증가한다.

② 전압 및 공급전력, 전력손실이 일정할 경우 전선 전체 소요량이 $\dfrac{3}{8}$ 배 감소한다.

③ 2종류의 전압을 얻을 수 있다

④ 전압강하 및 전력손실이 감소하므로 효율이 좋다.

(2) 단상 3선식 선로의 단점

① 부하 불평형 시 전압 불평형이 발생한다.

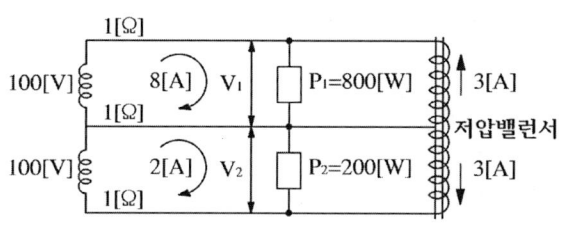

- $1\,[\Omega]$: 전선의 저항
- $8\,[A]$: P_1 부하전류
- $2\,[A]$: P_2 부하전류
- $6\,[A]$: 중성선 전류
- V_1, $V_2\,[V]$: 각각의 단자전압
- P_1, $P_2\,[V]$: 각각의 소비전력

P_1부하 단자전압 : $V_1 = 100 - (1\times 8 + 1\times 6) = 86[A]$

P_2부하 단자전압 : $V_2 = 100 - (1\times (-6) + 1\times 2) = 104[V]$

② 부하 불평형 시 중성선 단선 사고 등이 발생하면 전압 불평형 발생으로 부하가 소손될 우려가 있다.

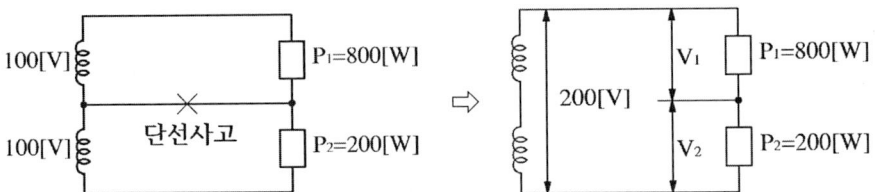

P_1부하 단자전압 : $V_1 = \dfrac{P_2}{P_1 + P_2} \times V = \dfrac{200}{200 + 800} = 40[V]$

P_2부하 단자전압 : $V_2 = \dfrac{P_1}{P_1 + P_2} \times V = \dfrac{800}{800 + 200} = 160[V]$

③ 방지대책 : 저압 밸런서를 설치한다.
  ⇨ **저압 밸런서** : 누설 임피던스는 적고 여자 임피던스는 큰 권수비 1:1의 단권변압기

(3) 단상 3선식 선로의 시설 원칙

① 혼촉 사고 등으로 인한 저압 측의 전위 상승 방지를 위해 중성선에는 접지공사를 실시한다.

② 중성선에 시설하는 개폐기는 개폐 시 전압 불평형이 발생하는 것을 방지하기 위하여 3극이 동시에 개폐되는 것으로 시설한다.

③ 중성선에는 부하 불평형에 의한 중성선 단선 시 부하 양측 단자전압의 심한 불평형이 발생할 수 있으므로 중성선에는 과전류차단기를 시설하지 않고 동선으로 직결한다.

4. 전압의 n배 승압

부하 소비전력 $P = VI\cos\theta[W]$ 에서 전류 $I = \dfrac{P}{V\cos\theta}[A]$ 이고

전력손실 $P_\ell = I^2 R\,[W]$, 전압강하 $e = IR[V]$ 가 된다.

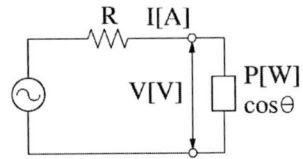

- $R[\Omega]$: 전선 2가닥 전체 저항
- $V[V]$: 부하 공급전압
- $P[W]$: 부하 소비전력
- $I[A]$: 부하 공급전류
- $\cos\theta$: 부하 역률

① 전력손실, 전력손실률

ⓐ 전력손실 : $P_\ell = I^2 R = \left(\dfrac{P}{V\cos\theta}\right)^2 \times R = \dfrac{P^2 R}{V^2 \cos^2\theta}$ [W] 에서

$P_\ell \propto \dfrac{1}{V^2}$, $P_\ell \propto \dfrac{1}{\cos^2\theta}$,

전력손실은 공급전압의 제곱에 반비례하고, 역률의 제곱에 반비례한다.

ⓑ 전력손실률 : $K = \dfrac{P_\ell}{P} = \dfrac{\frac{P^2 R}{V^2 \cos^2\theta}}{P} = \dfrac{PR}{V^2 \cos^2\theta}\bigg|_{R = \rho \frac{\ell}{A}} = \dfrac{P\rho\ell}{V^2 \cos^2\theta A}$ 에서

$K \propto \dfrac{1}{V^2}$ (전력손실률은 공급전압의 제곱에 반비례한다.)

② 공급전력

전력손실률 $K = \dfrac{P_\ell}{P} = \dfrac{\frac{P^2 R}{V^2 \cos^2\theta}}{P} = \dfrac{PR}{V^2 \cos^2\theta}$ 에서 $P = \dfrac{KV^2 \cos^2\theta}{R}$ 이므로

공급전력 $P \propto V^2$ (공급전력의 전압의 제곱에 비례한다.)

③ 전선의 단면적

전력손실률 $K = \dfrac{P\rho\ell}{V^2 \cos^2\theta A}$ 에서 $A = \dfrac{P\rho\ell}{KV^2 \cos^2\theta}$ 이므로

전선단면적 $A \propto \dfrac{1}{V^2}$ (전선 단면적은 공급전압의 제곱에 반비례한다.)

④ 공급거리

전선단면적 $A = \dfrac{P\rho\ell}{KV^2 \cos^2\theta}$ 에서 $\ell = \dfrac{KV^2 \cos^2\theta A}{P\rho}$ 이므로

공급 거리 $\ell \propto V^2$ (전력 공급 거리는 공급전압의 제곱에 비례한다.)

⑤ 전압강하, 전압 강하율 (P일정)

공급전력 P가 일정한 경우 전압 V를 n배 승압하면 전류 I는 $\dfrac{1}{n}$ 배로 감소한다.

전압강하 $e = IR$에서 승압 시 전압강하 $e_0 = \dfrac{1}{n}IR = \dfrac{1}{n}e$

전압강하율 $\epsilon = \dfrac{e}{V}$ 에서 승압 시 전압변동률 $\epsilon_0 = \dfrac{\frac{1}{n}e}{nV} = \dfrac{1}{n^2} \times \dfrac{e}{V} = \dfrac{1}{n^2}$

공급전력 일정 시 전압강하는 $\dfrac{1}{n}$ 배로 감소하고, 전압강하율은 $\dfrac{1}{n^2}$ 배로 감소한다.

【정리】전압의 n배 승압 시 장점 및 단점

장점	공급전력(능력)	$P \propto V^2$	(n^2배로 증가)
	공급전력(능력)	$P' \propto V$	(n배로 증가 → 전선 저항과 전력손실이 일정한 경우)
	전력공급거리	$\ell \propto V^2$	(n^2배로 증가)
	전력 손실	$P\ell \propto \dfrac{1}{V^2}$	($\dfrac{1}{n^2}$ 배로 감소)
	전력손실율	$K \propto \dfrac{1}{V^2}$	($\dfrac{1}{n^2}$ 배로 감소)
	전압강하	$e \propto \dfrac{1}{V}$	($\dfrac{1}{n}$ 배로 감소)
	전압강하율	$\varepsilon \propto \dfrac{1}{V^2}$	($\dfrac{1}{n^2}$ 배로 감소)
	전선의 단면적	$A \propto \dfrac{1}{V^2}$	($\dfrac{1}{n^2}$ 배로 감소)
단점	① 절연계급의 상승에 따른 지지물의 대형화 및 애자련의 개수가 증가한다. ② 전선로 시설에 대한 재료비 및 인건비가 증가한다.		

5. 배전선로의 전압조정

【배전 선로 전압 변동의 한도】

표준전압	유지 전압	전압조정
110[V]	110[V] ±6[V]	① 변압기의 탭 변환
220[V]	220[V] ±13[V]	② 승압기(단권변압기)
380[V]	380[V] ±38[V]	③ 유도전압조정기

(1) 변압기의 1차 측 탭 변환

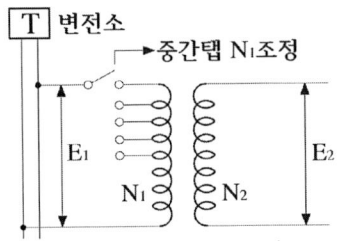

- E_1[V] : 변압기 1차 공급전압
- E_2[V] : 변압기 2차 단자전압
- N_1[T] : 변압기 1차 권수
- N_2[T] : 변압기 2차 권수

변압기 권수비 : $a = \dfrac{N_1}{N_2} = \dfrac{E_1}{E_2} = \dfrac{I_2}{I_1}$

$E_1 \times N_2 = N_1 \times E_2$ 에서 E_1N_2 가 일정하므로 N_1E_2 도 일정한 원리를 이용하는 것으로 변압기 1차 측 탭 전압 N_1 을 조절하여 2차 측 전압 E_2 를 가변시킬 수 있는 원리로 보통 정격전압 기준 5[%] 정도의 탭 간격을 가지고 있다.

① 3300[V] 변압기 : 3450, 3300, 3150, 3000, 2850[V]
② 6600[V] 변압기 : 6900, 6600, 6300, 6000, 5700[V]
③ 13200[V] 변압기 : 13800, 13200, 12600, 12000, 11400[V]

【보기】 주상변압기의 고압 측 사용 탭이 6600[V]일 때 저압 측의 전압이 97[V]였다. 저압 측 전압을 약 100[V]로 유지하기 위한 고압 측의 사용 탭은 얼마인가?

【해설】 권수비 $a = \dfrac{N_1}{N_2} = \dfrac{E_1}{E_2} = \dfrac{I_2}{I_1}$ 이므로

$N_1 \times E_2 = N_1' \times E_2'$ 에서 N_1E_2 가 일정하므로 N_1E_2 도 일정이어야 한다.

$6600 \times 97 = N1' \times 100$ 에서 탭 전압 $N_1' = \dfrac{6600 \times 97}{100} = 6402[V]$

(2) 승압기(단권변압기)

배전선로의 길이가 길고 전압강하가 큰 경우 선로 중간에 설치하여 전압을 승압하기 위한 단권변압기

① 단상 전압 승압

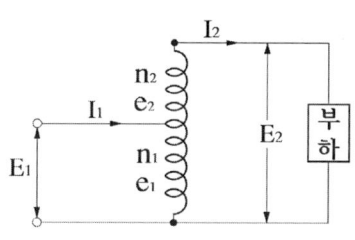

- $E_1[V]$: 승압 전의 전압
- $E_2[V]$: 승압 후의 전압
- $e_1[V]$: 승압기 1차 정격전압
- $e_2[V]$: 승압기 2차 정격전압
- $n_1[T]$: 승압기 1차 권수(분로권선 권수)
- $n_2[T]$: 승압기 2차 권수(직렬권선 권수)
- $W = E_2I_2[VA]$: 부하용량
- $\omega = e_2I_2[VA]$: 승압기 용량

권수비 $a = \dfrac{n_2}{n_1} = \dfrac{e_2}{e_1}$ 에서 $\dfrac{E_2}{E_1} = \dfrac{n_1 + n_2}{n_1} = 1 + \dfrac{n_2}{n_1} = 1 + \dfrac{e_2}{e_1}$ 이므로

ⓐ 승압 후 전압 : $E_2 = E_1\left(1 + \dfrac{e_2}{e_1}\right) = E_1 + E_1\dfrac{e_2}{e_1}$ [V]

ⓑ 승압기 용량(자기 용량) $\omega = e_2I_2 = e_2 \times \dfrac{W}{E_2} = \dfrac{e_2}{E_2} W$ [VA]

ⓒ 장점
- ㉠ 동량이 적어지므로 중량이 감소하고, 값이 싸지므로 경제적이다.
- ㉡ 동손이 적으므로 효율이 높다.
- ㉢ 누설자속이 적으므로 전압변동이 적고, 계통의 안정도가 증가한다.
- ㉣ 변압기 자기용량보다 부하용량이 크므로 소용량으로 큰 부하를 걸 수 있다.

ⓓ 단점
- ㉠ 누설 임피던스가 적으므로 단락 사고 시 단락전류가 크다.
- ㉡ 1,2차 권선이 전기적으로 공통이므로 절연이 어렵다.
- ㉢ 1,2차가 직접접지 계통에서만 적용되는 변압기이다
- ㉣ 충격전압이 거의 직렬권선에 가해지므로 이에 대한 절연설계가 필요하다.

ⓔ 용도
- ㉠ 전력계통에서의 전압조정용 승압기, 강압기
- ㉡ 동기기나 유도기에서의 기동보상기

② 3상 전압 승압(V 결선)

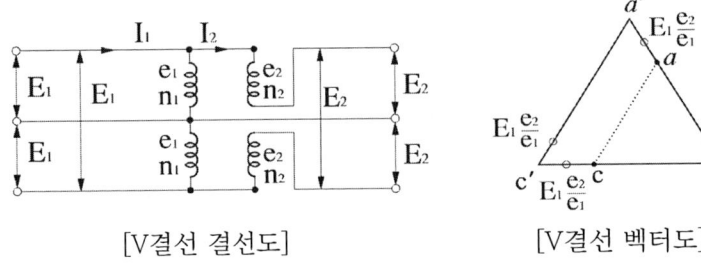

[V결선 결선도]   [V결선 벡터도]

ⓐ 승압 후 전압 : $E_2 = E_1(1+\dfrac{n_2}{n_1}) = E_1(1+\dfrac{e_2}{e_1})[V]$

ⓑ 부하용량 : $W = \sqrt{3}\,E_2 I_2\,[\text{kVA}]$

ⓒ 승압기 용량(자기용량) : $\omega = e_2 I_2 = e_2 \times \dfrac{W}{\sqrt{3}\,E_2}[\text{kVA}]$

⇨ ω는 승압기 1대 용량이므로 승압기 총 용량은 2ω[kVA]를 필요로 한다.

ⓓ $\dfrac{\text{자기용량}}{\text{부하용량}} = \dfrac{2}{\sqrt{3}}(\dfrac{V_h - V_\ell}{V_h})$

여기서, V_h[V] 고압 측 전압, V_ℓ[V] 저압 측 전압, $V_h - V_\ell$[V] 승압 전압이다.

③ 3상 전압 승압(△결선)

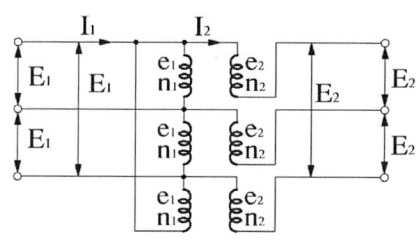

[△결선 결선도]

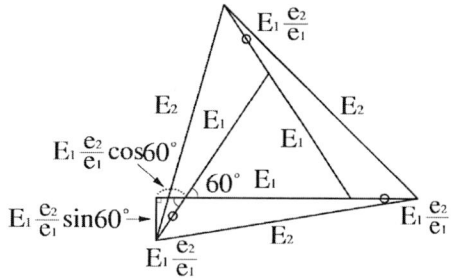

[△결선 벡터도]

- $E_2 = \sqrt{\left(E_1 + E_1\dfrac{e_2}{e_1} + \dfrac{1}{2}E_1\dfrac{e_2}{e_1}\right)^2 + \left(\dfrac{\sqrt{3}}{2}E_1\dfrac{e_2}{e_1}\right)^2} = E_1\left(1 + \dfrac{3}{2}\dfrac{e_2}{e_1}\right)$

ⓐ 승압 후 전압 $E_2 = E_1(1 + \dfrac{3}{2}\dfrac{n_2}{n_1}) = E_1(1 + \dfrac{3}{2}\dfrac{e_2}{e_1})[V]$

ⓑ 부하용량 $W = \sqrt{3}\,E_2 I_2\,[kVA]$

ⓒ 승압기 용량(자기용량) : $\omega = e_2 I_2 = e_2 \times \dfrac{W}{\sqrt{3}\,E_2}\,[kVA]$

⇨ ω는 승압기 1대 용량이므로 승압기 총 용량은 3ω[kVA]를 필요로 한다.

ⓓ $\dfrac{\text{자기용량}}{\text{부하용량}} = \dfrac{V_h^{\,2} - V_\ell^{\,2}}{\sqrt{3}\,V_h V_\ell}$

여기서, V_h[V] 고압 측 전압, V_ℓ[V] 저압 측 전압, $V_h - V_\ell$[V] 승압 전압이다.

(3) 유도 전압조정기

선로의 길이나 부하상태가 서로 다른 배전선로에서 각각의 급전선에 설치하는 전압조정 장치로 1차 권선의 회전방향에 따라 전압을 승압, 강압할 수 있다. 단상 유도전압조정기는 직렬권선에 대한 분로권선의 위치를 연속적으로 바꾸는 단상 단권변압기의 일종이지만 그 구조는 유도전동기와 비슷하며 고정자와 회전자로 구성되어 있다. 이때 분로권선과 직렬권선의 축이 이루는 각도 α = 0°일 때 분로권선이 만드는 교번자속 ∅는 누설자속을 무시하면 모두 직렬권선과 쇄교하므로 직렬권선의 유도 기전력은 가장 크다. 그런데 분로권선을 각도 α만큼 회전시키면 α가 커지는 것에 비례하여 유도기전력은 점차 감소하며 α = 90°일 경우 쇄교 자속이 전혀 존재하지 않으므로 유도 기전력은 0이 된다. 따라서 α 변화에 따른 2차 전압 V_2는 다음과 같이 나타낼 수 있다.

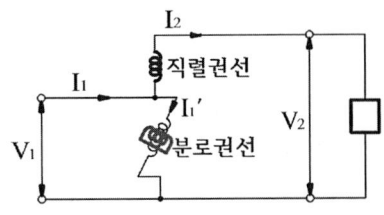 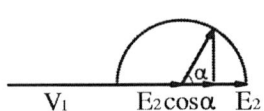

- α = 0 : $V_2 = V_1 + E_2$(최대)
- α = 90 : $V_2 = V_1$
- α = 180 : $V_2 = V_1 - E_2$(최소)
- 2차 전압 : $V_2 = V_1 \pm E_2 \cos\alpha [V]$

　ⓐ 전압 조정 범위 : $V_2 = V_1 \pm E_2 \cos\alpha [V]$

　ⓑ 유도전압조정기 조정 정격(출력) : $P_2 = E_2 I_2 \times 10^{-3} [kVA]$

　ⓒ 정격출력(부하용량) : $P = V_2 I_2 \times 10^{-3} [kVA]$

　ⓓ 교번자계를 이용한다.

　ⓔ 입력 전압과 출력 전압과 위상이 같다.

　ⓕ 단락 권선이 필요하다.

【참고】 단락권선 : 직렬 권선에 부하 전류가 흐를 때 누설 리액턴스 때문에 발생하는 전압강하 방지를 위해 분로권선에 직각으로 감아주는 3차 권선

Chapter 08 배전계통의 구성 및 배전선로 운용

출제예상핵심문제

380 변전소의 역할에 대한 설명으로 옳지 않은 것은?

① 유효전력과 무효전력의 제어
② 전력의 발생과 분배
③ 전압의 승압과 강압
④ 전력 조류 제어

해설 변전소의 역할
① 변압(전압 변성) 기능
② 전력의 집중, 배분 기능
③ 송배전선로 및 변전소 보호, 제어 기능
④ 전력조류 제어 기능(전기의 흐름을 조정)
【참고】전력 조류 : 전력 시스템 구성 요소에 유입되거나 유출되는 유효 전력과 무효 전력의 흐름

381 발전소나 옥외 변전소의 모선 방식 중 환상 모선 방식은?

① 1 모선 사고 시 타 모선으로 절체 할 수 있는 2중모선 방식이다
② 1 발전기마다 1 모선으로 구분하여 모선 사고 시 타 발전기의 동시 탈락을 방지함
③ 다른 방식보다 차단기의 수가 적어도 된다.
④ 단모선 방식을 말한다.

해설 모선의 종류
① 단일 모선 방식
② 복모선 방식 : 2중모선 방식, 절환 모선 방식, 1.5차단 모선 방식
③ 환상모선 : 링 모선 방식, 2중모선 2버스 타이 방식, 2중모선 4버스 타이 방식
   따라서 환상 모선 방식도 1모선 사고 시 타 모선으로 절체 할 수 있는 2중모선 방식으로 모선 사고 시 차단기 사이 모선 구역만 정전되므로 신뢰성이 우수한 방식이다.

382 발·변전소에서 사용되는 상 분리 모선(Isolated phase bus)의 특징으로 틀린 것은?

① 절연 열화가 적고 선간 단락이 거의 없다.
② 다도체로서 대 전류를 흘릴 수 있다.
③ 기계적 강도가 크고 보수가 용이하다.
④ 폐쇄되어 있으므로 안전도가 크고 외부로부터 손상을 받지 않는다.

정답 380.② 381.① 382.②

해설 상분리 모선은 절연상태의 모선(Conductor)을 절연 지지물로 고정하여 각 상 별로 각각 분리된 금속성 용기 안에 내장한 폐쇄모선이다.
【참고】상분할 모선 : 삼상 도체를 상간 격벽을 만들어 하나의 금속 외함에 내장한 것

383 각 전력 계통의 연락선으로 상호 연결하면 여러 가지의 장점이 있다. 옳지 않은 것은?

① 각 전력 계통의 신뢰도가 증가한다.
② 경제 급전이 용이하다.
③ 단락 용량이 적어진다.
④ 주파수의 변화가 적어진다.

해설 2개의 서로 다른 선로를 이어 주는 연락선으로 계통 상호 간을 연결하면 병렬 회선수가 증가하는 형태이므로 단락 사고 시 단락용량이 커진다.

384 그림과 같이 2차 변전소에 따로따로 전력을 공급하는 지중전선로 방식은 어느 것인가?

① 평행식
② 다단식
③ 방사식
④ 환상식

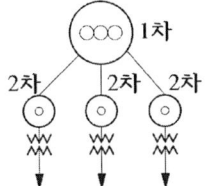

해설 발·변전소로부터 인출된 배전선이 부하의 분포에 따라서 나뭇가지 모양으로 분기선을 내면서 각 수용가에 전력을 공급하는 방식을 수지식 또는 방사식이라고 한다.

385 루프(loop)배전 방식에 대한 설명으로 옳은 것은?

① 전압강하가 작은 이점이 있다.
② 시설비가 적게 드는 반면 전력손실이 크다.
③ 부하 밀도가 적은 농·어촌에 적당하다.
④ 고장 시 정점 범위가 넓은 결점이 있다.

해설 환상식(Loop System)의 수지식에 대한 비교 특성
• 전류통로에 대한 융통성이 있다.
• 전압강하(변동) 및 전력손실이 경감된다.
• 공급신뢰도가 향상된다.
• 설비의 복잡화에 따른 부하증설이 어렵다.
• 부하밀집지역에 적합하다.

정답 383.③ 384.③ 385.①

386 배전 변전소에서 루프 계통에 대한 설명으로 옳은 것은?

① 일반적으로 배전 변압기나 2차 변전소에 대하여 1개의 공급 회로를 가지고 있다.
② 계전 방식이 비교적 간단하다.
③ 공급의 계속성은 없으나 증설이 용이하며, 초기 설비비가 저렴하다.
④ 전압 변동률이 방사상계통보다 작고 부하를 균등히 할 수 있다.

해설 환상식(Loop System) : 배전 간선이 하나의 환상식으로 구성되고 수요 분포에 따라 임의의 각 장소에서 분기선을 내면서 전력을 공급하는 방식으로 수지식에 비하여 전압변동률 및 전력손실이 적고, 부하를 균등하게 배전할 수 있지만 설비비가 비싸진다.

387 다음과 같은 특징이 있는 배전방식은 어느 것인가?

○ 전압강하 및 전력손실이 경감된다.
○ 변압기 용량 및 저압선의 용량이 절감된다.
○ 부하증가에 대한 탄력성이 향상된다.
○ 고장보호방법이 적당할 때 공급신뢰도가 향상되며 플리커 현상이 경감된다.

① 저압 네트워크방식
② 고압네트워크 방식
③ 저압 뱅킹방식
④ 수지상 배전 방식

해설 뱅킹방식 : 동일 고압 배전선로에 접속되어 있는 2대 이상의 배전용 변압기를 경유해서 저압 측 간선을 병렬 접속하는 방식
- 전압강하(변동), 전력손실, 플리커 현상이 경감된다.
- 고장 보호 방식이 적당할 경우 공급신뢰도가 향상된다.
- 변압기 공급 전력을 서로 융통시킬 수 있으므로 변압기 용량을 저감할 수 있다.
- 부하 증가에 대응할 수 있는 탄력성이 향상된다.
- 캐스케이딩 현상에 의한 정전범위가 넓어진다.

388 저압 뱅킹 방식의 장점이 아닌 것은?

① 전압 강하 및 전력 손실이 경감된다.
② 변압기 용량 및 저압선 동량이 절감된다.
③ 부하 변동에 대한 탄력성이 좋다.
④ 경부하시의 변압기 이용 효율이 좋다.

정답 386.④ 387.③ 388.④

해설 뱅킹방식 : 동일 고압 배전선로에 접속되어 있는 2대 이상의 배전용 변압기를 경유해서 저압 측 간선을 병렬 접속하는 방식으로 경부하시 변압기 이용 효율이 나쁘다.

389 저압 뱅킹 배전방식에서 캐스케이딩 현상이란?

① 전압 동요가 적은 현상
② 변압기의 부하 배분이 불균일한 현상
③ 저압선이나 변압기에 고장이 생기면 자동적으로 고장이 제거되는 현상
④ 저압선의 고장에 의하여 건전한 변압기의 일부 또는 전부가 차단되는 현상

해설 캐스케이딩현상 : 저압 뱅킹 방식에서 변압기 2차 측 저압선 일부 고장으로 인하여 뱅킹 내의 건전한 변압기의 일부 또는 전부가 연쇄적으로 차단되는 현상
- 정전범위가 넓어지므로 공급신뢰도가 떨어진다.
- 방지대책 : 저압선 중간에 구분 퓨즈나 차단기를 설치하여 해당 변압기만 차단

390 저압 뱅킹 배전 방식에서 캐스케이딩 현상을 방지하기 위하여 인접 변압기를 연락하는 저압선의 중간에 설치하는 것으로 알맞은 것은?

① 구분 퓨즈　　② 리클로우저　　③ 섹셔널라이저　　④ 구분개폐기

해설 캐스케이딩 현상 : 저압 뱅킹 방식에서 변압기 2차 측 저압선 일부 고장으로 인하여 뱅킹 내의 건전한 변압기의 일부 또는 전부가 연쇄적으로 차단되는 현상
- 정전범위가 넓어지므로 공급신뢰도가 떨어진다.
- 방지대책 : 저압선 중간에 구분 퓨즈나 차단기를 설치하여 해당 변압기만 차단

391 다음의 배전 방식 중 공급 신뢰도가 가장 우수한 방식은?

① 수지상 방식　　　　　　② 저압 뱅킹 방식
③ 고압 네트워크 방식　　　④ 저압 네트워크 방식

해설 저압 네트워크 방식 : 배전 변전소의 동일 모선으로부터 2회선 이상의 급전선을 인출하여 변압기 2차측을 망상으로 접속해서 수용가에 전력을 공급하는 방식
- 어떠한 지점에서 고장이 발생해도 우회하는 경로를 통하여 전력을 공급할 수 있으므로 공급신뢰도가 가장 좋다.

정답　389.④　390.①　391.④

392 망상 배전 방식에 대한 설명으로 옳은 것은?

① 부하증가에 대한 융통성이 적다.
② 전압변동이 대체로 크다.
③ 인축에 대한 감전사고가 적어서 농촌에 적합하다.
④ 무정전 전력 공급이 가능하다.

해설 저압 네트워크 방식의 특징
- 무정전 전력공급이 가능하므로 공급 신뢰도가 높다.
- 전압강하(변동) 및 전력손실이 경감된다.
- 기기 이용률이 향상된다.
- 부하증설이 용이하여 융통성이 좋다.
- 네트워크 변압기나 네트워크 프로텍터 설치에 따른 설비비가 비싸다.
- 대형 빌딩가와 같은 고밀도 부하밀집지역에 적합하다.

393 네트워크 배전 방식의 장점이 아닌 것은?

① 정전이 적다.
② 전압 변동이 적다.
③ 인축의 접촉사고가 적어진다.
④ 부하 증가에 대한 적응성이 크다.

해설 네트워크 배전 방식은 배전용 변압기 2차 측을 망상으로 접속하여 수용가에 전력을 공급하기 때문에 선로 회선 수가 증가하는 만큼 접촉 사고는 증가할 수 있다.

394 저압 네트워크 배전 방식에 사용되는 네트워크 프로텍터의 구성 요소가 아닌 것은?

① 저압용차단기
② 퓨즈
③ 전력방향계전기
④ 계기용변압기

해설 네트워크 프로텍터는 변전소의 차단기 동작 시 네트워크에서 전류가 네트워크변압기쪽으로 흘러 1차 측으로 역가압되는 현상을 방지하기 위한 보호 장치
구성 : 역전력 계전기와 과전압 재폐로 계전기 조합

395 우리나라 배전 방식 중 가장 많이 사용하고 있는 것은?

① 단상2선식
② 3상3선식
③ 3상4선식
④ 단상3선식

정답 392.④ 393.③ 394.④ 395.③

해설 우리나라 송배전방식
- 송전 방식 : 3상 4선식 중성점 직접접지 방식
- 배전 방식 : 3상 4선식 중성선 다중접지 방식

396 부하 간의 선간 전압(단상 3선식의 경우는 중성선과 다른 2선간의 전압으로 한다) 및 선로 전류를 같게 한 경우, 단상 3선식과 단상 2선식과의 1선당의 공급전력의 비는 약 몇 [%]정도인가?(단, 송전전력, 송전거리, 전선로의 전력 손실이 일정하고 같은 재료의 전선을 사용한 경우)

① 70 ② 133 ③ 141 ④ 150

해설 상전압(단상 3선식), 선전류, 역률 일정 시 1선당 전력공급비

단상 2선식 : $P_1 = \dfrac{1}{2}VI$ [W], 단상 3선식 : $P_2 = \dfrac{2}{3}VI$ [W]

$\dfrac{P_2}{P_1} = \dfrac{\dfrac{2}{3}VI}{\dfrac{1}{2}VI} = \dfrac{4}{3} = 1.33$배 $= 133$[%]

【참고】단상 2선식 기준 1선당 전력 공급비
- 단상 3선식 : 1.33배
- 3상 3선식(선간 전압) : 1.15배
- 3상 4선식(선간 전압) : 0.866배
- 3상 4선식(상 전압) : 1.5배

397 송전 방식에서 같은 전압, 같은 전류, 같은 상차 각일 때 $\dfrac{3상\ 3선식}{단상\ 2선식}$ 의 1선당 전력비[%]는?

① 66.7 ② 75.0 ③ 87.0 ④ 115.0

해설 동일 전압, 동일 전류, 동일 역률 시 1선당 전력공급비

단상 2선식 : $P_1 = \dfrac{1}{2}VI$ [W], 3상 3선식 : $P_3 = \dfrac{\sqrt{3}}{3}VI$ [W]

$\dfrac{3상\ 3선식\ 전력}{단상\ 2선식\ 전력} = \dfrac{\dfrac{\sqrt{3}}{3}VI}{\dfrac{1}{2}VI} = \dfrac{2\sqrt{3}}{3} = 1.15$배 $= 115$[%]

398 부하 간의 선간 전압 및 선로 전류를 같게 한 경우 송전 전력, 송전 거리, 전선로의 전력손실이 일정하고 같은 재료의 전선을 사용한 경우에 전선 한 가닥마다의 송전 전력을 비교하려고 한다. 3상 3선식을 100이라 하면 3상 4선식은 얼마가 되는가?

① 50 ② 75 ③ 87 ④ 115

해설 선간전압, 선 전류, 역률 일정 시 1선당 전력공급 비

$$\frac{3상\ 4선식\ 전력}{3상\ 3선식\ 전력} = \frac{\frac{\sqrt{3}}{4}VI}{\frac{\sqrt{3}}{3}VI} = \frac{3}{4} = 0.75 = 75[\%]$$

399 배전 선로의 전기 방식 중 전선의 중량(전선 비용)이 가장 적게 소요되는 방식은?(단, 배전 전압, 거리, 전력 및 선로 손실 등은 같다.)

① 단상2선식 ② 단상3선식 ③ 3상3선식 ④ 3상4선식

해설 전압, 전력, 손실 일정 시 전선 중량비
- 단상 3선식 : $\frac{3}{8}$배
- 3상 3선식(선간 전압) : $\frac{3}{4}$배
- 3상 4선식(상 전압) : $\frac{1}{3}$배
- 3상 4선식(선간 전압) : 1배

400 단상 2선식을 100[%]로 하여 3상 3선식의 부하 전력, 전압을 같게 하였을 때 선로 전류의 비[%]는?

① 38 ② 48 ③ 58 ④ 68

해설 동일 전압, 동일 전력 시 선로 전류비
단상 2선식 $P_1 = VI_1$[W], 3상 3선식 $P_3 = \sqrt{3}\,VI_3$[W] 에서
동일 전력 조건 $VI_1 = \sqrt{3}\,VI_3$ 에서 $I_1 = \sqrt{3}\,I_3$ 이므로 $\frac{I_3}{I_1} = \frac{1}{\sqrt{3}} = 0.58$

정답 398.② 399.④ 400.③

401 선간 전압, 배전 거리, 선로 손실 및 전력 공급을 같게 할 경우 단상 2선식과 3상 3선식에서 전선 한 가닥의 저항 비(단상/3상)는?

① $\frac{1}{\sqrt{2}}$ ② $\frac{1}{\sqrt{3}}$ ③ $\frac{1}{3}$ ④ $\frac{1}{2}$

해설 동일 전압, 동일 전력, 동일 전력손실 시 전선 저항비

구분	동일전력	동일손실	전선저항비
단상2선식(I_1, R_1)	$VI_1 = \sqrt{3}\,VI_3$	$2I_1^2 R_1 = 3I_3^2 R_3$	$\dfrac{R_1}{R_3} = \dfrac{3I_3^2}{2I_1^2} = \dfrac{3I_3^2}{2(\sqrt{3}I_3)^2} = \dfrac{1}{2}$
3상3선식(I_3, R_3)	$I_1 = \sqrt{3}\,I_3$		

402 송전 전력, 선간 전압, 부하 역률, 전력손실 및 송전 거리를 동일하게 하였을 경우 3상 3선식과 단상 2선식의 총 전선량(중량)비는 얼마인가?

① 0.75 ② 0.87 ③ 0.94 ④ 1.15

해설 동일 전압, 동일 전력, 동일 전력손실 시 전선 중량비

구분	동일전력	동일손실조건 전체중량	전선 총 중량비
단상2선식(I1, R1)	$VI_1 = \sqrt{3}\,VI_3$	$P_{\ell 1} = 2I_1^2 R_1 \to W_1 = 2\omega_1$	$\dfrac{W_3}{W_1} = \dfrac{3\omega_3}{2\omega_1} = \dfrac{3}{4} = 0.75$
3상3선식(I3, R3)	$I_1 = \sqrt{3}\,I_3$	$P_{\ell 3} = 3I_3^2 R_3 \to W_3 = 3\omega_3$	

거리가 일정할 경우 $R = \rho \dfrac{\ell}{A} \propto \dfrac{1}{A(면적)}$ 이므로 중량비는 $\dfrac{\omega_3}{\omega_1} = \dfrac{R_1}{R_3} = \dfrac{1}{2}$ 이다.

403 3상 4선식의 전선 소요량은 3상 3선식의 전선 소요량의 몇 배인가? (단, 배전거리, 배전 전력 및 전력 손실은 같고, 4선식의 중성선의 굵기는 외선의 굵기와 같으며 외선과 중성선 간의 전압은 3선식의 선간 전압과 같다.)

① $\frac{4}{9}$배 ② $\frac{2}{3}$배 ③ $\frac{3}{4}$배 ④ $\frac{1}{3}$배

해설 동일 전압, 동일 전력, 동일 전력손실 시 전선 중량비

구분	동일전력	동일손실조건 전체중량	저항비	총 중량비
3상3선식(I_3, R_3)	$\sqrt{3}\,VI_3 = 3VI_4$	$P_{\ell 3} = 3I_3^2 R_3 \to W_3 = 3\omega_3$	$\dfrac{R_3}{R_4} = \dfrac{3I_4^2}{3I_3^2} = \dfrac{1}{3}$	$\dfrac{W_4}{W_3} = \dfrac{4\omega_4}{3\omega_3} = \dfrac{4}{9}$
3상4선식(I_4, R_4)	$I_3 = \sqrt{3}\,I_4$	$P_{\ell 4} = 3I_4^2 R_4 \to W_4 = 4\omega_4$		

정답 401.④ 402.① 403.①

거리가 일정할 경우 $R = \rho\dfrac{\ell}{A} \propto \dfrac{1}{A(면적)}$ 이므로 중량비 $\dfrac{\omega_4}{\omega_3} = \dfrac{R_3}{R_4} = \dfrac{1}{3}$ 이다.

404 동일 전력을 동일 선간 전압, 동일 역률로 동일 거리에 보낼 때, 사용하는 전선의 총 중량이 같으면 3상 3선식과 단상 2선식일 때의 전력 손실비는?

① 1 ② $\dfrac{3}{4}$ ③ $\dfrac{2}{3}$ ④ $\dfrac{1}{\sqrt{3}}$

해설 동일 전압, 동일 전력, 동일 중량조건일 경우 전력손실비

구분	동일전력	동일중량 저항비	전력손실비
단상2선식(I_1, R_1)	$VI_1 = \sqrt{3}\,VI_3$ $I_1 = \sqrt{3}\,I_3$	$2A_1\ell = 3A_3\ell \rightarrow \dfrac{A_1}{A_3} = \dfrac{3}{2}$ 저항비 $\dfrac{R_3}{R_1} = \dfrac{3}{2}$	$\dfrac{P_{\ell 3}}{P_{\ell 1}} = \dfrac{3I_3^2 R_3}{2I_1^2 R_1} = \dfrac{3}{4}$
3상3선식(I_3, R_3)			

• 전력손실비 계산시 저항비 $\dfrac{R_3}{R_1} = \dfrac{3}{2}$

405 선간 전압, 부하 역률, 선로 손실, 전선 중량 및 배전 거리가 같다고 할 경우 단상 2선식과 3상 3선식의 공급전력의 비(단상/3상)는?

① $\sqrt{3}$ ② $\dfrac{1}{\sqrt{3}}$ ③ $\dfrac{3}{2}$ ④ $\dfrac{\sqrt{3}}{2}$

해설 동일 전압, 동일손실, 동일 중량조건일 경우 공급전력비

구분	동일중량 저항비	동일손실전류비	공급전력비
단상2선식(I_1, R_1)	$2A_1\ell = 3A_3\ell \rightarrow \dfrac{A_1}{A_3} = \dfrac{3}{2}$ 저항비 $\dfrac{R_3}{R_1} = \dfrac{3}{2}$	$2I_1^2 R_1 = 3I_3^2 R_3$ $\dfrac{I_1}{I_3} = \dfrac{3}{2}$	$\dfrac{VI_1}{\sqrt{3}\,VI_3} = \dfrac{1}{\sqrt{3}} \times \dfrac{3}{2} = \dfrac{\sqrt{3}}{2}$
3상3선식(I_3, R_3)			

406 단상 3선식 (110/220[V])에 대한 설명으로 옳은 것은?

① 전압 불평형이 우려되므로 밸런서를 전원 측에 설치한다.
② 중선선과 외선 사이에만 부하를 사용하여야 한다.
③ 중성선에는 반드시 퓨즈를 삽입하여야 한다.
④ 2종의 전압을 얻을 수 있고 전선 양이 절약되는 이점이 있다.

정답 404.② 405.④ 406.④

해설 단상 3선식의 특징
- 2종류의 전압을 얻을 수 있다.
- 중성선에는 과전류차단기를 시설하지 않고 동선으로 직결한다.
- 부하 불평형시 중성선 단선시 부하가 소손될 우려가 있으므로 부하측에 밸런서를 설치해야 한다.

407 단상 3선식에 대한 설명으로 틀린 것은?

① 불평형 부하 시 중성선 단선 사고가 나면 전압 상승이 일어난다.
② 불평형 부하 시 중성선에 전류가 흐르므로 중성선에 퓨즈를 삽입한다.
③ 선간전압 및 선로 전류가 같을 때 1선당 공급 전력은 단상 2선식의 133[%]이다
④ 전력 손실이 동일하고 바깥 선에 대한 중성선의 단면적이 같을 경우, 전선 총 중량은 단상 2선식의 37.5[%]이다.

해설 단상 3선식 시설 원칙
- 중성선에는 과전류차단기를 시설하지 않고 동선으로 직결한다.
- 중성선에 시설하는 개폐기는 3극이 동시에 개폐되는 것으로 시설한다.
- 중성선에는 혼촉 시 저압 측 전위 상승 방지를 위해 접지공사를 실시한다.
- 부하 불평형 시 전압 불평형이 우려되므로 부하 말단 측에 밸런서를 설치한다.

408 단상 3선식에 사용되는 밸런서의 특성이 아닌 것은?

① 여자 임피던스가 적다.   ② 누설 임피던스가 적다.
③ 권수비가 1:1이다.   ④ 단권변압기이다.

해설 단상 3선식에서 부하 불평형 시 각 전압선과 중성선간에 걸리는 단자전압의 불평형이 발생할 수 있으므로 부하 말단에 누설 임피던스는 적고, 여자 임피던스는 큰 권수비 1 : 1의 단권변압기인 저압 밸런서를 설치하여 단자전압의 평형을 유지할 수 있다.

409 그림과 같은 단상 3선식 회로의 중성선 P점에서 단선 되었다면 백열등 A:100[W]와 B:400[W]에 걸리는 단자전압은 각각 몇[V]인가?

① $V_A = 160[V]$, $V_B = 40[V]$
② $V_A = 120[V]$, $V_B = 80[V]$
③ $V_A = 40[V]$, $V_B = 160[V]$
④ $V_A = 60[V]$, $V_B = 140[V]$

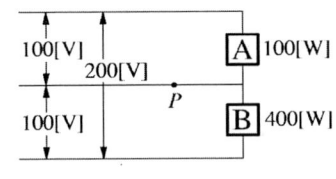

정답 407.② 408.① 409.①

해설 단상 3선식에서 중성선 단선시 부하에 걸리는 전압은 단선전 발생전력에 반비례 분배된다.

$$V_A = \frac{P_B}{P_A+P_B} \times V = \frac{400}{100+400} \times 200 = 160[V]$$

$$V_B = \frac{P_A}{P_A+P_B} \times V = \frac{100}{100+400} \times 200 = 40[V]$$

410 단상 2선식(110[V]) 배전 선로를 단상 3선식(110/220[V])으로 변경할 경우, 부하의 크기 및 공급 전압을 불변으로 하고 부하를 평형시키면 전선로의 전력 손실은 변경 전에 비하여 몇 [%]인가?

① 75 ② 50 ③ 33 ④ 25

해설 동일 전압, 동일 부하일 경우 전력손실

구분	동일전력시 전류비	전력손실비
단상2선식(I1, R1)	$VI_1 = 2VI_2$	$\frac{P_{\ell 2}}{P_{\ell 1}} = \frac{2I_2^2 R}{2I_1^2 R} = \left(\frac{I_2}{I_1}\right)^2 = \frac{1}{4} = 25[\%]$
3상3선식(I3, R3)	$\frac{I_2}{I_1} = \frac{1}{2}$	

411 교류 단상 3선식 배전 방식은 교류 단상 2선식에 비해 어떠한가?

① 전압강하는 크고 효율은 높다.
② 전압강하는 작고 효율은 높다.
③ 전압강하는 작고 효율은 낮다.
④ 전압강하는 크고 효율이 낮다.

해설 부하용량 및 공급전압이 일정일 경우 단상 2선식 부하를 단상3선식으로 하여 접속하면 전류가 $\frac{1}{2}$배로 감소하면서 전압이 2배로 승압되는 효과와 같다.
- 공급 전력 일정 시 전압강하가 $\frac{1}{2}$로 감소하고 효율은 높아진다.

412 단상 2선식(110[V])저압 배전 선로를 단상 3선식(110/220)으로 변경하고 부하 용량 및 공급 전압을 변경시키지 않고 부하를 평형으로 하였을 경우 전선의 전압 강하율은 변경 전에 비해서 몇 배가 되는가?

① $\frac{1}{4}$배 ② $\frac{1}{3}$배 ③ $\frac{1}{2}$배 ④ 변하지 않는다.

정답 410.④ 411.② 412.①

해설 부하용량 및 공급전압이 일정일 경우 단상 2선식 부하를 단상3선식으로 하여 접속하면 전류가 $\frac{1}{2}$배로 감소하면서 전압이 2배로 승압되는 효과와 같다.
- 공급전력 일정 시 전압강하율은 $\left(\frac{1}{2}\right)^2 = \frac{1}{4}$로 감소한다.

413 우리나라의 345[kV] 초고압에서 사용되는 변압기의 결선방식은?

① Δ - Δ 결선　　　　② Y - Δ 결선
③ Y - Y - Δ결선　　④ Y - Δ - Y 결선

해설 초고압 송전선로에서는 주로 1차, 2차, 3차 권선이 있는 3권선 변압기를 Y - Y - Δ 결선하여 사용하며 Δ결선 채용 목적은 제3고조파 제거 및 조상설비 접속에 있다.

414 조상설비가 있는 1차 변전소에서 주변압기로 주로 사용되는 변압기는?

① 승압용 변압기　② 단권변압기　③ 3권선 변압기　④ 단상 변압기

해설 초고압 송전선로에서는 주로 1차, 2차, 3차 권선이 있는 3권선 변압기를 Y - Y - Δ 결선하여 사용하며 Δ결선 채용 목적은 제3고조파 제거 및 조상설비 접속에 있다.

415 배전용 변전소의 주변압기로 주로 사용되는 것은?

① 단권변압기　② 3권선 변압기　③ 체강 변압기　④ 체승 변압기

해설 1, 2차 변전소의 변압기 사용 목적
- 1차 변전소(송전용 변전소) : 승압(체승) 목적으로 사용한다.
- 2차 변전소(배전용 변전소) : 강압(체강) 목적으로 사용한다.

416 변압기의 결선 중에서 1차 측에 제3고조파가 있을 때 2차 측에도 제3고조파 나타날 수 있는 결선은?

① Y - Y 결선　　② Y - Δ 결선　　③ Δ - Y 결선　　④ Δ - Δ 결선

해설 변압기 유기기전력이 정현파가 되기 위해서는 여자전류에 제3고조파 성분이 있어야 하는데 Y - Y 결선의 1차 측에 여자전류의 합은 0이 아니므로 제3고조파가 성분이 존재한다. 따라서 유기기전력은 제3고조파를 포함한 왜형파가 된다.

정답　413.③　414.③　415.③　416.①

417 제3고조파의 단락전류가 흘러서 일반적으로 사용되지 않는 변압기의 결선방식은?

① Δ – Y 결선　② Y – Δ 결선　③ Y – Y 결선　④ Δ – Δ 결선

해설 변압기 Y – Y 결선 시 제3고조파는 동위상의 특성을 가지므로 중성점을 접지하면 각 상에6 흐르는 제3고조파 전류의 3배인 단락전류가 접지선에 흐른다.

418 송전선로에서 사용하는 변압기 결선에 Δ 결선이 포함되어 있는 이유는?

① sin파 제거　② 제3고조파 제거　③ 제5고조파 제거　④ 제7고조파 제거

해설 변압기를 Δ 결선하면 동 위상의 특성을 갖는 제3고조파가 선로에 나타날 수 없으므로 선로에는 정현파 전류가 흐를 수 있고, 통신선에 대한 유도장해도 없다.

419 400[kVA] 단상 변압기 3대를 Δ – Δ 결선으로 사용하다가 1대의 고장으로 V–V결선을 하여 사용하면 몇 [kW]부하까지 걸 수 있겠는가?

① 400　② 565　③ 690　④ 866

해설 변압기 V 결선 용량 : $P_V = \sqrt{3}P_1[\text{kVA}]$ (P_1 : 단상변압기 한 대 용량)
$P_V = \sqrt{3}P_1 = \sqrt{3} \times 400 = 692.82[\text{kW}]$

420 100[kVA] 단상 변압기 3대를 사용해서 Δ 결선에 의하여 급전하고 있는 경우 1대의 변압기가 소손되었기 때문에 이것을 제거 시켰다고 한다. 이때 부하가 230 [kVA]라 하면 나머지 2대의 변압기는 몇[%]의 과부하가 되겠는가?

① 115　② 125　③ 133　④ 173

해설 변압기 V 결선 용량 : $P_V = \sqrt{3}P_1[\text{kVA}]$ (P_1 : 단상변압기 한 대 용량)
$P_V = \sqrt{3}P_1 = \sqrt{3} \times 100 = 100\sqrt{3}[\text{kVA}]$
과부하율 $= \dfrac{230}{100\sqrt{3}} = 1.33 = 133[\%]$

정답　417.③　418.②　419.③　420.③

421 100[kVA]인 단상변압기 3대를 사용하고 있는 수용가가 용량이 100[kVA]인 예비변압기 1대를 추가 사용하여 부하증가에 대비하고자 한다. 이에 응할 수 있는 최대부하[kVA]는?

① 400　　② 346　　③ 304　　④ 200

해설 단상변압기 한 대 용량을 $P_1[\text{kVA}]$ 라 하면 2대를 이용하여 V 결선한 후 2뱅크로 운전하면 되므로 3상 최대 출력 용량 $P = 2 \times \sqrt{3} P_1 = 346[\text{kVA}]$ 이 된다.

422 배전선의 전압 조정 방법이 아닌 것은?

① 승압기 사용　　② 유도전압조정기 사용
③ 주상변압기 탭 전환　　④ 한류리액터 사용

해설 배전선로 전압 조정 방법
- 변압기 탭 변환
- 승압기(단권변압기)
- 유도전압조정기
- 병렬콘덴서(전력용 콘덴서)

423 22.9[kV-Y] 배전용 주상 변압기의 1차 측 탭 전압이 22900[V]의 경우에 저압 측의 전압이 220[V]이다. 저압 측의 전압을 약 210[V]로 하자면 1차 측의 어느 탭 전압 [V]에 접속해야 하는가?

① 21,000　　② 22,000　　③ 23,000　　④ 24,000

해설 변압기 탭 변환 $E_1 N_2 = N_1 E_2$ 에서 E_1, N_2 일정. 가변값 $N_1 E_2$ 도 일정
$N_1 E_2 = N_1' E_2'$ 로부터 $22{,}900 \times 220 = N_1' \times 210$ 이므로
$N_1' = 22{,}900 \times \dfrac{220}{210} = 23{,}990 \fallingdotseq 24{,}000[\text{V}]$

424 최근에 초고압 송전 계통에서 단권변압기가 사용되고 있는데 그 이유로 볼 수 없는 것은 어느 것인가?

① 중량이 가볍다.　　② 전압 변동률이 작다.
③ 효율이 높다.　　④ 단락 전류가 작다.

정답　421.②　422.④　423.④　424.④

해설 단권변압기 특징
- 동량이 적어지므로 중량이 감소하고, 경제적이며 효율이 높다.
- 누설자속이 적으므로 전압변동이 적고, 계통의 안정도가 증가한다.
- 변압기 자기용량보다 부하용량이 크므로 소용량으로 큰 부하를 걸 수 있다.
- 누설 임피던스가 적으므로 단락 사고 시 단락전류가 크다.
- 승압용인 경우 2차 측 전압이 크므로 2차 측 절연강도를 높여야 한다.

425 단권변압기를 초고압 계통의 연계용으로 이용할 때 장점에 해당되지 않는 것은?

① 동량이 경감된다.
② 2차 측의 절연 강도를 낮출 수 있다.
③ 분로 권선에서 누설 자속이 없어 전압 변동률이 작다.
④ 부하 용량은 변압기 고유 용량보다 크다.

해설 승압용인 경우 2차 측 전압이 크므로 2차 측 절연강도를 높여야 한다.

426 승압기에 의하여 전압 V_ℓ 에서 V_h 로 승압할 때, 2차 정격전압 e, 자기용량 W인 단상 승압기가 공급할 수 있는 부하용량은 어떻게 표현되는가?

① $\dfrac{V_h}{e} \times W$ ② $\dfrac{V_\ell}{e} \times W$ ③ $\dfrac{V}{V_h - V_\ell} \times W$ ④ $\dfrac{V_h - V_\ell}{V_\ell} \times W$

해설 승압기 1대인 경우 승압 전압 $E_2 = E_1(1 + \dfrac{n_2}{n_1}) = E_1(1 + \dfrac{e_2}{e_1})[V]$

- 부하용량(2차 출력) $= E_2 I_2 [kVA]$ 에서 $I_2 = \dfrac{부하용량}{E_2}[A]$
- 자기용량 $W = e_2 I_2 = e_2 \times \dfrac{부하용량}{E_2}[kVA]$ 이므로 부하용량 $= \dfrac{E_2}{e_2} W[kVA]$
- 문제조건 $E_2 = V_h$, $e_2 = e$ 이므로
- 부하용량 $= \dfrac{E_2 \cdot \omega}{e_2} = \dfrac{V_h}{e} \times W$ 이 된다.

427 단상 교류회로에 3150/210V의 승압기를 60[kW], 역률 0.8인 부하에 접속하여 전압을 상승시키는 경우 몇 [kVA]의 승압기를 사용해야 적당한가? 단, 전원전압은 2900[V]이다.

① 3   ② 5   ③ 7   ④ 10

정답 425.② 426.① 427.②

해설 승압기 1대일 때 승압전압 $E_2 = E_1\left(1 + \dfrac{n_2}{n_1}\right) = E_1\left(1 + \dfrac{e_2}{e_1}\right)$[V]

승압기 용량 $\omega = e_2 I_2 = e_2 \times \dfrac{W}{E_2}$[kVA] ($W = E_2 I_2$[kVA] : 부하용량)

승압 후 전압 $E_2 = E_1\left(1 + \dfrac{e_2}{e_1}\right) = 2,900\left(1 + \dfrac{210}{3,150}\right) = 3,093$[V]

승압기 용량 $\omega = e_2 I_2 = 210 \times \dfrac{60}{3093 \times 0.8} = 5$[kVA]

428 정격전압 1차 6600[V], 2차 220[V]의 단상 변압기 2대를 승압기로 V 결선하여 6,300[V] 3상 전원에 접속하면 승압된 전압은 약 몇 [V]인가?

① 6,410 ② 6,460 ③ 6,510 ④ 6,560

해설 승압기 V결선일 때 승압전압 $E_2 = E_1\left(1 + \dfrac{n_2}{n_1}\right) = E_1\left(1 + \dfrac{e_2}{e_1}\right)$[V]

승압기 용량 $\omega = e_2 I_2 = e_2 \times \dfrac{W}{\sqrt{3} E_2}$[kVA] ($\omega$:1대 용량, : $W = \sqrt{3} E_2 I_2$[kVA] 부하용량)

승압 전압 $E_2 = E_1\left(1 + \dfrac{e_2}{e_1}\right) = 6,300\left(1 + \dfrac{220}{6,600}\right) = 6,510$[V]

429 3상 3선식 3000[V], 200[kVA]의 배전선로 전압을 3100[V]로 승압하기 위하여 단상 변압기 3대를 △결선 접속하였다. 이 변압기(승압기)의 용량을 구하시오. (단, 변압기 손실은 무시한다.)

① 5 ② 6 ③ 7.5 ④ 9

해설 승압기 △결선일 때 승압 전압 : $E_2 = E_1\left(1 + \dfrac{3}{2}\dfrac{n_2}{n_1}\right) = E_1\left(1 + \dfrac{3}{2}\dfrac{e_2}{e_1}\right)$[V]

승압기 용량 $\omega = e_2 I_2 = e_2 \times \dfrac{W}{\sqrt{3} E_2}$[kVA] ($\omega$:1대 용량, : $W = \sqrt{3} E_2 I_2$[kVA] 부하용량)

승압기 2차 전압 $E_2 = E_1\left(1 + \dfrac{3}{2}\dfrac{e_2}{e_1}\right)$[V] 에서 $\dfrac{E_2}{E_1} - 1 = \dfrac{3}{2}\dfrac{e_2}{e_1}$ 이므로

$e_2 = \dfrac{2}{3}\left(\dfrac{E_2}{E_1} - 1\right)e_1 = \dfrac{2}{3}\left(\dfrac{3100}{3000} - 1\right) \times 3000 = 66.67$[V]

승압기 1대의 자기용량 $\omega = e_2 I_2 = e_2 \times \dfrac{W}{\sqrt{3} E_2}$[kVA] 이므로

승압기 3대 전체 용량 $\omega_3 = 3 \times 66.67 \times \dfrac{200}{\sqrt{3} \times 3100} = 7.5$[kVA]

정답 428.③ 429.③

430 부하에 따라 전압 변동이 심한 급전선을 가진 배전 변전소의 전압 조정 장치는?

① 단권변압기
② 전력용 콘덴서
③ 주변압기 탭
④ 유도 전압조정기

해설 유도전압조정기는 권선형 유도전동기와 유사한 정지기로서 입력측에 연결된 분로 권선과 회로에 직렬로 접속된 직렬권선이 있어서 회전에 의해 양자 간의 상대 위치를 이동시킴으로써 직렬전압의 크기와 위상을 변경하고 출력측의 전압을 조정하는 전압조정기로서 주로 부하에 따라 전압 변동이 심한 배전 변전소에서 사용한다.

431 절연내력을 시험하기 위해 시험용 변압기를 사용하였다. 이때 전압조정을 하기 위해 제일 많이 사용하는 기기는?

① 순 저항 전압조정기
② 다단식 저항 전압 조정기
③ 소형 발전기를 사용하여 변속 장치에 의해 전압 조정
④ 유도 전압 조정기

해설 유도전압조정기는 단상용과 3상용이 있으며 그 용도는 각종 교류 전기기기의 절연내력 시험 시 전압 조정, 전동기의 속도제어, 노(爐)의 온도제어 등이다.

432 선로 고장 발생 시 타 보호 기기와의 협조에 의해 고장 구간을 신속히 개방하는 자동 구간 개폐기로서 고장 전류를 차단할 수 없어 차단 기능이 있는 후비 보호장치와 직렬로 설치되어야 하는 배전용 개폐기는?

① 배전용 차단기
② 부하 개폐기
③ 컷아웃스위치
④ 섹셔널라이저

해설 섹셔널라이저(Sectionalizer) : 다중접지 특고압 배전선로용 개폐기의 일종으로 사고 전류를 직접 차단할 수 없으므로 후비에 반드시 차단기나 리클로저와 조합하여 사용
• 부하사고 발생시 사고 횟수를 감지하여 무전압 상태에서 접점을 개방, 고장 구간을 분리

정답 430.④ 431.④ 432.④

433 다음 중 배전선로에 사용되는 개폐기 종류와 그 특성 연결이 바르지 못한 것은?

① 컷아웃 스위치(COS) – 주상변압기의 고장이 배전선로에 파급되는 것을 방지하고 변압기의 과부하 소손을 예방하고자 사용한다.

② 부하 개폐기 – 고장전류와 같은 대전류는 차단할 수 없지만 평상 운전 시의 부하전류는 개폐할 수 있다.

③ 리클로저(recloser) – 선로에 고장이 발생 했을 때 고장전류를 검출하여 지정된 시간 내 고속 차단하고 자동 재폐로 동작을 수행하여 고장 구간을 분리하거나 재송전하는 장치이다.

④ 섹셔널라이저(sectionalizer) – 고장 발생 시 신속히 고장전류를 차단하여 사고를 국부적으로 분리시키는 것으로 후비 보호 장치와 직렬로 설치하여야 한다.

해설 섹셔널라이저(Sectionalizer) : 다중접지 특고압 배전선로용 개폐기의 일종으로 사고 전류를 직접 차단할 수 없으므로 후비에 반드시 차단기나 리클로저와 조합하여 사용
- 부하사고 발생시 사고 횟수를 감지하여 무전압 상태에서 접점을 개방, 고장 구간을 분리

434 우리나라의 대표적인 배전 방식으로는 다중 접지방식인 22.9[kV] 계통으로 되어 있고, 이 배전선에 사고가 생기면 그 배전선 전체가 정전이 되지 않도록 선로 도중이나 분기선에 아래 보호 장치를 설치하여 상호 협조를 기함으로써 사고 구간을 국한하여 제거시킬 수 있다. 설치 순서로 옳은 것은?

① 변전소 차단기 – 섹셔널라이저 – 리클로저 – 라인 퓨즈
② 변전소 차단기 – 리클로저 – 섹셔널라이저 – 라인 퓨즈
③ 변전소 차단기 – 섹셔널라이저 – 라이 퓨즈 – 리클로저
④ 변전소 차단기 – 리클로저 – 라인 퓨즈 – 섹셔널라이저

해설 리클로저 및 섹셔널라이저, 라인퓨즈 : 방사상의 22.9[kV – Y]] 중성선 다중접지 배전선로에서 설치하는 보호 장치로 고속도재폐로 방식에서 사용된다.
- 설치 순서 : 변전소 차단기 – 리클로우저 – 섹셔널라이저 – 라인 퓨즈

435 고압 배전 선로의 보호 방식에서 고장 전류의 차단 방식이 아닌 것은?

① 퓨즈에 의한 보호 방식
② 리클로저(recloser)에 의한 방식
③ 섹셔널라이저(sectionalizer)에 의한 방식
④ 자동 부하 전환스위치(ALTS : auto load transfer switch)에 의한 방식

해설 ALTS(Automatic Load Transfer Switch :자동 부하 전환개폐기) : 주 전원과 예비 전원을 설치하여 이중 전원을 확보한 수용가 인입구에 설치되어 주 전원 정전이 되거나 전압이 기준치 이하로 떨어졌을 때 예비전원으로 자동 전환하여 일정한 전원공급을 하기 위한 개폐기

436 고압 배전 선로의 고장 또는 보수 점검 시 정전 구간을 축소하기 위하여 사용되는 기기는?

① 구분개폐기
② 컷 아웃 스위치(COS)
③ 캐치 홀더
④ 단로기

해설 구분개폐기 : 배전선로의 분기점 또는 배전선로의 고장 및 보수, 점검 시 정전 구간을 분리, 축소하는 개폐기
• 고장전류 차단 능력은 없지만 부하전류는 개폐 가능
• 종류 : 기중개폐기, 진공개폐기, 가스절연 개폐기

437 주상 변압기에 시설하는 캐치 홀더는 어느 부분에 직렬로 삽입하는가?

① 1차 측 양선
② 1차 측 1선
③ 2차 측 비 접지측선
④ 2차 측 접지측선

해설 주상 변압기의 보호장치
• 고압측 : 컷아웃 스위치(COS) 설치
• 저압측 : 캐치홀더 설치(비접지측에 접속)

정답 435.④ 436.① 437.③

Chapter 09 배전선로의 전기적 특성 및 부하특성

1. 선로정수

배전선로에서는 선로의 길이가 짧기 때문에 저항과 인덕턴스만을 고려하며 정전용량과 누설 콘덕턴스는 무시한다. 또한 배전선로에서는 전압이 낮기 때문에 전선은 단도체를 사용한다.

(1) 저항 : $R = \rho \dfrac{\ell}{A} = \dfrac{\ell}{\sigma A}[\Omega]$ (ρ[Ω · mm²/m] : 고유저항, σ[℧ · m/mm²] : 도전율)

(2) 인덕턴스 : $L = 0.05 + 0.4605 \log_{10} \dfrac{D}{r} [\mathrm{mH/km}]$ (r[m]: 전선 반지름, D[m] : 등가선간거리)

2. 전압강하

(1) 집중부하

① 단상 2선식 : $e = E_s - E_r = I(R\cos\theta + X\sin\theta)[\mathrm{V}]$

여기서, R, X는 2선 전체 분 저항과 리액턴스이다.

② 3상 3선식 : $e = V_s - V_r = \sqrt{3}\, I(R\cos\theta + X\sin\theta)[\mathrm{V}]$

(R, X은 1상분 저항과 리액턴스이며 선간전압 기준이다.)

(2) 분산 부하

배전선로의 부하 및 선로 임피던스가 각각의 지점에서 다르게 분포되어 있는 부하

【보기1】 다음과 같은 110 [V] 단상 2선식 선로에서 각각 b점과 c점에서의 전압을 구하시오. 단, 전선의 저항은 2가닥 전체 저항이다.

```
a     R=0.1[Ω]     b  R=0.2[Ω]     c
 •─────────────────•─────────────────•
        30[A]      │                 │
                   ↓                 ↓
                 10[A]             20[A]
                 cosθ=1            cosθ=1
```

부하 역률이 같으므로 I_{ab} = 30[A], I_{bc} = 20[A] 전류가 흐른다.
① b점 전압 : V_b = 110 − 30×0.1 = 107[A]
② c점 전압 : Vc = 117 − 20×0.2 = 103[A]

【보기2】다음과 같은 3300[V] 3상 3선식 선로에서 각각 b점과 c점에서의 전압을 구하시오.
(단, 전선의 저항 및 리액턴스는 1상분이다.)

```
        R=0.1[Ω]   b  R=0.2[Ω]   c
3,300[V]  X=0.2[Ω]    X=0.3[Ω]
              ↓              ↓
            50[A]          50[A]
          cosθ=0.8        cosθ=0.6
```

전압강하 $e = \sqrt{3}\,I(R\cos\theta + X\sin\theta) = \sqrt{3}\,(I\cos\theta \cdot R + I\sin\theta \cdot X)$ 에서 전압강하도 유효분은 유효분끼리, 무효분은 무효분끼리 성립하므로 각각의 지점에 흐르는 전류를 먼저, 역률을 고려한 유효분, 무효분으로 분류하여 구할 수 있다.

전류 분류	cosθ = 0.8	cosθ = 0.6	I_{ab}	I_{bc}
Icosθ (유효분 전류)	40	30	70	30
Isinθ (무효분 전류)	30	40	70	40

① b점 전압 : $V_b = 3300 - \sqrt{3}\,(70 \times 0.1 + 70 \times 0.2) = 3264[V]$
② c점 전압 : $V_c = 3264 - \sqrt{3}\,(30 \times 0.2 + 40 \times 0.3) = 3233[V]$

(3) 균등하게 분산시킨 분포부하의 전압강하 및 전력손실

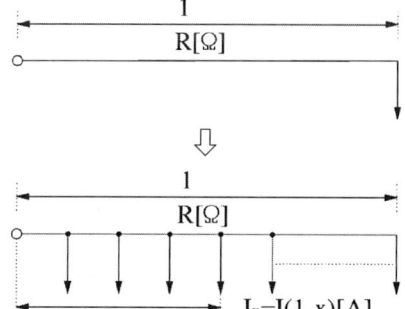

- 전압강하 e = IR[V]
- 전력손실 $P_\ell = I^2R$[W]

송전단으로부터 거리가 ω인 점에서의 전류 I_ω = I(1−ω)[A]에서
전선의 단위 길이 당 저항을 R[Ω]이라고 하면

① 전압강하 : $e = \int_0^1 I_x R\,dx = R\int_0^1 I(1-x)\,dx = \frac{1}{2}IR$

② 전력손실 : $e = \int_0^1 I_x^2 R\,dx = R\int_0^1 I^2(1-x)^2\,dx = \frac{1}{3}I^2 R$

③ 부하를 균등하게 분산시킨 분포부하의 경우 전압강하 및 전력손실은 부하를 말단에 집중시킨 집중부하에 비하여 각각 $\frac{1}{2}$, $\frac{1}{3}$ 배로 감소한다.

【보기】 20개의 가로등이 500[m] 거리에 균등하게 배치되어 있다. 한등의 소요 전류 4[A], 전선의 단면적 35[mm²] 도전율 97[%]라면 한쪽 끝에서 단상 220[V]로 급전할 때 최종 전등에 가해지는 전압을 구하시오. (단, 표준 연동선의 고유 저항은 $\frac{1}{58}[\Omega \cdot mm^2/m]$ 이다.)

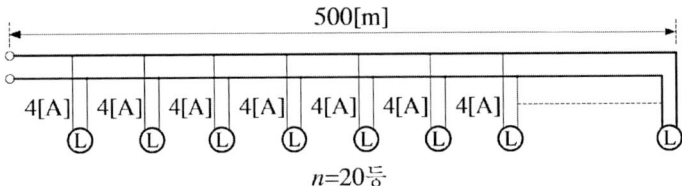

【해설】 부하를 균등하게 분산시킨 분포부하의 경우 전압강하는 부하를 말단에 집중시킨 집중부하에 비해 전압강하는 $\frac{1}{2}$배로 감소한다.

① 집중 부하 시 전압 강하 : 전등부하이므로 역률은 1 취급하며, %σ = 97[%]이므로 전선의 저항은 $\frac{100}{97}$배 만큼 증가한다.

- 전압강하 : $e = 2IR = 2 \times nI_1 \times \rho\frac{\ell}{A} \times \frac{100}{\%\sigma} = 2 \times (4 \times 20) \times \left(\frac{1}{58} \times \frac{500}{35}\right) \times \frac{100}{97} = 40.63[V]$

② 최종 전등에 걸리는 전압 : $V = 220 - \frac{1}{2}e = 220 - \frac{40.63}{2} = 199.69[V]$

(4) 변전소 및 변압기의 부하중심점

① 분산부하 : 부하가 존재하는 전체 영역을 포함한 횡축과 종축 거리 및 부하전류를 고려하여 다음과 같이 구할 수 있다.

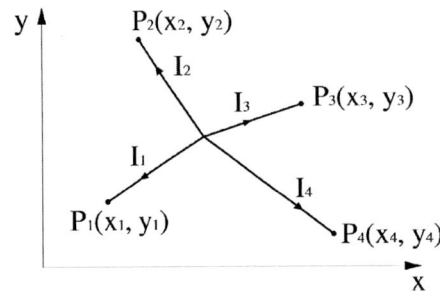

- P_1, P_2, P_3, P_4 : 각각의 부하
- x_1, x_2, x_3, x_4[m] : 부하까지의 횡축 거리
- y_1, y_2, y_3, y_4[m] : 부하까지의 종축 거리
- I_1, I_2, I_3, I_4[A] : 각각의 부하전류

부하 중심점 거리

- $x = \dfrac{\sum Ix}{\sum I} = \dfrac{I_1 x_1 + I_2 x_2 + I_3 x_3 + I_4 x_4}{I_1 + I_2 + I_3 + I_4}$ [m]

- $y = \dfrac{\sum Iy}{\sum I} = \dfrac{I_1 y_1 + I_2 y_2 + I_3 y_3 + I_4 y_4}{I_1 + I_2 + I_3 + I_4}$ [m]

② 직선상 부하

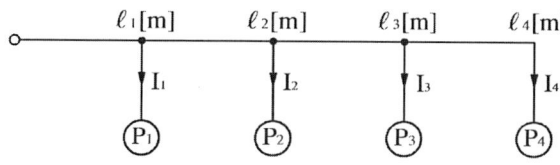

- $P_1 \sim P_4$: 각각의 부하
- $\ell_1 \sim \ell_4$[m] : 각각의 부하까지의 거리
- $I_1 \sim I_4$[A] : 각각의 부하전류

부하중심점 거리 $L = \dfrac{\sum I\ell}{\sum I} = \dfrac{I_1 \ell_1 + I_2 \ell_2 + I_3 \ell_3 + I_4 \ell_4}{I_1 + I_2 + I_3 + I_4}$ [m]

3. 부하특성

(1) 수용률

임의의 수용가에서 "전력 발생 부하가 동시에 사용되는 정도"를 나타내는 값으로 수용 장소에 설비된 모든 부하설비용량의 합에 대한 실제 사용되고 있는 최대수용전력과의 비율을 나타낸 것으로 단독수용가에 대한 변압기 용량의 결정은 최대수용전력에 의하여 산정할 수 있다.

① 수용률 = $\dfrac{\text{최대수용전력[kW]}}{\text{수용설비용량[kW]}} \times 100[\%]$

② 변압기용량[kVA] = $\dfrac{\text{최대수용전력[kW]}}{\text{역률}} = \dfrac{\text{수용설비용량} \times \text{수용률}}{\text{역률} \times \text{효율}}$

③ "수용률이 크다."는 의미
  ⓐ 공급 설비 이용률이 크다.
  ⓑ 변압기 용량이 크다.

(2) 부등률

다수의 수용가가 존재할 때 어느 임의의 시점에서 동시에 사용되고 있는 합성 최대수용전력에 대한 각 수용가의 최대수용전력의 합에 대한 비율을 나타낸 것으로, 그 의미는 "최대 수용전력의 발생 시기나 시각의 분산 지표"를 나타낸 값으로 "부등률이 크다"라는 것은 어느 다수의 수용가에서의 합성최대수용전력이 일정할 때 각각의 수용가에서의 다른 시간대 별 최대수용전력이 큰 경우이므로 "변압기 용량의 감소효과는 있지만 전체 설비계통의 이용률이 낮아진다."라는 의미를 가지는 상수로 다수의 수용가에서의 변압기 용량을 산정할 수 있다.

① 부등률 = $\dfrac{\text{수용설비 각각의 최대수용전력의 합[kW]}}{\text{합성최대수용전력[kW]}} \geq 1$

② 변압기용량[kVA] = $\dfrac{\text{합성최대수용전력[kW]}}{\text{역률}} = \dfrac{\Sigma[\text{수용률} \times \text{부하설비용량[kW]}]}{\text{부등률} \times \text{역률} \times \text{효율}}$

③ "부등률이 크다."는 의미

　　ⓐ 다수의 수용가에서 동일 시간대 전력소비가 작다.

　　ⓑ 공급설비이용률이 낮다.

　　ⓒ 변압기 용량이 감소한다.

【보기】 변압기 용량의 결정

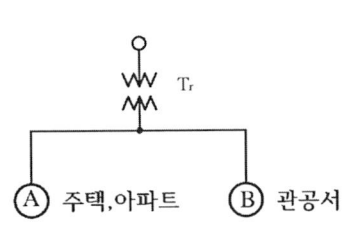

	A부하	B부하
	설비용량 : 100[kW]	설비용량 : 200[kW]
	수용률 : 80[%]	수용률 : 60[%]
	cosθ = 0.9	cosθ = 0.9
	최대수용전력 : 100×0.8 = 80[kW]	최대수용전력 200×0.6 = 120[kW]

부하 전력 발생	부하 A[kW]	부하 B[kW]
00:00~08:00	40	30
08:00~18:00	60	120
18:00~24:00	80	60

합성 최대 수용전력 = 60 + 120 = 180[kW] (08:00~18:00)

① 부등률 = $\dfrac{80+120}{180} = 1.11$ (단위가 없다)

② 변압기 용량 [KVA] = $\dfrac{80+120}{1.11 \times 0.9} = 200.20 [KVA]$

(3) 부하율(F)

부하율이란 임의의 수용가에서 "어느 일정 기간 중의 부하 변동의 정도"를 나타내는 것으로서 어떤 임의의 기간 중의 합성최대수용전력에 대한 그 기간 중의 평균 수용전력과의 비를 나타낸 것으로 어느 수용가의 공급설비가 어느 정도 유효하게 사용되고 있는가를 알 수 있다.

① 부하율 = $\dfrac{평균수용전력}{최대수용전력} \times 100 [\%]$

② 평균수용전력 = $\dfrac{전력량[kWh]}{기준시간[h]}$

③ "부하율이 크다는 의미"
  ⓐ 공급 설비에 대한 설비 이용률이 크다.
  ⓑ 전력변동은 작다.

【보기】일 부하율의 계산 예

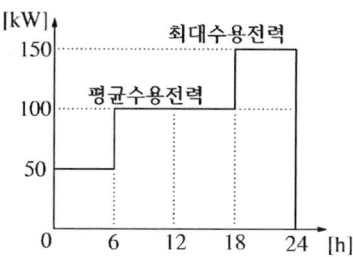

일 부하율 = $\dfrac{24시간 \ 평균수용전력[kW]}{24시간중 \ 최대발생전력[kW]} = \dfrac{100}{150} \times 100 = 66.67[\%]$

(4) 손실계수(H)

어떤 임의의 기간 중의 최대손실전력에 대한 평균손실전력의 비율을 나타낸 것으로 그 기간에 따라서 일, 월, 년 손실 계수 등이 있으며, 이 값이 클수록 선로손실이 큰 것을 의미한다.

① 손실계수(H) = $\dfrac{평균손실전력[kW]}{최대손실전력[kW]}$

② 부하율과 손실계수의 관계
  ⓐ $1 \geq F \geq H \geq F^2 \geq 0$
  ⓑ $H = \alpha F + (1-\alpha) F^2$ (α : 부하율 F에 따른 계수로 배전선로인 경우 0.2~0.4적용)

【정리】수용률, 부등률, 부하율

용어	정의	의미	
수용률	전력 발생 부하가 동시에 사용되는 정도	"크다"	○설비 이용률이 좋다. ○변압기 용량이 크다.
부등률	최대수용전력의 발생시기나 시각의 분산지표	"낮다"	
부하율	어느 일정 기간 중의 부하 변동의 정도	"크다"	

4. 배전선로 손실 경감 및 플리커 현상

(1) 배전선로 손실 경감 대책
① 적정 배전방식의 채택
② 전류 밀도의 감소와 평형(부하의 불평형 방지)
③ 전력용 콘덴서를 설치하여 역률 개선
④ 부하 증가 시 급전선(Feeder) 분할
⑤ 배전전압의 승압
⑥ 네트워크 방식이나 루프 방식 채용
⑦ 저 손실 변압기 채용
⑧ 동량 증가(전선 교환으로 전선 굵기를 크게 함)

(2) 전력공급 측 측면 플리커 현상 방지 대책
① 전선 교환으로 전선 굵기를 크게 함
② 전용선 또는 준 전용선에 의한 공급
③ 공급 전압의 승압
④ 전용변압기에 의한 공급
⑤ 단락용량이 큰 계통에서 공급
⑥ 직렬콘덴서의 채용

(3) 저압 배전선 계통 전력공급 측면 플리커 현상 방지 대책
① 전선 교환으로 전선 굵기를 크게 함
② 전용변압기에 의한 공급
③ 변압기의 분할(내부임피던스가 작은 변압기로 공급)
④ 단상 3선식의 경우 밸런서 설치
⑤ 저압 뱅킹방식이나 저압 네트워크방식 채용

(4) 수용가 측면 플리커 현상 방지 대책
① 전원 계통에 리액턴스 성분을 보상 : 직렬콘덴서, 3권선 변압기 채용
② 전압강하를 보상 : 부스터, 상호 보상리액터 설치
③ 단주기 전압변동에 대한 무효전력 흡수 : 동기조상기와 리액터 채용
④ 플리커 부하전류의 변동분 억제 : 직렬리액터, 직렬리액터 가포화방식 채용

(5) 감전 방지 대책

감전 사고는 작업자 또는 대중의 과실, 기계기구류 내의 전로의 절연불량 등에 의해 발생하는데 전동기나 세탁기 등에서 전로의 절연불량 등으로 인해 발생하는 감전 사고를 방지하기 위한 그 대책으로는 다음과 같은 사항이 있다.
① 단순접지
② 누전차단기(ELB) 설치
③ 저전압법
④ 2중 절연기기의 채용

Chapter 09 배전선로의 전기적 특성 및 부하특성

출제예상핵심문제

438 단일 부하 배전에서 부하 역률 rcosθ, 부하 전류 l, 선로 저항 r[Ω], 리액턴스를 x 라 하면 배전선에서 최대 전압 강하가 발생하는 조건은?

① $\cos\theta = \dfrac{r}{x}$ ② $\sin\theta = \dfrac{x}{r}$ ③ $\tan\theta = \dfrac{x}{r}$ ④ $\tan\theta = \dfrac{r}{x}$

해설 전압강하 $e = I(r\cos\theta + x\sin\theta)[V]$ 에서

최대 전압강하 조건은 $\dfrac{d}{d\theta}e = 0$ 이므로

$\dfrac{d}{d\theta}I(r\cos\theta + x\sin\theta) = I(-r\sin\theta + x\cos\theta) = 0$

$r\sin\theta = x\cos\theta$ 로부터 $\tan\theta = \dfrac{x}{r}$

---

439 단상 2선식 교류 배전선이 있다 전선의 1가닥 저항이 0.15[Ω], 리액턴스 0.25[Ω]이다. 부하는 무유도성이고 100[V], 3[kW]이다. 급전 점의 전압[V]은?

① 105   ② 109   ③ 115   ④ 124

해설 단상 2선식 전압강하 $e = 2I(R\cos\theta + X\sin\theta)[V]$

무유도성 부하 즉, R만의 부하이므로 전압강하 e = 2IR[V]가 된다.

전압강하 $e = 2IR = 2 \times \dfrac{3000}{100} \times 0.15 = 9\,[V]$

급전점 전압 = 100+9 = 100[V]

---

440 역률 80[%]의 3상 평형부하에 공급하고 있는 선로 길이 2[km]의 3상 3선식 배전 선로가 있다. 부하 단자 전압을 6000[V]로 유지하였을 경우 선로 전압 강하율이 10[%]를 넘지 않게 하기 위해서는 부하 전력을 몇 [kW]까지 허용할 수 있는가?(단, 전선 1선당 저항은 0.82[Ω/km]리액턴스 0.38[Ω/km]라 하고 그 밖의 정수는 무시한다)

① 1,303   ② 1,629   ③ 2,257   ④ 2,821

해설 전압강하율 $\epsilon = \dfrac{V_s - V_r}{V_r} \times 100\,[\%]$ 에서 $\epsilon = \dfrac{V_s - 6000}{6000} \times 100 = 10\,[\%]$ 이므로

전원 측 전압 V_2 = 6600[V] 에서 전압강하 e = 600[V]

정답 438.③ 439.② 440.②

전선 저항 R = 2×0.82 = 1.64[Ω], 전선 리액턴스 X = 2×0.38 = 0.76[Ω]

3상 부하전력 $P_r = \dfrac{eV_r}{R+X\tan\theta} = \dfrac{600 \times 6}{1.64 + 0.76 \times \dfrac{0.6}{0.8}} = 1,629[\text{kW}]$

441 배전선에 균일하게 분포된 분산부하는 모든 부하가 수전단에 집중된 집중 부하의 어느 지점에 있을 때의 전압강하와 같은가?

① $\dfrac{1}{5}$ ② $\dfrac{2}{3}$ ③ $\dfrac{1}{2}$ ④ $\dfrac{1}{3}$

해설 부하를 균등하게 분산시킨 분포부하의 전압강하는 부하를 말단에 집중시킨 집중부하에 비해 $\dfrac{1}{2}$ 배로 감소한다.

442 단상 2선식 배선에서 인입구 A점의 전압이 100[V] C점의 전압 [V]은? (단, 저항 값은 1선 값으로 AB간 0.05[Ω], BC간 0.1[Ω]이다)

① 90
② 94
③ 96
④ 98

해설 무유도성 부하(R만의 부하) 시 전압강하 e = 2IR[V]

$V_B = V_A - 2I_{AB}R = 100 - 2 \times 60 \times 0.05 = 94[\text{V}]$

$V_C = V_B - 2I_{BC}R = 94 - 2 \times 20 \times 0.1 = 90[\text{V}]$

443 500[m]거리에 100개의 가로등을 같은 간격으로 배치하였다 전등 하나의 소요 전류는 1[A], 전선의 단면적 35[mm²], 도전율 55[℧·m/mm²]라 한다. 한쪽 끝에서 220[V]로 급전할 때 최종 전등에 가해지는 전압[V]은?

① 172   ② 184   ③ 194   ④ 208

해설 집중 부하 시 전압강하(전등부하이므로 역률 1)

$e = 2IR = 2 \times nI_1 \times \rho\dfrac{\ell}{A} = 2 \times (100 \times 1) \times \left(\dfrac{1}{55} \times \dfrac{500}{35}\right) = 51.95[\text{V}]$

최종 전등에 걸리는 전압 $V = 220 - \dfrac{1}{2}e = 220 - \dfrac{51.95}{2} = 194[\text{V}]$

정답 441.③ 442.① 443.③

444 분산 부하 배전 선로에서 선로의 전력 손실은?

① 전압강하에 비례 ② 전압강하에 반비례
③ 전압 강하의 제곱에 비례 ④ 전압 강하의 제곱에 반비례

해설 전압강하는 전류에 비례하고, 전력손실은 전류의 제곱에 비례한다.
따라서 전력손실은 전압강하의 제곱에 비례한다.

445 전선의 굵기가 균일한 부하가 균등하게 분산분포되어 있는 배전선로의 전력손실은 전체 부하가 송전단으로부터 전체 전선로 길이의 어느 지점에 집중되어 있는 손실과 같은가?

① $\frac{3}{4}$ ② $\frac{2}{3}$ ③ $\frac{1}{3}$ ④ $\frac{1}{2}$

해설 부하를 균등하게 분산시킨 분포부하인 경우 전력손실은 부하를 말단에 집중시킨 집중부하에 비하여 $\frac{1}{3}$배로 감소한다.

446 부하의 위치가 (x_1, y_1), (x_2, y_2), (x_3, y_3)점에 있고 각 점의 부하 전류는 100[A], 200[A], 300[A]라고 한다. 변전소를 설치하는데 적합한 부하 중심점은 어느 곳이 적당한가? (x_1 = 1[km], y_1 = 2[km], x_2 = 1.5[km], y_2 = 1[km], x_3 = 2[km], y_3 = 1[km] 이며 각 항의 부하 중심점의 단위는 [km]이다)

① (1, 2) ② (0.05, 2) ③ (2, 0.005) ④ (1.67, 1.17)

해설 부하 중심점
$$x = \frac{\sum Ix}{\sum I} = \frac{100 \times 1 + 200 \times 1.5 + 300 \times 2}{100 + 200 + 300} = 1.67 \, [\text{km}]$$
$$y = \frac{\sum Iy}{\sum I} = \frac{500 \times 2 + 200 \times 1 + 300 \times 1}{100 + 200 + 300} = 1.17 \, [\text{km}]$$

447 설비 용량이 각각 75[kW], 80[kW], 85[kW]의 부하 설비가 있다. 수용률이 60[%]라면 최대 수용 전력은 몇[kW]인가?

① 144 ② 240 ③ 360 ④ 400

정답 444.③ 445.③ 446.④ 447.①

해설 수용률 $= \dfrac{\text{최대수용전력}[kW]}{\text{수용설비용량}[kW]} \times 100 [\%]$ 에서

최대수용전력$[kW] =$ 수용률 $\times$ 수용설비용량$[kW]$ 이므로

최대수용전력 $= (75+80+85) \times 0.6 = 144 [kW]$

448
어떤 고층 건물의 부하 총 설비 전력이 400[kW], 수용률이 0.5일 때, 건물의 변전 시설 용량의 최저값은 몇[kVA]인가? (단, 역률은 0.8이다.)

① 100 ② 250 ③ 640 ④ 1000

해설 변압기 용량 $= \dfrac{\text{수용률} \times \text{수용설비용량}[kW]}{\text{역률}} = \dfrac{400 \times 0.5}{0.8} = 250[kVA]$

449
4회선의 급전선을 가진 변전소의 각 급전선 각각의 최대 수용전력은 1,000[kW], 1,100[kW], 1,200[kW], 1,450[kW]이고 변전소의 합성 최대 수용 전력은 4,300[kW]라고 한다. 이 변전소의 부등률은?

① 0.9 ② 1.0 ③ 1.1 ④ 1.2

해설 부등률 $= \dfrac{\text{각 수용가 최대수용전력의 합}}{\text{합성최대수용전력}} = \dfrac{1000+1100+1200+1450}{4300} = 1.1$

450
설비 A의 설비 용량이 150[kW], 설비 B의 설비 용량이 350[kW]일 때 수용률이 각각 0.6 및 0.7일 경우, 합성 최대 전력이 279[kW]이면 부등률은 약 얼마인가?

① 1.2 ② 1.3 ③ 1.4 ④ 1.5

해설 부등률 $= \dfrac{\text{각 수용가 최대수용전력의 합}}{\text{합성최대수용전력}} = \dfrac{150 \times 0.6 + 350 \times 0.7}{279} = 1.2$

정답 448.② 449.③ 450.①

451 154/6.6[kV], 500[kVA]의 3상 변압기 1대를 시설한 변전소가 있다 이 변전소의 6.6[kV] 각 배전선에 접속한 부하 설비 및 수용률이 다음 표와 같고 각 배전선 간의 부등률을 1.17로 하였을 때 변전소에 걸리는 최대 전력은 약 몇 [kW]인가?

① 4816
② 4356
③ 4598
④ 4728

배전선	부하설비[kW]	수용률[%]
a	4,716	24
b	1,635	74
c	3,600	48
d	4,094	32

해설 부등률 = $\dfrac{각\ 수용가\ 최대수용전력의\ 합}{합성최대수용전력}$

최대전력 = $\dfrac{각\ 수용가\ 최대수용전력의\ 합}{부등률}$

$= \dfrac{4716 \times 0.24 + 1635 \times 0.74 + 3600 \times 0.48 + 4094 \times 0.32}{1.17} = 4598.14\,[\text{kW}]$

452 수용률이 50[%]인 주택지에 배전하는 66[kV]/6.6[kV]의 변전소를 설치할 때 주택지의 부하설비 용량을 20,000[kVA]로 하면 변압기 용량은 약 몇 [kVA]가 필요한가? (단, 주상 변압기 배전 간선을 포함한 부등률은 1.30이라 한다.)

① 3850　② 5790　③ 7700　④ 9500

해설 변압기용량 = $\dfrac{수용률 \times 부하설비용량[\text{kVA}]}{부등률} = \dfrac{20000 \times 0.5}{1.3} ≒ 7700\,[\text{kVA}]$

453 어떤 공장의 저압 간선의 부하 설비 용량이 100[kW], 150[kW], 200[kW] 수용률은 각각 0.6, 0.7, 0.8이고, 각 전압 간선 사이의 부등률이 1.2일 경우 이 공장의 수전 설비용량은 최소 몇 [kVA]인가? (단, 평균 부하 역률은 80[%]이다.)

① 255　② 300　③ 338　④ 449

해설 변압기용량 = $\dfrac{\Sigma\{수용률 \times 부하설비용량[\text{kW}]\}}{부등률 \times 역률}$

$= \dfrac{100 \times 0.6 + 150 \times 0.7 + 200 \times 0.8}{1.2 \times 0.8} = 338\,[\text{kVA}]$

정답　451.③　452.③　453.③

454 어떤 구역에 3상 배전선으로 전력을 공급하는 변전소가 있다. 이 구역 내의 설비 부하는 전등 2,000[kW], 동력 3,000[kW]이고 수용률은 각각 0.5, 0.6이라 한다. 이 변전소에서 공급하는 최대 용량은 약 몇 [kVA]인가? (단, 배전선로의 전력 손실률은 전등, 동력 모두 10[%], 부하역률은 전등, 동력 모두 변전소에서 0.8, 전등 동력부하 간이 부등률은 1.25라 한다.)

① 2,880　　　　② 3,080　　　　③ 3,500　　　　④ 4,000

해설 변압기용량 = $\dfrac{\Sigma\{수용률 \times 부하설비용량[kW]\}}{부등률 \times 역률}$

$= \dfrac{2000 \times 0.5 + 3000 \times 0.6}{1.25 \times 0.8} \times 1.1 = 3080[kVA]$

455 연간 전력량이 E[kWh]이고 연간 최대 전력이 W[kW]인 연 부하율은 몇 [%]인가?

① $\dfrac{E}{W} \times 100$　② $\dfrac{W}{E} \times 100$　③ $\dfrac{8760W}{E} \times 100$　④ $\dfrac{E}{8760W} \times 100$

해설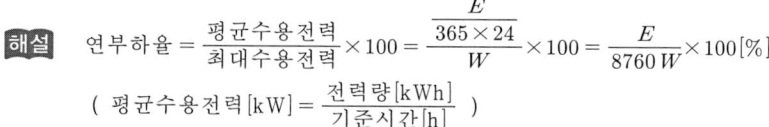

연부하율 = $\dfrac{평균수용전력}{최대수용전력} \times 100 = \dfrac{\dfrac{E}{365 \times 24}}{W} \times 100 = \dfrac{E}{8760W} \times 100[\%]$

(평균수용전력[kW] = $\dfrac{전력량[kWh]}{기준시간[h]}$)

456 정격 10[kVA]의 주상 변압기가 있다. 이것의 2차 측 일부 곡선이 그림과 같을 때 1일의 부하율은 몇 [%]인가?

① 52.35
② 54.35
③ 56.25
④ 58.25

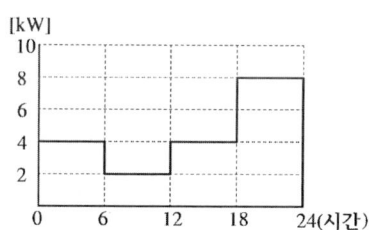

해설 평균수용전력[kW] = $\dfrac{전력량[kWh]}{기준시간[h]}$

평균수용전력[kW] = $\dfrac{전력량[kWh]}{기준시간[h]} = \dfrac{4 \times 6 + 2 \times 6 + 4 \times 6 + 8 \times 6}{24} = 4.5[kW]$

부하율 = $\dfrac{평균수용전력}{최대수용전력} \times 100 = \dfrac{4.5}{8} \times 100 = 56.25[\%]$

정답　454.②　455.④　456.③

457 어떤 수용가의 1년간의 소비 전력량은 1,000,000[kWh]이고 1년 중 최대 전력은 130[kW]라면 수용가의 부하율은 약 몇[%]인가?

① 74　　　　② 78　　　　③ 82　　　　④ 88

해설 평균수용전력[kW] = $\frac{\text{전력량[kWh]}}{\text{기준시간[h]}} = \frac{1000000}{8760}$[kW]

부하율 = $\frac{\text{평균수용전력}}{\text{최대수용전력}} \times 100 = \frac{\frac{1000000}{8760}}{130} \times 100 = 88[\%]$

---

458 22.9[kV]로 수전하는 어떤 수용가의 최대 부하가 250[kVA], 부하 역률 80[%], 부하율이 50[%]이다. 월간 사용 전력량은 몇 [MWh]인가? (단, 1개월은 30일로 계산한다.)

① 62　　　　② 72　　　　③ 82　　　　④ 92

해설 평균수용전력[kW] = $\frac{\text{전력량[kWh]}}{\text{기준시간[h]}} = \frac{W}{30 \times 24}$[kW]

최대수용전력[kW] = $250 \times 0.8 = 200$[kW]

부하율 = $\frac{\text{평균수용전력}}{\text{최대수용전력}} \times 100[\%]$ 에서 $50 = \frac{\frac{W}{30 \times 24}}{200} \times 100$ 이므로

월간 사용 전력량 W = 72000[kWh] = 72[MWh]

---

459 "수용률이 크다. 부등률이 낮다. 부하율이 크다."라는 것은 다음의 어떤 것과 가장 관계가 깊은가?

① 항상 같은 정도의 전력을 소비하고 있다.
② 전력을 가장 많이 소비할 때에는 쓰지 않는 기구가 별로 없다.
③ 전력을 가장 많이 소비하는 시간이 지역에 따라 다르다.
④ 전력을 가장 많이 소비한 시간이 지역에 상관없이 같다.

해설 수용률, 부등률, 부하율

용어	정의		의미
수용률	전력 발생 부하가 동시에 사용되는 정도	"크다"	○설비 이용률이 좋다. ○변압기 용량이 크다.
부등률	최대수용전력의 발생시기나 시각의 분산지표	"낮다"	
부하율	어느 일정 기간 중의 부하 변동의 정도	"크다"	

정답　457.④　458.②　459.②

【참고】 설비 이용률이 좋다. : 전력을 가장 많이 소비할 때에는 쓰지 않는 기구가 별로 없다.

460 전력 수용 설비에 있어서 그 값이 크면 경제적으로 불리하게 되는 것은?

① 수용률 ② 부등률 ③ 부하율 ④ 부하 밀도

해설 부등률의 정의 : 다수의 수용가가 존재할 때 어느 시점에서 동시에 사용되고 있는 합성 최대수 용전력에 대한 각 수용가 최대수용전력의 합에 대한 비율로서 "최대 수용 전력의 발생 시기나 시각의 분산 지표"를 나타낸다.

용어	계산식	"크다"는 의미
부등률	$\dfrac{\text{각 수용가 최대수용전력의 합}}{\text{합성최대수용전력}} \geq 1$	○공급 설비이용률이 낮다. ○변압기 용량이 감소한다.

461 수용가군 총합의 부하율은 각 수용가의 수용률 및 수용가 사이의 부등률이 변화할 때 다음 중 옳은 것은?

① 수용률에 비례하고 부등률에 반비례한다.
② 부등률에 비례하고 수용률에 반비례한다.
③ 부등률에 비례하고 수용률에 비례한다.
④ 부등률에 반비례하고 수용률에도 반비례한다.

해설 부하율$(F) = \dfrac{\text{평균수용전력}}{\text{합성최대수용전력}} = \dfrac{\text{평균수용전력}}{\text{수용설비용량}} \times \dfrac{\text{부등률}}{\text{수용률}}$

462 다음 중 최대 전류가 흐를 때의 손실이 50[kW]이며 부하율이 55[%]인 전선로의 평균 손실은 몇 [kW]인가?(단, 배전선로의 부하 모양에 의한 손실계수 α는 0.34이다)

① 7 ② 11 ③ 19 ④ 31

해설 손실계수 $H = \alpha F + (1-\alpha)F^2 = [0.34 \times 0.55 + (1-0.34) \times 0.55^2]$
평균 손실 $P_\ell = H \cdot P_{\ell\max} = [0.34 \times 0.55 + (1-0.34) \times 0.55^2] \times 50 = 19\,[\text{kW}]$

정답 460.② 461.② 462.③

463 배전선의 손실 계수 H와 F와의 관계는?

① $1 \geq F \geq H \geq F^2 \geq 0$
② $1 \geq H \geq F \geq H^2 \geq 0$
③ $1 \geq F \geq F^2 \geq H \geq 0$
④ $1 \geq H \geq H^2 \geq F \geq 0$

해설 부하율과 손실계수의 관계식 $1 \geq F \geq H \geq F^2 \geq 0$

464 배전선의 전력 손실 경감 대책이 아닌 것은?

① Feeder 수를 줄인다.
② 역률을 개선한다.
③ 전류 밀도의 감소와 평형을 이룬다.
④ Network 방식을 채택한다.

해설 배전선로 손실 경감 대책
- 적당한 배전방식 채택
- 전류 밀도의 감소와 평형(부하의 불평형 방지)
- 전력용 콘덴서를 설치하여 역률 개선
- 부하 증가 시 급전선(Feeder) 분할
- 배전전압의 승압
- 네트워크 방식이나 루프 방식 채용

465 다음 중 플리커 경감을 위한 전력 공급 측의 방안이 아닌 것은?

① 단락 용량이 큰 계통에서 공급한다.
② 공급 전압을 낮춘다.
③ 전용 변압기로 공급한다.
④ 단독 공급 계통을 구성한다.

해설 전력공급 측 측면 플리커 현상 방지 대책
- 전선 교체로 전선 굵기를 크게 한다.
- 전용선 또는 준 전용선에 의한 공급
- 공급 전압의 승압
- 전용 변압기에 의한 공급
- 단락용량이 큰 계통에서 공급

정답 463.① 464.① 465.②

466 저압 배전선로의 플리커(flicker) 전압의 억제 대책으로 볼 수 없는 것은?

① 내부 임피던스가 작은 대용량의 변압기를 선정한다.
② 배전선은 굵은 선으로 한다.
③ 저압뱅킹방식 또는 네트워크방식으로 한다.
④ 배전선로에 누전차단기를 설치한다.

해설 저압 배전선 계통 전력공급 측 측면 플리커 현상 방지 대책
- 전선 교체로 전선 굵기를 크게 한다.
- 전용변압기에 의한 공급
- 변압기의 분할(내부임피던스가 작은 변압기로 공급)
- 저압 뱅킹방식이나 저압 네트워크방식 채용

467 다음 중 플리커 예방을 위한 수용가 측의 대책이 아닌 것은?

① 공급 전압을 승압한다.
② 전원 계통에 리액터분을 보상한다.
③ 전압강하를 보상한다.
④ 부하의 무효전력 변동분을 흡수한다.

해설 수용가 측면 플리커 현상 방지 대책
- 전원 계통에 리액턴스 성분을 보상 : 직렬콘덴서, 3권선 변압기 채용
- 전압강하를 보상 : 부스터, 상호보상리액터 설치
- 단주기 전압변동에 대한 무효전력 흡수 : 동기조상기와 리액터 채용
- 플리커 부하전류의 변동분 억제 : 직렬리액터, 직렬리액터 가포화방식 채용

468 다음 중 감전 방지 대책으로 적절하지 못한 것은?

① 회로 전압의 승압
② 누전 차단기를 설치
③ 이중 절연 기기를 사용
④ 기계 기구류의 외함을 접지

해설 감전사고 방지 대책
- 단순접지
- 누전차단기 설치
- 저 전압법
- 2중 절연기기의 채용

정답 466.④ 467.① 468.①

Chapter 10 수력 발전

【수력발전】 위치 에너지 (물) → 기계적 에너지(수차)→전기적 에너지(발전기)
① 취수방식 : 수로식, 댐식, 댐 수로식, 유역 변경식
② 유량을 얻는 방식 : 자류식, 저수지식, 조정지식, 양수식, 조력식

1. 수력학 개요

(1) 물의 압력
① 순수한 물은 4[℃]에서 최대 밀도를 가지며, 단위 체적 당 중량 ω=1000[kg]이다.
② 단위면적 당 압력 : $P = \omega H [kg/m^2]$

(2) 수두
물이 가지는 에너지를 물기둥의 높이를 환산하여 나타낸 것
① 위치 수두 : 위치에너지 → H[m]
② 압력 수두 : 압력에너지 ($P[kg/m^2]$) → $H_P = \dfrac{P}{\omega} = \dfrac{P}{1000}[m]$
③ 속도 수두 : 운동에너지 ($v[m/sec]$) → $H_v = \dfrac{v^2}{2g}[m]$

⇨ 물의 속도 : $v = \sqrt{2gH_v}$ [m/sec]
   (g : 중력가속도, H_v : 속도 수두)

(3) 흐르는 물의 연속성의 원리
동일한 관이지만 굵기가 다를 경우 관을 통과하는 유량은 같다는 원리로 각각의 지점에서의 관의 단면적을 A_1, $A_2[m^2]$, 흐르는 물의 속도를 v_1, $v_2[m/sec]$라 하면 다음과 같은 관계 식이 성립한다.
① 유량 : $Q = Av[m^3/sec]$ ($A[m^2]$: 관 단면적, $v[m/sec]$: 유속)
② 흐르는 물의 연속성 : $Q = A_1v_1 = A_2v_2[m^3/sec]$

2. 하천 유량 및 유량의 측정

(1) 하천 유량

① 유출계수 = $\dfrac{\text{하천 유량}}{\text{강수량}}$

② 연평균 유량 : $Q = \dfrac{\dfrac{a}{1000} \times bk}{365 \times 24 \times 60 \times 60}$ [m³/sec]

(a : 연강수량[mm], b : 유역면적[km²], k : 유출계수)

(2) 유량도

세로축은 유량의 크기, 가로축은 날짜 순서로 하여 하천에 나타나는 매일 매일의 유량을 날짜 순서에 따라 나타낸 것.

(3) 유량곡선

유량도를 기준으로 하여 세로축에는 유량의 크기, 가로축에는 매일매일의 발생된 유량을 크기 순서에 따라 배열한 곡선

① 갈수량 : 1년 365일 중 355일은 이 유량 이하로 내려가지 않는 유량.
② 저수량 : 1년 365일 중 275일은 이 유량 이하로 내려가지 않는 유량.
③ 평수량 : 1년 365일 중 185일은 이 유량 이하로 내려가지 않는 유량.
④ 풍수량 : 1년 365일 중 95일은 이 유량 이하로 내려가지 않는 유량.

(4) 적산 유량곡선

풍수기가 시작되는 시점을 기준으로 하여 가로축에는 날짜 순서를 세로축에는 매일 매일의 사용유량을 적산하여 나타낸 곡선(댐의 설계 및 저수지의 용량 결정)

3. 낙차 및 발전소 출력

(1) 낙차의 종류

① 총 낙차 : 취수구에서의 수위와 방수구의 수면 수위와의 고저차
② 정 낙차 : 발전기가 정지 중일 때 수조 수면 수위와 방수구 수면 수위의 고저차
③ 겉보기 낙차 : 발전기가 운전 중일 때 수조 수면 수위와 방수구 수면 수위와의 고저차
④ 유효낙차 : 총 낙차에서 수로나 수압관로, 방수로 등에 의한 전체 손실낙차를 제외한 나머지 고저차

(2) 수력발전소의 출력

① 이론상 출력 : $P = 9.8QH$ [kW]

② 실제 출력 : $P = 9.8QH\eta_T\eta_G = 9.8QH\eta$ [kW]

(H[m] : 유효낙차, Q[m₃/sec] : 유량, η_T : 수차효율, η_G : 발전기 효율)

4. 댐의 부속설비

⇨ **댐의 분류** ┌ 역 할 : 취수댐, 저수댐, 다목적댐
　　　　　　　├ 구 조 : 가동댐, 고정댐
　　　　　　　├ 재 료 : 콘크리트댐, 사력댐, 흙댐, 철재댐
　　　　　　　└ 설계 구조 및 형태 : 중력댐, 아치댐, 중공댐

(1) 중력댐

댐 자체의 무게로 물의 압력을 견디도록 한 방식

① 감사랑 : 댐 내부의 점검 및 보수를 위한 내부 통로

② 에이프런 : 전면부의 낙차지점이 유속이 큰 유량으로 인해 세척되는 것을 방지하기 위한 설비

(2) 아치댐

댐 양쪽이 견고한 암반 등으로 구성된 곳

① 콘크리트 양이 중력댐의 약 $\frac{1}{2}$ 정도로 감소한다.

② 수압이 분산되므로 내구성이 좋다.

(3) 중공댐

댐 내부를 조금씩 비워 둔 방식으로 콘크리트의 수화열의 방산이 용이하고 중력댐에 비해 콘크리트 소비량을 절약할 수 있다.

(4) 댐의 부속 설비

① 제수문 : 취수량을 조절하기 위해 설치된 수문

② 침사지 : 취수구로부터 유입되는 작은 토사 등을 유속을 작게 하여 침전시켜 제거하는 설비

③ 여수토(홍수토) : 홍수 시 발생하는 다량의 물을 한꺼번에 급속히 배출하기 위한 설비

(5) 수문

댐의 수위 및 유량 조절, 토사 등을 제거하기 위해 댐의 상부에 설치하는 구조물

① 슬루스 게이트 : 상하로 개폐하는 직사각형의 가장 간단한 수문. 소규모의 댐
② 롤러 게이트 : 수문에 롤러를 부착하여 마찰 저항을 감소시킨 형태의 대형 수문
③ 스토니 게이트 : 사다리형 롤러를 수문 틀에 부착하여 마찰 저항을 감소시킨 형태의 수문
④ 롤링 게이트 : 원통형 감판 수문을 권상기를 이용하여 개폐하는 수문
⑤ 테인터 게이트 : 수압이 항상 수문 중심에 집중하도록 한 반달형의 수문을 권상기를 이용한 체인을 감아 올려 개폐하는 수문
⑥ 스톱로그 : 일시적인 수문의 점검이나 보수 시 이용하는 수문

(6) 취수구

댐에 저장한 물을 수로에 도입하기 위한 구조물

① 제수문 : 수로에 유입하는 취수량을 조절하기 위한 수문
② 스크린 (제진설비) : 수로에 유입하는 불순물 제거

(7) 수로 및 그 부속설비

수로 : 취수구로부터 유입된 물을 수조에 도입하기 위한 설비.

① 무압수로(수로식) : 기울기 $\frac{1}{1000} \sim \frac{1}{1500}$, 유속 2 ~ 4[m/sec]

② 유압수로(댐, 댐수로식) : 기울기 $\frac{1}{300} \sim \frac{1}{400}$, 유속 3 ~ 5[m/sec]

③ 수로교 : 깊은 계곡이나 하천 등을 통과할 때 이 사이에 다리를 놓아 수로를 끌어내는 설비
④ 역 사이펀 : 폭이 넓은 계곡이나 하천, 큰 도로나 철도통과 시 땅 밑으로 관을 묻어 수로를 설치하기 위한 설비

(8) 수조

변전소의 부하 변동에 따른 유량 조절 및 부유물의 최종적인 제거를 위한 구조물로 최대 수량 1 ~ 2분 정도의 저장 능력이 있을 것

① 상수조(무압 수조) : 발전소 부하 변동에 대한 수차의 사용 유량의 증감 조절 기능만 있는 것.
② 조압수조(유압 수조) : 부하 변동에 대한 유량 조절 기능 및 부하 변동 시 발생하는 수격작용(수압관 내의 압력이 급상승하는 현상)을 완화, 흡수하여 수압 철관 보호하는 기능이 있는 것.

- 단동 조압수조 : 수조의 높이만을 증가시킨 수조
- 차동 조압수조 : 라이저(riser)라는 상승 관을 가진 수조
- 수실조압수조 : 수조의 상·하부 측면에 수실을 가진 수조
  (저수지의 이용 수심이 클 경우 적용)
- 소공 조압수조 : 제수 구멍에서의 마찰 손실을 이용한 구조의 수조

(9) 수압관로 및 부속설비

수조에서 수차에 이르는 수로로 지름 4 ~ 5[m], 유속 3 ~ 5[m/sec] 정도이다.

① 수압조정기(제압기) : 무 부하, 부하 급감 시 남은 물을 배제하여 수압 상승을 방지하기 위한 설비.

② 공기밸브 : 관 내 진공 상태를 제거하여 수압철관이 수압에 의해 파손되는 것을 방지하기 위한 설비.

(10) 방수로

수차로부터 나오는 물을 하천에 방류하기 위한 수로

5. 수차와 부속 설비

⇨ **수차의 분류** :

① 충동 수차 : 펠턴 수차(고낙차용 수차)

② 반동 수차
  ⓐ 중 낙차 용 : 프란시스 수차, 사류 수차.
  ⓑ 저 낙차 용 : 프로펠러 수차, 카플란 수차, 튜블러 수차.

(1) 펠턴수차

물을 노즐로부터 분출시켜서 위치에너지를 전부 운동 에너지로 바꾸는 수차로 노즐의 분사 물이 수차의 버킷에 충돌하는 충동력으로 러너를 회전시키는 구조의 것

① 니들밸브 (존슨 밸브) : 유량 조절에 의한 회전 속도 조절 (고낙차, 대수량 적용)

② 전향장치(디플렉터) : 유수의 방향 전환에 의한 수격 작용 방지

(2) 반동 수차

물의 위치에너지를 압력에너지로 바꾸고 이것을 러너에 유입시켜 여기서부터 빠져나갈 때 반작용으로 동력을 발생시키는 수차로 압력과 속도 에너지를 가지고 있는 유수를 러너에 작용시켜 그 때 발생하는 충동력과 유수가 빠져나갈 때 발생하는 반동력을 이용하여 회전시키는 구조의 것.

① 프란시스 수차
    ⓐ 차실 : 수류를 안내 날개에 유도
    ⓑ 안내 날개 : 수차의 회전 속도 조절
    ⓒ 스피드 링(속도 환) : 안내 날개를 통과하는 유수의 조절 및 수차의 커버 보강
    ⓓ 러너 : 동력 발생

② 프로펠러 수차 : 러너 날개가 고정인 구조의 것
    ⓐ 부분 부하에서의 효율이 낮다.
    ⓑ 특유 속도가 크다.

③ 카플란 수차 : 러너 날개가 가동인 구조의 것.
    ⓐ 모든 출력에 대한 효율이 높다.
    ⓑ 무 구속 속도가 크다.

④ 사류 수차 : 프란시스 수차와 프로펠러 수차의 구조 특성을 혼합시킨 형태
    ⓐ 변 낙차, 변 부하에 대한 효율 저하가 낮다.
    ⓑ 무 구속 속도가 작다.

⑤ 튜블러 수차 (원통형 수차) : 조력발전 10[m] 이하의 저낙차용

(3) 수차의 특유속도

실제 수차와 기하학적으로 비례하는 수차를 낙차 1[m]높이에서 운전시켜 출력 1[kW]를 발생시키기 위한 회전 속도

• 수차의 특유속도 $N_s = NP^{\frac{1}{2}}H^{-\frac{5}{4}} = N\dfrac{P^{\frac{1}{2}}}{H^{\frac{5}{4}}} = \dfrac{N}{H}\sqrt{\dfrac{P}{\sqrt{H}}}$ [m·kW]

(N[rpm] : 수차 회전수, P[kW] : 수차출력, H[m] : 유효낙차)

⇨ **수차의 특유속도 및 적용 낙차** :

수차 종류	특유속도	적용 낙차[m]
펠턴	$12 \leq N_s \leq 23$	300 이상
프란시스	$N_s \leq \dfrac{20000}{H+20} + 30$	65 ~ 350
사류	$N_s \leq \dfrac{20000}{H+20} + 40$	150 ~ 250
프로펠러 카플란	$N_s \leq \dfrac{20000}{H+20} + 50$	350 ~ 800

(4) 수차의 무구속 속도

수차가 정격출력으로 운전 중 갑자기 무 부하가 됐을 때 상승할 수 있는 최고 속도

⇨ **무구속 속도 크기** : 카플란 > 프로펠러 > 프란시스 > 펠턴

(5) 수차의 낙차 변화에 대한 특성 변화

수차의 낙차가 변화할 경우 수차의 회전수, 유량, 출력과의 관계는 다음과 같다.

① 회전수 : $\dfrac{N_2}{N_1} = \left(\dfrac{H_2}{H_1}\right)^{\frac{1}{2}}$

② 유량 : $\dfrac{Q_2}{Q_1} = \left(\dfrac{H_2}{H_1}\right)^{\frac{1}{2}}$

③ 출력 : $\dfrac{P_2}{P_1} = \left(\dfrac{H_2}{H_1}\right)^{\frac{3}{2}}$

(6) 입구 밸브

수차의 내부점검 및 사고 발생 시 수차에 유입하는 유량을 차단하기 위한 설비

① 니들 밸브(존슨 밸브) : 250 ~ 300[m] 중낙차용.

② 슬루스 밸브 : 200[m] 이상, 고낙차 소수량용.

③ 버터플라이 밸브(나비 형) : 50 ~ 200[m], 중낙차용.

④ 회전 밸브(로터리 밸브) : 30 ~ 100[m], 중낙차, 저낙차용.

(7) 조속기

부하 변동에 따른 속도 변화를 감지하여 수차의 유량을 자동적으로 조절하여 수차의 회전속도를 일정하게 유지하기 위한 장치

⇨ 펠턴 수차(니들 밸브), 반동 수차 (안내 날개)

① 조속기의 동작순서 : 평속기 → 배압 밸브 → 서보 모터 → 복원 기구.
  ⓐ 평속기(스피더) : 수차 회전 속도의 편차 검출
  ⓑ 배압 밸브 : 스피더의 동작에 의한 유압의 분배.
  ⓒ 서보 모터 : 니들 밸브나 안내 날개의 개폐.
  ⓓ 복원기구 : 니들 밸브나 안내 날개의 진동 방지.

② 조속기의 동작시간
  ⓐ 부동시간 : 조속기가 동작하여 밸브가 닫히는 동작이 시작될 때까지의 시간(0.2~0.5초)
  ⓑ 폐쇄시간 : 조속기가 동작하여 밸브가 닫힐 때까지의 시간(2~5초)

③ 조속기 폐쇄시간이 길어지면 회전속도의 상승률이 증가하고, 수격작용이 작아진다.

(8) 공동현상(캐비테이션)

유체가 매우 빠른 속도로 흐를 때 러너 날개 등의 면에 저 압력이나 진공 부분이 발생하는 현상

① 공동현상의 영향
  ⓐ 수차의 금속부분의 부식
  ⓑ 진동과 소음 발생
  ⓒ 출력 및 효율의 저하

② 공동 현상의 방지 대책
  ⓐ 수차의 특유속도를 너무 높게 취하지 말 것
  ⓑ 흡출관을 사용하지 말 것
  ⓒ 침식에 강한 재료를 사용할 것
  ⓓ 수차를 과도한 부분부하에서 운전하지 말 것

Chapter 10 수력 발전

출제예상핵심문제

469 댐 이외에 하천 하류의 구배를 이용할 수 있도록 수로를 설치하여 낙차를 얻는 발전 방식은?

① 유역 변경식   ② 댐식   ③ 수로식   ④ 댐 수로식

해설 취수 방식에 따른 분류 : 수로식, 댐식, 댐 수로식, 유역 변경식
- 수로식 : 가장 큰 낙차(구배)를 얻을 수 있는 지점을 찾아서 그곳까지 설치한 수로를 이용하여 하천의 물을 끌어와서 낙차를 얻는 방식
- 유역 변경식 : 서로 다른 두 하천 사이에 큰 낙차를 얻을 수 있을 때 이 두 하천을 수로로 연결하여 낙차를 얻는 방식

470 전력 계통에 경부하 시 또는 다른 발전소의 발전 전력에 여유가 있을 때 이 잉여 전력을 사용하여 전동기로 펌프를 돌려 물을 상부의 저수지에 저장하였다가 필요에 따라 이 물을 이용하여 발전하는 방식의 발전소는?

① 조력 발전소   ② 양수식 발전소
③ 유역 변경식 발전소   ④ 수로식 발전소

해설 운용 방법에 따른 분류 : 유입식, 저수지식, 조정지식, 양수식, 조력식
- 양수식 : 경부하 시 또는 다른 발전소의 전력에 여유가 있을 때 이 잉여전력을 사용하여 물을 상부의 저수지에 저장하였다가 필요에 따라 이 물을 이용하여 발전하는 방식
- 유입식(자류식 발전소) : 자연 유량이 풍부한 지점에서 하천에 흘러들어오는 물을 그대로 사용하여 발전하는 방식
- 조정지식(첨두용 발전소) : 저수지를 건설할 수 없는 유량이 적은 수계에서 수로 도중이나 댐식일 경우 취수구 앞에 조정지를 설치하여 첨두부하 시 부하 변동에 대응하여 발전하는 방식

471 수압관 안의 1점에서 흐르는 물의 압력을 측정한 결과 7[kg/cm²]이고 유속을 측정한 결과 49[m/sec]이었다. 그 점에서의 압력 수두는 몇 [m]인가?

① 30   ② 50   ③ 70   ④ 90

정답   469.③   470.②   471.③

해설 압력수두 : $H_P = \dfrac{P}{\omega} = \dfrac{P}{1000}$[m] 여기서 ω[kg/m³]는 물의 단위 부피당 중량

물의 압력 $7[kg/cm^2] = 7 \times 10^4 [kg/m^2]$ 이므로

압력 수두 $H_P = \dfrac{P}{\omega} = \dfrac{P}{1000} = \dfrac{7 \times 10^4}{1000} = 70[m]$

472 유효 낙차 400[m]의 수력 발전소가 있다. 펠턴수차의 노즐에서 분출하는 물의 속도를 이론값의 0.95배로 한다면 물의 분출 속도는 몇 [m/sec]인가?

① 42   ② 59.5   ③ 62.6   ④ 84.1

해설 속도 수두 : $H_v = \dfrac{v^2}{2g}$[m]

속도 수두 $H_v = \dfrac{v^2}{2g}$[m] 에서 물의 속도 $v = \sqrt{2gH}$[m/sec] 이므로

물의 속도 $v = \sqrt{2gH} = \sqrt{2 \times 9.8 \times 400} \times 0.95 = 84.1$[m/sec]

473 그림에서 A, B 두 지점의 단면적을 각각 1.2[m²], 0.4[m²]라 하고 A에서 유속 v_1을 0.3[m/sec]라 할 때 B에서의 유속 v_2는 몇 [m/sec]인가?

① 0.9
② 1.2
③ 3.6
④ 4.8

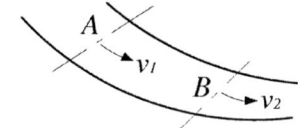

해설 흐르는 물의 연속성 원리 : $Q = A_1 v_1 = A_2 v_2 [m^3/sec]$

유량 $Q = 1.2 \times 0.3 = 0.4 \times v_2 [m^3/sec]$ 에서 $v_2 = 0.9[m/sec]$

474 유효낙차 100[m], 최대사용수량 20[m³/s]인 발전소의 최대출력은 약 몇 [kW]인가?

① 14160   ② 16660   ③ 19600   ④ 33320

해설 발전소 출력 P = 9.8QH
= $9.8 \times 20 \times 100 = 19600$[kW] (Q[m³/sec] : 사용 유량)

정답 472.④ 473.① 474.③

475 총 낙차 300[m], 사용 수량 20[m³/sec]인 수력 발전소의 발전기 출력은 약 몇 [kW]인가? (단, 수차 및 발전기 합성효율은 각각 90[%], 98[%]이고 손실 낙차는 총 낙차의 6[%]라 한다)

① 48750 ② 52350 ③ 77550 ④ 87650

해설 발전기 출력 $P_G = 9.8QH\eta_T\eta_G = 9.8 \times 20 \times 282 \times 0.9 \times 0.98 = 48750[kW]$
(η_T : 수차 효율, η_G : 발전기 효율)

476 유효 낙차 100[m] 최대 사용 유량 20[m³/sec], 설비 이용률 70[%]의 수력 발전소의 연간 발전 전력량[kWh]은 대략 얼마인가?

① 100×10^3 ② 100×10^6 ③ 120×10^6 ④ 150×10^5

해설 발전소 출력 $P = 9.8QH\eta_t\eta_g = 9.8 \times 20 \times 100 \times 1 \times 0.7 = 13720[kW]$
연간 발전 전력량 $W = Ph = 13720 \times 365 \times 24 = 120 \times 10^6[kWh]$

477 유역 면적 365[km²]의 발전 지점에서 연 강수량이 2400[mm]일 때 강수량의 $\frac{1}{3}$이 이용 된다면 연평균 수량은?

① 5.26 ② 7.26 ③ 9.26 ④ 11.26

해설 연평균 유량 $Q = \dfrac{a \times 10^{-3} \times b \times 10^6 \times k}{365 \times 24 \times 60 \times 60}$

$= \dfrac{2400 \times 10^{-3} \times 365 \times 10^6 \times \frac{1}{3}}{365 \times 24 \times 60 \times 60} = 9.26[\text{m}^3/\text{sec}]$

(a[mm] : 연강수량, b[km²] : 유역 면적, k : 유출계수)

정답 475.① 476.③ 477.③

478
그림과 같은 유황 곡선을 가진 수력 지점에서 최대 사용 수량 OC로 1년간 계속 발전하는 데 필요한 저수지의 용량은?

① 면적 OCDBA
② 면적 OCDA
③ 면적 DEB
④ 면적 PCD

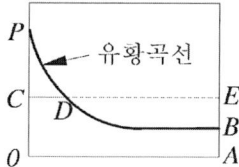

해설 최대사용수량 OC로 1년간 계속 발전할 경우 부족 수량은 유황곡선에서 면적 DEB에 상당하는 수량이므로 이 면적에 상당하는 수량을 저수해 두어야 한다.

479
1년 365일 중 185일은 이 양 이하로 내려가지 않는 유량은?

① 저수량 ② 고수량 ③ 평수량 ④ 풍수량

해설 하천의 유량 크기 : 1년 365일 중 며칠 이상은 이양(표) 이하로 내려가지 않는 유량

구분	갈수량	저수량	평수량	풍수량
날수	355	275	185	95

480
기초와 양쪽의 암반이 양호한 협곡에 적합한 댐은?

① 중력댐 ② 중공댐 ③ 사력댐 ④ 아치댐

해설 역학적인 구조에 따른 댐의 분류 : 중력댐, 아치댐, 중공(부벽)댐
① 중력댐 : 댐 자체 무게로 물의 압력을 견디는 형식
② 중공댐 : 댐 내부 일부 공간을 조금씩 비워둔 형식

481
취수구에 제수문을 설치하는 목적은?

① 낙차를 높인다. ② 홍수위를 낮춘다.
③ 유량을 조정한다. ④ 모래를 배제한다.

해설 취수구 : 하천의 물을 발전소로 유도하기 위한 수로 유입구
• 제수문 : 유량조정 설비
• 토사 유입 방지 및 부유물 제거 설비

정답 478.③ 479.③ 480.④ 481.③

482 조압수조(서지탱크)의 설치 목적은?

① 조속기의 보호　　　② 수차의 보호
③ 여수의 처리　　　　④ 수압관의 보호

해설 수조의 종류
- 상수조 : 무압수로에서 채용하여 유하 토사의 최종적인 침전 및 부하 급변 시 유량의 과부족을 조정할 수 있는 수조
- 조압수조(유압수로) : 유압수로에서 채용하여 부하 급변 시 발생하는 수격작용 및 수차 사용유량 변동에 의한 수조 내 수위가 진동하는 서징작용을 흡수하여 수압 철관을 보호하고 유량을 조정할 수 있는 수조

483 저수지의 이용 수심이 클 때 사용하면 유리한 수조는?

① 제수공 조압 수조　　② 수실 조압 수조
③ 차동 조압 수조　　　④ 단동 조압 수조

해설 조압수조의 종류
- 차동조압수조 : 라이저(riser)라는 상승관을 가진 수조(압력이 클 때 사용)
- 수실조압수조 : 수조 상하부 측면에 수실을 가진 수조(이용수심이 클 때 사용)
- 제수공수조 : 라이저를 제거하고 수로와 수조를 조그마한 제수공으로 결합한 것.

484 수력 발전소의 수압관의 두께는?

① 최대 수두와 지름에 비례하고, 강판의 허용 응력에 반비례한다.
② 최대 수두 지름 및 강판의 응력에 비례한다.
③ 직경과 강판의 허용응력에 비례하고, 최대 수두에 반비례한다.
④ 직경과 강판의 허용응력에 비례하고, 최대 수두에 비례한다.

해설 수압관 : 수조로부터 발전소 수차 입구에 이르기까지의 도수관
- 수압관 두께 : $t \propto \dfrac{PD}{\sigma\phi}$ (P[kg/cm^2] : 수압, D[cn] : 수압철관 지름, σ[kg/cm^2] : 강판의 허용인장응력, Ø : 철판 접합효율)

정답　482.④　483.②　484.①

485 압력 수두를 속도 수두로 바꾸어서 적용시키는 수차는?

① 프란시스 수차 ② 카플란 수차 ③ 펠턴 수차 ④ 사류 수차

해설 펠턴수차 : 유량이 버킷에 충돌하면 이때 발생한 충동력으로 러너가 회전하며 압력수두가 속도수두로 변환하여 회전하는 수차

486 수력 발전소에서 사용되는 수차 중 15[m]이하 저낙차에 적합하여 조력 발전용으로 알맞은 수차는?

① 카플란 수차 ② 펠턴 수차 ③ 프란시스 수차 ④ 튜블러 수차

해설 원통수차(튜블러 수차) : 15[m]이하 저낙차에 적합하여 낙차가 낮은 조력발전이나 양수식 발전소의 가역식(한 대의 기기로 펌프와 수차 겸용)수차로 채용

487 특유속도가 높다는 것은 무엇인가?

① 수차의 실제 회전수가 높다는 것이다.
② 유수에 대한 수차 러너의 상대속도가 빠르다는 것이다.
③ 유수의 유속이 빠르다는 것이다.
④ 속도 변동률이 높다는 것이다.

해설 특유속도 : 실제 수차와 기하학적으로 비례하는 수차를 낙차 1[m]에서 운전시켜 출력 1[km]를 발생시키기 위한 회전 속도

$$N_s = NP^{\frac{1}{2}}H^{-\frac{5}{4}} = N\frac{P^{\frac{1}{2}}}{H^{\frac{5}{4}}} = \frac{N}{H}\sqrt{\frac{P}{\sqrt{H}}} \text{ [rpm]}$$

여기서, N[rpm] : 수차의 정격 회전속도, P[kW] :출력, H[m] : 낙차
• 특유속도가 높다.: 수차 러너의 상대속도가 빠르고 경부하시 효율저하가 심해진다.

정답 485.③ 486.④ 487.②

488 수력 발전소에서 특유 속도가 가장 높은 수차는?

① 펠턴 수차　　② 프로펠러 수차　　③ 프란시스 수차　　④ 사류 수차

해설 수차의 특유 속도

수차 종류	특유속도	적용 낙차[m]
펠턴	$12 \leq N_s \leq 23$	300 이상
프란시스	$N_s \leq \dfrac{20000}{H+20} + 30$	65 ~ 350
사류	$N_s \leq \dfrac{20000}{H+20} + 40$	150 ~ 250
프로펠러 카플란	$N_s \leq \dfrac{20000}{H+20} + 50$	350 ~ 800

489 유효 낙차 81[m], 출력 10,000[kW], 특유 속도 164[rpm]인 수차의 회전 속도는 약 몇 [rpm]인가?

① 185　　② 215　　③ 350　　④ 400

해설 특유속도 $N_s = NP^{\frac{1}{2}} H^{-\frac{5}{4}}$ [rpm] 이므로

수차의 회전속도 $N = \dfrac{N_s \cdot H^{\frac{5}{4}}}{P^{\frac{1}{2}}} = \dfrac{164 \times 81^{\frac{5}{4}}}{10000^{\frac{1}{2}}} \fallingdotseq 400$ [rpm]

(N[rpm] : 수차 정격 회전속도, P[kW] : 출력, H[m] : 낙차)

490 낙차 290[m], 회전수 500[rpm]인 수차를 225[m]의 낙차에서 사용할 때의 회전수는 약 몇 [rpm]으로 하면 적당한가?

① 400　　② 440　　③ 480　　④ 520

해설 수차의 낙차변화에 따른 회전수 특징 $\dfrac{N_2}{N_1} = \left(\dfrac{H_2}{H_1}\right)^{\frac{1}{2}}$

회전수 $N_2 = \left(\dfrac{H_2}{H_1}\right)^{\frac{1}{2}} \times N_1 = \sqrt{\dfrac{225}{290}} \times 500 = 440$ [rpm]

정답　488.②　489.④　490.②

491 유효 낙차 100[m], 최대 유량 20[m³/sec]의 수차에서 낙차가 81[m]로 감소하면 유량은 몇 [m³/sec]가 되겠는가?

① 15 ② 18 ③ 24 ④ 30

해설 수차의 낙차변화에 따른 유량 특징 $\dfrac{Q_2}{Q_1} = \left(\dfrac{H_2}{H_1}\right)^{\frac{1}{2}}$

유량 $Q_2 = \left(\dfrac{H_2}{H_1}\right)^{\frac{1}{2}} \times Q_1 = \sqrt{\dfrac{81}{100}} \times 20 = 18\,[\text{m}^3/\text{sec}]$

492 유효 낙차 50[m]에서 출력 7500[kW]되는 수차가 있다. 유효 낙차가 2.5[m]만큼 저하되면 출력은 몇[kW]가 되겠는가?(단, 수차의 수구 개도는 일정하며, 효율의 변화는 무시한다)

① 6650 ② 6755 ③ 6850 ④ 6945

해설 수차의 낙차변화에 따른 출력 특징 $\dfrac{P_2}{P_1} = \left(\dfrac{H_2}{H_1}\right)^{\frac{3}{2}}$

출력 $P_2 = \left(\dfrac{H_2}{H_1}\right)^{\frac{3}{2}} \times P_1 = \left(\dfrac{47.5}{50}\right)^{\frac{3}{2}} \times 7500 = 6945\,[\text{kW}]$

493 흡출관이 필요하지 않은 수차는?

① 펠턴 수차
② 프란시스 수차
③ 카플란 수차
④ 사류 수차

해설 흡출관 : 반동수차에서 러너 출구로부터 방수 면까지의 접속관으로 유효낙차를 높일 목적으로 채용하여 물이 갖는 운동에너지를 위치에너지로 흡수하는 것.

정답 491.② 492.④ 493.①

494 회전 속도의 변화에 따라서 자동적으로 유량을 가감하는 장치를 무엇이라 하는가?

① 공기 예열기　　② 과열기　　③ 여자기　　④ 조속기

해설 조속기 : 수차발전기 출력의 증감에 관계없이 수차의 회전수를 일정하게 유지하기 위해 출력의 따라 수차의 유량을 자동으로 조절하는 장치
- 동작 순서 : 평속기 → 배압밸브 → 서보모터 → 복원기구
  - 평속기(스피더) : 수차의 속도 편차검출
  - 배압밸브 : 서보모터에 공급하는 압유 방향전환
  - 서보모터 : 니들밸브(펠턴수차)나 안내날개(반동수차)를 개폐하여 수구 개폐
  - 복원기구 : 니들밸브나 안내날개 진동 방지

495 수차의 조속기 시험을 할 때 폐쇄 시간이 길게 되도록 조속기의 기구를 조정하여 부하를 차단하면 수차는?

① 회전속도의 상승률이 증가하고, 수격 작용이 감소한다.
② 회전속도의 상승률이 증가하고, 수격 작용이 증가한다.
③ 회전속도의 상승률이 감소하고, 수격 작용이 감소한다.
④ 회전속도의 상승률이 증가하고, 수격 작용이 증가한다.

해설 조속기 폐쇄 시간 길어지면
- 수차에 잔류 에너지 유입 → 회전속도 증가 → 유속감소, 수격작용 감소

496 수차 발전기에 제동 권선을 설치하는 주된 목적은?

① 정지 시간 단축　　　　② 발전기 안정도의 증진
③ 회전력의 증가　　　　④ 과부하 내량의 증대

해설 수차발전기 난조현상 : 부하가 변화하면서 서보모터로 수구개도를 조정할 때 수차는 관성으로 인해 동작에 시간 지연이 발생하므로 정상속도에 이르기까지 수구 개도의 조정이 과도현상을 일으켜 회전속도가 진동하는 현상
① 발생원인
  - 관성모멘트가 작은 경우
  - 속도변동률이 큰 경우
  - 조속기가 너무 예민한 경우
  - 부하 급변의 경우
② 방지 대책 : 자극에 제동권선 설치

정답　494.④　495.①　496.②

Chapter 11 화력 발전

【화력발전】 석탄, 석유등의 연료를 이용한 열에너지를 전기에너지로 변환하는 발전방식
- 열에너지 → 증기 에너지 → 기계에너지 → 전기에너지

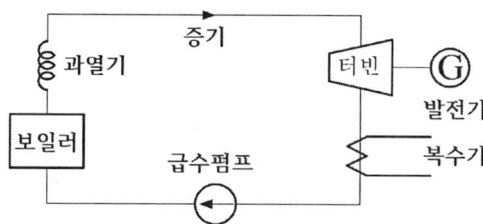

1. 열역학 개요

(1) 열량 및 온도

① 열량
- 1[kcal] : 표준대기압 하에서 순수한 물 1[kg]을 1[℃] 상승시키는데 필요한 열량
- 1[BTU] : 표준대기압 하에서 순수한 물 1[ℓb](파운드)=453[g])를 1[℃] 상승시키는데 필요한 열량

② 온도
- 섭씨온도[℃] : 표준 대기압 하에서 어는점을 0[℃], 끓는 점을 100[℃]로 하여 100등분 한 온도단위
- 화씨온도[℉] : 표준대기압 하에서 어는점을 32[℃], 끓는 점을 212[℃]로 하여 180등분 한 온도단위
- 절대온도[°K] : 기체의 분자 운동이 정지하는 열역학적 최저 온도인 −273.15[℃]를 0[℃]로 표시하는 온도단위(T[°K]=t[℃]+273.15)

(2) 물과 증기

① 포화 온도 : 임의의 압력 하에서 물이 증기로 변하는 한계 온도.

표준대기압에서의 0[℃]순수한 물 ⇨ 100[℃]의 포화증기 ⇨ 100[℃]의 건조포화증기 ⇨ 포화온도 100[℃] 넘는 과열증기

② 포화증기 : 일정한 압력 하에서 물이 증발하기 시작하는 온도에서 발생하는 증기
- 습포화 증기 : 수분이 포함되어 있는 증기
- 건조 포화 증기 : 수분이 없는 완전한 증기

【보기】건조 포화 증기 1[kg]의 열량 = 액체열 100[kcal] + 증발열 539[kcal] = 639[kcal]

③ 액체열과 증발열
- 액체열(현열) : 액체의 온도를 상승시키는데 필요한 열량.($Q = C \cdot m \cdot \theta$ [kcal])
- 증발열(잠열) : 액체를 증발시키는 데 필요한 열량.

④ 과열증기 : 건조포화 증기를 계속 가열하여 그 온도와 체적만을 증가시킨 증기.
- 과열도 = 과열 증기 온도 − 포화 증기 온도

⑤ 물의 임계점 :

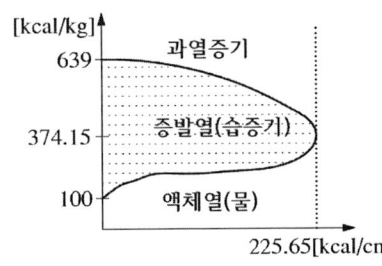

- 임계 압력 : 225.65[kg/cm²]
- 임계 온도 : 374.15[℃]
- 임계증발열 (잠열) : 0[kcal/kg]

(3) 엔탈피, 엔트로피

① 엔탈피 : 단위 무게의 물이나 증기가 보유하고 있는 전체 열량

【보기】300[℃] 과열 증기의 엔탈피 = 액체열 + 증발열 + (과열증기의 비열 × 과열도)
= 100 + 539 + 0.47 × (300−100)
= 733[kcal/kg]

② 엔트로피 : 임의의 절대온도 T[°K]에서 증기나 물의 엔탈피 증가분 i[kcal]를 절대온도로 나눈 값

【보기】T_1[°K], i_1[kcal/kg]의 증기 온도가 증가하여 보유 열량이 증가 T_2[°K], i_2[kcal/kg]이 된 경우 그 엔트로피의 변화량은 다음과 같다.

- 엔트로피의 변화량 = $\dfrac{i_2 - i_1}{T_2}$ [kcal/kg·°K]

2. 화력 발전소의 열 사이클

⇨ **열사이클** : 열기관 등에서 액체나 기체가 가지고 있는 열에너지를 기계적 에너지로 변환시키는 과정.

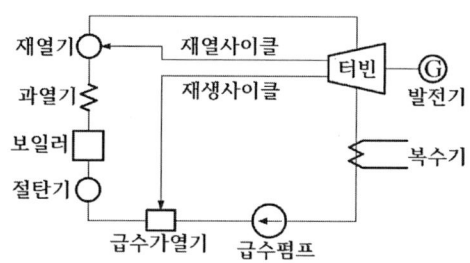

- 절탄기 : 보일러 급수 예열
- 과열기 : 포화증기를 과열증기로 가열
- 재열기 : 증기 재가열
- 복수기 : 증기를 물로 변환하는 장치

(1) 카르노 사이클
가장 이상적인 열 사이클로 다음과 같은 순서로 변환된다.
① 단열 팽창 → ② 등온팽창 → ③ 등온 냉각 → ④ 단열 압축

(2) 랭킨 사이클
가장 기본적인 사이클로 다음과 같은 순서로 순환을 반복한다.
① 단열 압축(급수 펌프) → ② 등압 가열(보일러) → ③ 단열 팽창(터빈) → ④ 등압 냉각(복수기)

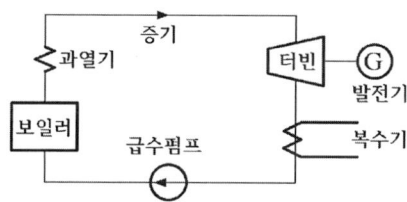

(3) 재생 사이클
터빈의 중도에서 증기의 일부를 추기하여 급수를 예열하는 방식, 복수기 및 저압터빈의 소형화

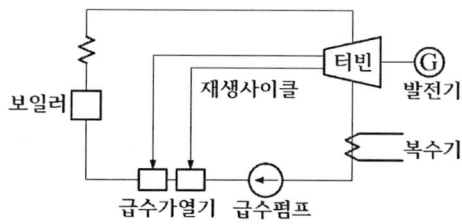

(4) 재열 사이클

터빈에서 팽창된 증기가 포화상태에 도달했을 때 이 증기를 보일러로 되돌려 증기를 가열하는 방식, 터빈 날개의 부식 방지 및 열효율 향상

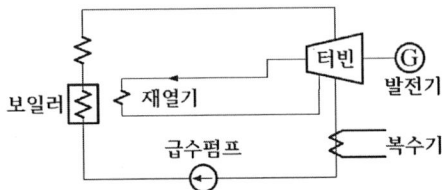

(5) 재생-재열 사이클

고온, 고압의 대용량 발전소에 채용되는 방식, 열효율이 좋은 사이클

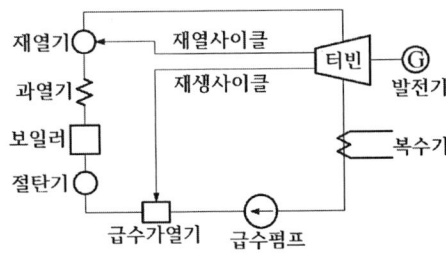

(6) 열 사이클 효율 향상 대책

① 터빈의 증기온도 및 압력을 향상시키기 위하여 과열증기를 사용한다.
② 터빈에서의 열 낙차를 향상시키기 위하여 진공도를 높게 유지한다.
③ 터빈 출구의 배기 압력을 낮게 유지한다.
④ 재생 재열 사이클을 채용한다.

3. 보일러와 부속 설비

보일러 계통도

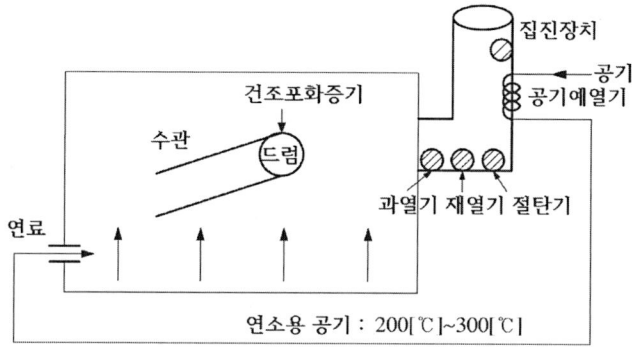

(1) 보일러의 종류

① 자연순환식 보일러 : 보일러 급수가 가열된 물과 증기와의 비중 차에 의해 순환되는 방식
② 강제순환식 보일러 : 자연순환식 보일러 하강관 도중에 순환펌프를 설치하여 관수를 순환시키는 방식
③ 관류형 보일러 : 물을 임계압력 및 임계온도 하에서 가열하여 바로 증기로 되는 원리를 이용한 보일러

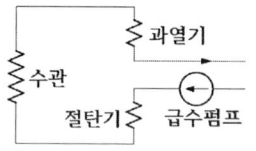

- 드럼이 없으므로 설비가 간단하고 축열 열량이 적다.
- 시동, 정지 및 부하 변동 시 속응성이 우수하다.

(2) 보일러 부속설비

① 노 : 연료와 공기를 혼합하여 연료를 완전 연소시키는 장치
② 과열기 : 포화증기를 과열 증기로 만들어 증기터빈에 공급하는 설비
③ 재열기 : 고압 터빈 내에서 팽창된 증기를 다시 추기하여 재가열하는 설비
④ 절탄기 : 배기가스의 여열을 이용하여 보일러 급수를 예열하기 위한 여열 회수 장치
⑤ 공기예열기 : 연도 가스의 여열을 이용하여 연소용 공기를 예열하는 설비

(3) 보일러의 용량 및 효율

① 보일러의 증발계수 $= \dfrac{\text{상당 증발량}}{\text{실제 증발량}} = \dfrac{i - i_0}{539.3}$

    (i : 과열증기 엔탈피, i_0 : 절탄기 입구 엔탈피)

    ⓐ 실제 증발량 : 규정된 압력과 온도 하에서의 증발량

    ⓑ 상당 증발량 : 표준 대기압 하에서 100[℃] 포화수를 100[℃] 건조 포화 증기로 만드는 증발량

② 보일러의 용량 : 보일러의 단위시간당 증기발생 능력 [kg/h], [t/h]

③ 보일러의 효율 : 공급된 열량에 대한 증기에 흡수된 열량의 비

$\eta = \dfrac{\omega(i - i_0)}{WH}$ (ω[kg/h] : 증발량, W[kg/h] : 공급연료량, H[kcal/kg] : 발열량)

4. 증기터빈 및 발전소 효율

⇨ **증기터빈** : 고온, 고압의 열에너지 및 압력 에너지를 가지는 증기를 기계적 에너지로 변화시키는 원동기

(1) 동작원리에 의한 분류

① 충동터빈 : 충동력 이용(반동도 50[%]미만)

② 반동터빈 : 반동력 이용(반동도 50[%]이상)

③ 혼식터빈 : 충동터빈 + 반동터빈

(2) 배기가스 사용 방법에 의한 분류

① 복수 터빈 : 터빈의 배기가스 전부를 복수시키는 방식

② 추기 터빈 : 터빈 배기가스의 일부는 복수, 나머지는 추기하여 다른 목적으로 이용하는 방식

③ 배압 터빈 : 터빈의 배기가스 전부를 동력용이나 공업용과 같은 다른 목적으로 이용하는 방식으로 복수기가 필요 없는 방식

(3) 증기터빈의 구조

① 차실(실린더) : 터빈의 안내날개 등을 수용하기 위한 설비

② 노즐 : 증기를 안내날개에 유입시키기 위한 설비

③ 다이어프램 : 노즐 보호 및 차실 내 각 단 사이의 기밀 유지를 위한 설비

④ 날개 : 동력을 발생시키기 위한 설비
⑤ 누설방지장치 : 증기가 차실이나 다이어프램 통과 시 축과의 틈으로 증기 유출을 방지하기 위한설비(레버린스 패킹, 물 패킹, 탄소 패킹)

(4) 조속 장치
부하변동에 따른 터빈의 속도를 일정하게 유지하기 위한 증기 가감장치
① 노즐 조속 법 : 증기 실마다 각각 1개씩의 증기 가감 밸브를 설치하여 조절하는 방식
② 스로틀 조속 법 : 증기 실에 들어가는 주 밸브의 열림 정도를 조절하는 방식

(5) 효율
① 증기 터빈 효율 : $\eta_0 = \dfrac{860P}{\omega(i_1 - i_2)} \times 100[\%]$

- P[kW] : 터빈 출력
- ω[kg/h] : 사용 증기량
- i_1[kcal/kg] : 터빈 출구 엔탈피
- i_2[kcal/kg] : 복수기 입구 엔탈피
- $i_1 - i_2$ (열낙차) : 열팽창에 의하여 기계적인 일로 변화되는 열량

② 증기의 이론 속도 $v = 91.5\sqrt{i_1 - i_2}$ [m/sec]

③ 발전소 효율 : $\eta = \dfrac{860W}{mH} \times 100[\%]$

- W[kWh] : 어떤 기간 내에 발생한 총 전력량
- m[kg] : 같은 기간 내에 소비된 총 연료량
- H[kcal/kg] : 소비된 총 연료에 의한 발열량

5. 복수기와 급수장치

(1) 복수기
터빈에서 배기되는 증기를 물로 냉각시키기 위한 설비
① 혼합복수기 : 터빈에서 배출되는 배기가스를 냉각수에 직접 접촉시켜 복수시키는 방식
② 표면 복수기 : 냉각 수관에 터빈에서 배출되는 배기가스를 직각으로 접촉시켜 복수시키는 방식
⇨ 복수기에서의 방열손실 : 50~55[%], 복수기의 냉각면적 : 0.05~0.15[m²/kW]

【참고】 복수기용 펌프
① 추기 펌프 : 고진공 유지를 위해 기내에 유입하는 공기를 추출하기 위한 펌프
② 순환펌프 : 복수기에 냉각수를 보내기 위한 펌프
③ 복수 펌프 : 복수를 복수기 내로부터 유입하기 위한 펌프

(2) 급수 설비
① 급수 펌프 : 보일러에 용수를 공급하기 위한설비
② 급수 가열기 : 증기 터빈의 중도에서 추기한 증기의 여열을 이용하여 급수를 예열하기 위한설비
③ 급수제어장치(FWC)

(3) 보일러급수의 불순물에 의한 장해
① 스케일 생성 : 급수 중에 Ca, Mg 등이 관 벽에 녹아 부착되어 층을 이루는 현상
  ⓐ 열전도율 감소
  ⓑ 관 벽의 과열 발생
  ⓒ 관 벽의 협소화에 따른 보일러 용량의 감소
② 캐리 오버 현상 : 급수 중에 포함된 불순물 등이 증기 속에 혼입되어 터빈날개 등에 부착되는 현상
③ 수관이나 관 벽의 부식 : 급수 중에 포함된 산소 등에 의한 부식현상
④ 알칼리 취하 현상 : 알칼리 성분이 지나친 경우 수관의 용접부분이나 두께가 얇은 부분 등에서 결정성 균열이 발생하는 현상

(4) 보일러 급수의 불순물 제거
① 기계적 처리법
  ⓐ 불순물을 여과, 침전시켜 제거한다.
  ⓑ 산소 및 이산화탄소 등을 제거하기 위하여 탈기기를 설치한다.
② 화학적 처리법
  ⓐ 석회소다법 : 칼슘과 마그네슘 등을 제거한다.
  ⓑ 이온교환수지법 : 양이온과 음이온을 이온교환제로 제거한다.

6. 통풍설비와 집진 장치

(1) 통풍설비
보일러에서의 연소 시 발생하는 연소가스를 굴뚝을 이용하여 배출하는 설비
① 압입 통풍 : 공기예열기와 버너를 통하여 노안으로 공기를 불어 넣는 방식
② 유입 통풍 : 굴뚝과의 중간에 가스를 빨아내기 위한 통풍기를 설치한 방식
③ 평형 통풍 :
【댐퍼】: 통풍 장치에서 공기량을 조절하기 위한 설비.

(2) 집진장치
① 원심력 집진장치 : 사이클론식, 멀티사이클론식, 블론다운형
② 전기 집진 장치(코트렐 집진기) : 방전 전극(음극), 집진 전극(양극), 정류기 (AC→DC)

Chapter 11 화력 발전

출제예상핵심문제

497 증기의 엔탈피란?

① 증기 1[kg]의 잠열
② 증기 1[kg]의 보유 열량
③ 증기 1[kg]의 기화 열량
④ 증기 1[kg]의 증발열을 그 온도로 나눈 것

해설 증기 엔탈피[kcal/kg] : 증기 1[kg]이 보유하고 있는 열량

498 가장 효율이 높은 이상적인 열 사이클은?

① 재생 사이클
② 카르노 사이클
③ 재생 재열 사이클
④ 랭킨 사이클

해설 카르노 사이클 : 압력-체적 선도 및 온도-엔트로피 선도에서 2개의 등온 변화와 2개의 단열 변화로 이루어진 최고의 열효율을 얻을 수 있는 가장 이상적인 사이클
 • 순서 : ① 등온 팽창 → ② 단열 팽창 → ③ 등온 압축 → ④ 단열 압축
 【참고】 엔트로피 : 물이나 증기의 엔탈피 증가분을 그 상태의 절대온도로 나눈 값

499 화력 발전소에 있어 급수 및 증기의 흐르는 계통을 순서대로 나열하면?

① 급수 가열기 – 절탄기 – 과열기 – 터빈 – 복수기
② 절탄기 – 과열기 – 급수 가열기 – 터빈 – 복수기
③ 과열기 – 절탄기 – 급수 가열기 – 터빈 – 복수기
④ 급수 가열기 – 과열기 – 절탄기 – 터빈 – 복수기

해설 화력발전소 열 사이클 : 절탄기-보일러-과열기-재열기-터빈-복수기-급수펌프

정답 497.② 498.② 499.①

500 랭킨 사이클이 취하는 급수 및 증기의 올바른 순환과정은?

① 등압 가열 – 단열 팽창 – 등압 냉각 – 단열 압축
② 단열 팽창 – 등압 가열 – 단열 압축 – 등압 냉각
③ 등압 가열 – 단열 압축 – 단열 팽창 – 등압 냉각
④ 등온 가열 – 단열 팽창 – 등온 압축 – 단열 압축

해설 랭킨사이클에서의 급수 및 증기 순환 과정 :
단열 압축(급수 펌프) – 등압 가열(보일러) – 단열 팽창(터빈) – 등압 냉각(복수기)

501 그림과 같은 T–S 선도를 갖는 열 사이클은?

① 카르노 사이클
② 랭킨 사이클
③ 재생 사이클
④ 재열 사이클

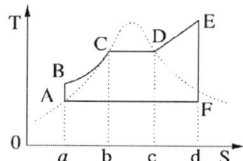

해설 랭킨사이클 : 2개의 단열 변화와 2개의 등압 변화로 구성되는 사이클

열효율 $\eta = \dfrac{ABCDEFA}{aABCDEda}$

- aABCDEda : 과열증기를 만들기 위해서 보일러에 공급된 전체 열량
- ABCDEFA : 터빈에서 발생하는 일의 양

502 그림과 같은 사이클을 무슨 사이클인가?

① 랭킨 사이클
② 재생 사이클
③ 재열 사이클
④ 재생 재열 사이클

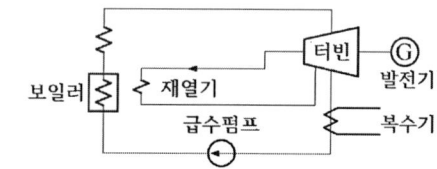

해설 재생 사이클 : 증기터빈에서 증기 일부를 추기하여 급수를 예열하는 사이클
- 복수기 및 터빈 저압부 소형화 (복수기 냉각수 감소)

정답 500.① 501.② 502.②

503 대용량 기력 발전소에서 터빈의 중도에서 추기하여 급수 가열에 사용함으로써 발생되는 효과가 아닌 것은?

① 열효율의 개선
② 터빈 저압부 및 복수기의 소형화
③ 보일러 보급 수량의 감소
④ 복수기 냉각수의 감소

해설 재생 사이클 : 증기터빈에서 증기 일부를 추기하여 급수를 예열하는 사이클
• 터빈 저압부 및 복수기 소형화 (복수기 냉각수 감소)

504 고압 터빈 내에서 습증기가 되기 전에 증기를 모두 추출하여 한 번 더 보일러의 연소 가스 또는 과열 증기에 의하여 가열시키고, 다시 저압 터빈에 넣어서 팽창을 계속하여 열효율을 좋게 하는 사이클은?

① 랭킨 사이클   ② 재생 사이클   ③ 2유체 사이클   ④ 재열 사이클

해설 재열 사이클 : 고압터빈에서에서 팽창된 포화증기를 모두 추출하여 보일러로 되돌려 보내 과열증기를 재가열한 후 저압 터빈으로 보내는 사이클
• 터빈 효율 상승
• 터빈 증기 소비량 감소
• 복수기 용량 감소
• 터빈 배기 습도가 감소

505 그림과 같은 열 사이클은?

① 재열 사이클
② 재생 사이클
③ 재열재생 사이클
④ 기본 열 사이클

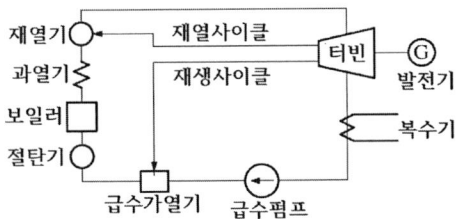

해설 재열 재생 사이클 : 재열사이클과 재생사이클의 조합으로 급수 예열과 증기 재가열을 하여 손실은 경감시키고 열효율을 높인 사이클

정답 503.③ 504.④ 505.③

506
증기압, 증기온도 및 진공도가 일정하다면 추기할 때는 추기치 않을 때보다 단위 발전량당 증기소비량과 연료소비량은 어떻게 변하는가?

① 증기소비량, 연료소비량 모두 감소한다.
② 증기소비량은 증가하고, 연료소비량은 감소한다.
③ 증기소비량은 감소하고, 연료소비량은 증가한다.
④ 증기소비량, 연료소비량 모두 증가한다.

해설 증기의 일부나 전부를 추기하여 급수를 예열하거나 과열증기를 재가열하면 증기 소비량이 증가하면서 열효율이 향상되고, 연료 소비량도 감소한다.

507
다음 중 기력 발전소에서 열 사이클의 효율 향상을 기하기 위하여 채용된 방법이 아닌 것은?

① 고압, 고온 증기의 채용과 과열기의 설치
② 절탄기, 공기 예열기의 설치
③ 재생, 재열 사이클의 채용
④ 조속기의 설치

해설 열 사이클 효율 향상 대책
- 터빈 입구의 증기 온도와 압력을 높게 한다.
- 터빈 출구의 배기 압력을 낮게 한다.
- 절탄기, 과열기, 재열기를 설치한다.
- 연소용 공기를 예열한다.
- 재생, 재열 사이클을 채용한다.

508
기력 발전소에서 절탄기의 용도는?

① 보일러 급수를 가열한다.
② 포화증기를 과열한다.
③ 연소용 공기를 예열한다.
④ 석탄을 건조한다.

해설 보일러 부속설비 및 급수가열기
- 과열기 : 포화증기 → 과열증기
- 재열기 : 팽창 증기 재가열
- 절탄기 : 배기가스의 여열 → 보일러 급수 가열
- 공기예열기 : 연도 가스 여열 → 연소용 공기 예열

정답 506.② 507.④ 508.①

509 보일러에서 흡수 열량이 가장 큰 것은?

① 수냉벽   ② 보일러 수관   ③ 과열기   ④ 절탄기

해설 수냉벽 : 수관보일러에서 연소실 벽이나 바닥, 천장 표면에 수관을 설치하여 드럼에 접촉하도록 배치한 수관 군으로서 그 흡수열량이 약 40~50[%] 정도로 가장 크다.

510 그림의 계통은 어떤 종류의 보일러인가?

① 스토커 보일러
② 강제순환 보일러
③ 자연 순환 보일러
④ 관류 보일러

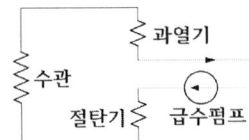

해설 관류보일러 : 물과 증기를 분리하기 위한 드럼이 없이 수관으로만 구성된 보일러
• 축열 열량이 적지만 부하 변동에 대한 속응성이 타 보일러에 비해 우수하다.

511 5,700[kcal/kg]의 석탄을 150[ton] 소비하여 200,000[kWh]의 전력을 발전할 때 발전소의 효율[%]은 얼마인가?

① 12   ② 16   ③ 20   ④ 24

해설 발전소 효율 $\eta = \dfrac{860W}{mH} \times 100 = \dfrac{860 \times 200,000}{150 \times 10^3 \times 5,700} \times 100 = 20[\%]$

(W[kWh] : 총전력량, m[kg] : 연료량, H[kcal/kg] : 발열량)

512 최대출력 5,000[kW], 일부하율 60[%]로 운전하는 화력 발전소가 있다. 석탄의 발열량이 5,000[kcal/kg], 연료량이 4,300[ton]을 사용하여 50일 동안 운전하면 발전소의 종합효율은 몇 [%]인가?

① 14.4   ② 40.4   ③ 20.4   ④ 30.4

해설 발전소 효율 $\eta = \dfrac{860W}{mH} \times 100 = \dfrac{860 \times 5,000 \times 50 \times 24 \times 0.6}{4,300 \times 10^3 \times 5,000} \times 100 = 14.4[\%]$

정답 509.① 510.④ 511.③ 512.①

513 평균 발열량 6,000[kcal/kg]의 석탄을 사용하여 종합 열효율 30[%]를 얻는 기력 발전소의 발생 총 전력량이 18억[kWh]라면 필요한 석탄량은 몇 [ton]이 되겠는가?

① 312,000 ② 3,120,000 ③ 860,000 ④ 8,600,000

해설 발전소 효율 $\eta = \dfrac{860W}{mH} \times 100[\%]$ 에서

연료량 $m = \dfrac{860W}{\eta H} = \dfrac{860 \times 18 \times 10^8}{0.3 \times 6000} \times 10^{-3} = 860,000 [\text{ton}]$

514 5,000[kcal/kg]의 발열량을 가진 석탄을 1[ton] 연소시킬 때 발전할 수 있는 전력량은 약 [kWh]인가?(단, 효율은 35[%]이다)

① 1,000 ② 1,500 ③ 2,000 ④ 2,500

해설 발전소 효율 $\eta = \dfrac{860W}{mH} \times 100[\%]$ 에서

전력량 $W = \dfrac{\eta \cdot mH}{860} = \dfrac{0.35 \times 1 \times 10^3 \times 5,000}{860} = 2,035 [\text{kWh}]$

515 증기 터빈의 장단점 중 옳지 않은 것은?

① 과열 증기나 고진공일 때 효율이 매우 낮다.
② 고효율을 내기 위해서는 대용량의 복수기가 필요하다.
③ 과부하 용량이 크고, 과부하시의 효율이 높다.
④ 고속도이므로 날개 및 베어링 등의 손상이 심하다.

해설 증기터빈 : 증기가 갖는 열에너지를 기계적 에너지로 변환하는 장치
• 과열증기, 고진공일 때 효율이 매우 높다.
• 과부하 용량이 크며 효율이 높다.
• 경부하시 효율이 낮고 수명이 짧다.
• 고속도이기 때문에 날개, 베어링 등의 손상이 크다.
• 고효율을 위해서는 고진공 대형 복수기를 설치해야 한다.

정답 513.③ 514.③ 515.①

516 증기 터빈에 있어서 속도 변동률, 즉 무부하로 되었을 때 속도 변화와 정격 속도의 비는 보통 2.5~4[%] 정도로 조정한다. 무엇에 의하여 조정하는가?

① 조속기　② 분사기　③ 복수기　④ 다이어프램

해설 조속기 : 증기터빈에서 부하급변 시 공급 증기량과 압력을 조절하여 속도를 제어하는 장치
- 일반 조속기 : 정격속도의 2.5~4[%]에서 조정
- 비상 조속기 : 정격속도의 10[%] 상승시 동작

517 터빈에서 배기되는 증기를 용기 내로 도입하여 물로 냉각하면 증기는 응결하고 용기 내는 진공이 되며, 증기를 저압까지 팽창시킬 수 있다. 이렇게 하면 전체의 열 낙차를 증가시키고 증기 터빈의 열효율을 높일 수 있는데 이러한 목적으로 사용되는 설비는?

① 흡출기　② 복수기　③ 과열기　④ 재열기

해설 복수기 : 증기를 냉각수를 이용하여 물로 변환하는 장치
- 냉각수 온도와 압력이 터빈 효율은 상승
- 복수기 손실이 전체 공급열량의 약 50[%] 정도를 차지하며 열손실이 가장 크다.

518 기력 발전소에서 가장 많이 쓰고 있는 복수기는?

① 분사 복수기　② 방사 복수기
③ 표면 복수기　④ 증발 복수기

해설 표면 복수기 : 수관의 냉각수를 터빈의 배기증기와 접촉시켜 복수시키는 방식
- 추기 펌프 : 복수기 고진공 유지를 위해 복수기내 공기 추출
- 순환 펌프 : 복수기에 냉각수를 보내는 펌프

519 기력 발전소에서 포밍의 원인은?

① 과열기의 손상　② 냉각수의 부족　③ 급수의 불순물　④ 기압의 과대

해설 보일러 급수에 불순물 혼입되는 경우 나타나는 현상
- 포밍 : 유지류, 용해 부유물 등의 농도 증가로 인해 드럼수면에 거품 발생
- 캐리오버 : 불순물이 증기 속에 혼입되어 터빈날개에 부착되는 현상

정답　516.①　517.②　518.③　519.③

520 기력 발전소에서 탈기기의 설치 목적으로 가장 타당한 것은?

① 급수 중의 산소 분리 ② 급수의 습증기 건조
③ 물때의 부착 방지 ④ 염류 및 부유 물질 제거

해설 탈기기 : 보일러 급수 중에 산소(관벽, 철의 부식 초래)를 제거하는 장치

521 석탄 연소 화력 발전소에서 사용되는 집진장치의 효율이 가장 큰 것은?

① 전기식 집진기 ② 수세식 집진기
③ 원심력식 집진 장치 ④ 직렬 결합식

해설 전기식 집진장치 : 방전전극을 음극, 집진전극을 양극으로 하여 40~60[kV]의 직류 전압을 인가하면 전극의 코로나 방전에 의하여 집진하는 장치로서 집진 효율이 가장 좋다.

정답 520.① 521.①

Chapter 12 원자력 발전

【원자력 발전】원자의 핵분열을 이용하여 에너지를 얻어내는 방식

1. 핵분열 연쇄 반응

원자핵에 중성자를 충돌시키면 핵분열이 일어나면서 2~3개의 고속 중성자(2[MeV])를 생성하는데 여기에 다시 감속재를 충돌시켜 저속 열중성자(0.025[eV])를 생성한다.

(1) 핵분열 중성자 에너지

① 질량 결손 발생 : A > B + C
- 질량 결손 에너지 : $W = mC^2$[J]

  여기서, m[kg]은 질량, C[m/sec]은 광속이다.

② $_{92}U^{235}$의 원자핵 1개 분열 시 발생하는 질량 결손 0.215[amu] = 200[MeV]

③ $_{92}U^{235}$ 1[g] 핵분열 시 발생 열량 : 6600[kcal/kg]의 석탄 3.3[ton]과 같은 양

(2) 원자력 발전용 핵연료

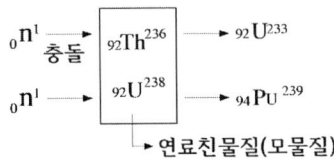

연료친물질(모물질)

2. 원자로의 구성

(1) 핵연료
핵분열을 일으키는 물질

① 원자로의 연료(U_{92}^{235}, U_{92}^{233}, U_{92}^{239})

② 핵연료 구비 조건
    ⓐ 고온에 견딜 수 있을 것
    ⓑ 열전도가 좋을 것
    ⓒ 높은 중성자 조사에 견딜 수 있을 것
    ⓓ 밀도가 높을 것

(2) 감속재
고속 중성자의 속도를 감소시켜서 열중성자로 바꾸는 작용을 하는 물질

① H_2O(경수), D_2O(중수), C(흑연), Be(산화베릴륨)

② 감속재 구비조건
    ⓐ 감속비가 클 것
    ⓑ 중성자 흡수 능력이 적을 것(중성자 흡수 단면적이 작을 것)
    ⓒ 중량이 가볍고 밀도가 큰 원소일 것(원자량이 적을 것)
    ⓓ 중성자와의 충돌 확률이 높을 것
    ⓔ 충돌 후에 갖는 에너지의 평균차가 클 것

(3) 제어봉
중성자의 밀도를 조절하여 핵분열 연쇄 반응을 제어하는 물질

① 카드뮴(Cd), 붕소(B), 하프늄(Hf)

② 구비조건
    ⓐ 중성자 흡수 단면적이 클 것
    ⓑ 높은 중성자속 중에서 장시간 그 효과를 지속할 것
    ⓒ 열과 방사능에 대하여 안정할 것.
    ⓓ 동작의 신속을 위하여 질량이 크지 않을 것
    ⓔ 내식성이 크고 기계적 가공이 쉬울 것

(4) 냉각재

원자로 내의 발생 열을 외부로 빼내는 역할을 하는 물질

① 냉각재 물질 : CO_2, He, 경수, 중수, Na

② 구비조건

    ⓐ 중성자 흡수가 적을 것.(흡수 단면적이 작을 것)

    ⓑ 열전도성이 우수하고 비열이 높을 것

    ⓒ 밀도 및 점도가 낮아 펌프 동력이 적을 것

    ⓓ 융점이 낮을 것

    ⓔ 비점(끓는 점)이 높을 것

(5) 반사재

원자로 밖으로 나오려는 중성자를 반사시켜 노 내로 다시 되돌려 보내는 역할을 하는 물질

① 경수, 중수, 흑연, 산화베릴륨

② 구비 조건 : 감속재와 같다.

(6) 차폐재

원자로 내에서의 투과력이 큰 γ, β선이나 중성자를 차단하는 역할을 하는 물질

① 납, 콘크리트, 물

② 구비조건 : 밀도가 대단히 높고, 열전도도가 클 것

    ⓐ 감속비가 클 것.

    ⓑ 중성자 흡수 단면적이 클 것

    ⓒ 구조적으로 강하고, 방사선 손상에 대하여 강할 것

    ⓓ 포획 γ선을 많이 내지 않을 것

③ 열 차폐재 : 열 차단 장치, 강판

3. 원자력 발전소의 종류

(1) 비등수형(BWR)

원자로 내에서 바로 증기를 발생시켜 직접 터빈에 공급하는 방식으로서 열교환기가 없는 원자로로 감속재, 냉각재로 경수를 사용한다.

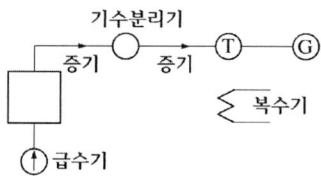

(2) 가압수형(PWR)

원자로 내에서의 압력을 매우 높여 물의 비등을 억제함으로써 2차 측에 설치한 증기 발생기를 통하여 증기를 발생시켜 터빈에 공급하는 방식

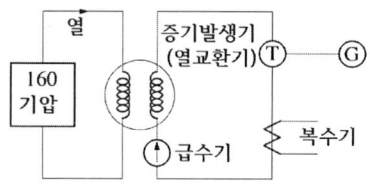

① 가압 경수로형(PWR) : 감속재, 냉각재를 경수사용
② 가압 중수로형 : 감속재, 냉각재를 중수 사용
③ 고속 증식로형 : 증식비가 1보다 큰 원자로
  - 핵연료 : 농축 우라늄
  - 감속재 : 액체 나트륨

Chapter 12 원자력 발전

출제예상핵심문제

522 다음 (①), (②), (③)에 알맞은 것은?

> 원자력이란 일반적으로 무거운 원자핵이 핵 분열하여 가벼운 핵으로 바뀌면서 발생하는 핵분열 에너지를 이용하는 것이고, (㉮)발전은 가벼운 원자핵을(과) (㉯)하여 무거운 핵으로 바꾸면서 (㉰)전후의 질량결손에 해당하는 방출 에너지를 이용하는 방식이다.

① ㉮ 원자핵융합 ㉯ 융합 ㉰ 결합　　② ㉮ 핵결합 ㉯ 반응 ㉰ 융합
③ ㉮ 핵융합 ㉯ 융합 ㉰ 핵반응　　④ ㉮ 핵반응 ㉯ 반응 ㉰ 결합

해설 [해설] 핵분열, 핵융합, 핵반응
- 핵분열 : 무거운 원자핵이 2개 또는 3개의 가벼운 핵으로 분열하는 현상
- 핵융합 : 가벼운 원자핵이 융합하여 무거운 핵으로 바뀌면 결합 전후 질량결손에 의해 에너지가 방출되는 현상
- 핵반응 : 원자핵에 외력이 가해지면 새로운 원자핵으로 변환되는 현상

523 다음 중 핵연료의 특성으로 적합하지 않은 것은?

① 높은 융점을 가져야 한다.　　② 낮은 열전도율을 가져야 한다.
③ 부식에 강해야 한다.　　④ 방사선에 안정하여야 한다.

해설 핵연료 구비조건
- 고온에 견딜 수 있을 것
- 열전도율이 좋을 것
- 높은 중성자 조사에 견딜 수 있을 것
- 밀도가 높을 것

524 열중성 흡수 단면적이 가장 큰 것은?

① $_{94}Pu^{239}$　　② $_{92}U^{235}$　　③ $_{92}U^{238}$　　④ $_{92}U^{233}$

정답　522.③　523.②　524.①

해설   열중성자 흡수단면적 크기순서 : $_{94}Pu^{239}$ > $_{92}U^{238}$ > $_{92}U^{233}$ > $_{92}U^{235}$

【참고】흡수단면적 : 중성자가 충돌하여 흡수하는 확률을 면적 개념으로 표현한 것으로 흡수단 면적이 클수록 중성자를 잘 흡수하여 열중성자로 빨리 변환시킨다.

525 다음은 원자로에서 흔히 핵연료 물질로 사용되고 있는 것들이다. 이 중 열중성자에 의해 핵분열을 일으킬 수 없는 물질은?

① U^{235} ② U^{238} ③ U^{233} ④ Pu^{239}

해설   원자력 발전용 핵연료 : $_{92}U^{233}$, $_{92}U^{235}$, $_{94}Pu^{239}$, $_{94}Pu^{241}$
· U^{238} : 고속중성자로만 핵분열이 되므로 열중성자로 핵분열되지 않는다.

526 원자로에서 열중성자를 U^{235}핵에 흡수시켜 연쇄 반응을 일으키게 함으로써 열에너지를 발생시키는데, 그 방아쇠 역할을 하는 것이 중성자원이다. 다음 중 중성자를 발생시키는 방법이 아닌 것은?

① α입자에 의한 방법   ② β입자에 의한 방법
③ γ선에 의한 방법   ④ 양자에 의한 방법

해설   중성자원의 종류 : α선 입자, γ선 입자, 양자, 중성자

527 중성자의 수명이란?

① 확산 시간
② 핵분열 시 생긴 중성자가 열중성자까지 감속되는 시간
③ 감속 시간과 확산 시간의 합계
④ 반감기

해설   중성자 수명 : 감속시간+확산시간
· 감속시간 : 핵분열로 생성된 중성자가 열중성자로 감속되는 시간
· 확산시간 : 열중성자가 핵연료에 흡수되어 핵분열 반응까지의 시간

정답   525.② 526.② 527.③

528 원자로의 주기란 무엇을 말하는 것인가?

① 원자로의 수명
② 원자로가 냉각 정지 상태에서 전 출력을 내는 데까지의 시간
③ 원자로가 임계에 도달하는 시간
④ 중성자의 밀도(flux)가 ε = 2.718배 만큼 증가하는데 걸리는 시간

해설 원자로의 주기 : 중성자 밀도가 e(=2.71828·····)배로 증가하는데 걸리는 시간

529 원자로에서 고속 중성자를 열중성자로 만들기 위하여 사용되는 재료는?

① 제어재 ② 감속재 ③ 냉각재 ④ 반사재

해설 감속재 : 핵분열로 발생한 고속 중성자를 감속시켜서 열중성자로 변화시키는 재료

530 원자력 발전소에서 감속재에 관한 설명으로 틀린 것은?

① 중성자 흡수 단면적이 클 것
② 감속비가 클 것
③ 감속 능력이 클 것
④ 경수, 중수, 흑연 등이 사용될 것

해설 감속재의 구비조건
- 종류 : 경수(H_2O), 중수(D_2O), 흑연(C), 베릴륨(Be)
- 감속비가 클 것
- 중성자 흡수 단면적이 작을 것
- 중량이 가볍고 밀도가 큰 원소일 것
- 중성자와의 충돌 확률이 높고 충돌 후에 에너지의 평균차가 클 것

531 감속재의 온도계수란 어느 것인가?

① 감속재는 시간에 대한 온도 상승률이다.
② 반응에 아무런 영향을 주지 않는 계수이다.
③ 열중성자로에서 양(+)의 값을 갖는다.
④ 감속재의 온도 1[℃] 변화에 대한 반응도의 변화이다.

해설 감속재의 온도계수 : 감속재의 단위 온도(1[℃])에 따른 반응도(열중성자 에너지)의 변화 정도

정답 528.④ 529.② 530.① 531.④

532 원자로의 제어재가 구비해야 할 조건으로 틀린 것은?

① 중성자 흡수에 단면적이 적을 것
② 높은 중성자속에서 장시간 그 효과를 간직할 것
③ 열과 방사선에 대하여 안정할 것
④ 내식성이 크고 기계적 가공이 용이할 것

해설 제어재 : 중성자수를 조절하여 핵분열 반응 횟수를 제어하는 역할
• 재료 : 붕소, 카드뮴, 하프늄
• 중성자 흡수 단면적이 클 것
• 높은 중성자속에서 장시간 효과를 지속할 것
• 열과 방사능에 대하여 안정할 것
• 내식성이 크고 기계적 가공이 쉬울 것

533 원자로에서 카드뮴(Cd)막대가 하는 일을 옳게 설명한 것은?

① 원자로 내에 중성자를 공급한다.
② 원자로 내에 중성자 운동을 느리게 한다.
③ 원자로 내의 핵분열을 일으킨다.
④ 원자로 내의 중성자수를 감소시켜 핵분열의 연쇄 반응을 제어한다.

해설 카드뮴(Cd) 막대 : 제어재로서 중성자수를 조절하여 핵분열 반응 횟수를 제어하는 물질

534 원자력 발전에서 제어용 재료로 사용되는 것은?

① 하프늄　② 경수　③ 나트륨　④ 스테인레스강

해설 제어재의 종류 : 붕소, 카드뮴, 하프늄, 인듐, 은

535 원자로의 냉각재가 갖추어야 할 조건으로 틀린 것은?

① 열용량이 작을 것
② 중성자의 흡수단면적이 작을 것
③ 냉각재와 접촉하는 재료를 부식하지 않을 것
④ 중성자와 흡수단면적이 큰 불순물을 포함하지 않을 것

정답　532.①　533.④　534.①　535.①

해설 냉각재 : 원자로 내의 열에너지를 흡수하여 증기를 발생시킨 후 발전기 터빈까지 전달하는 재료
- 재료 : 경수, 중수, 흑연, 베릴륨, 헬륨
- 열용량이 클 것
- 비열이 높을 것
- 중성자 흡수단면적이 작을 것

536 다음 중 반사재가 아닌 것은?

① 중수　　② 콘크리트　　③ 흑연　　④ 베릴륨

해설 반사재의 재료 : 경수, 중수, 흑연, 베릴륨, 헬륨

537 원자로 내에서의 투과력이 큰 γ선이나 중성자를 차단하는 역할을 하는 것은?

① 제어재　　② 감속재　　③ 차폐재　　④ 반사재

해설 차폐재 : 원자로 내부의 방사선이 외부에 누출되는 것을 방지하기 위한 벽
- 재료 : 콘크리트, 물, 납
- 감속비가 클 것
- 중성자 흡수단면적이 클 것
- 방사선 손상에 대하여 강할 것

538 비등수형 경수로 해당되는 것은?

① HTGR　　② PHWR　　③ PWR　　④ BWR

해설 발전용 원자로의 종류
- PWR : 가압수형 원자로
- BWR : 비등수형 원자로
- CANDU : 중수감속 냉각형 원자로
- FBR : 고속 증식로
- HTGR : 고온 가스 냉각 원자로
- PHWR : 가압중수형 원자로

정답　536.②　537.③　538.④

539 원자력 발전소에서 비등수형 원자로에 대한 설명으로 틀린 것은 어느 것인가?

① 연료로 농축 우라늄을 사용한다.
② 감속재로 헬륨, 액체 금속을 사용한다.
③ 냉각재로 경수를 사용한다.
④ 물을 노 내에서 직접 비등시킨다.

해설 비등수형원자로(BWR) : 원자로 내에서 비등한 증기를 바로 터빈에 공급하는 방식
- 핵연료 : 저농축 우라늄
- 감속재, 냉각재 : 경수(H_2O)

540 비등수형 원자로의 특색이 아닌 것은?

① 방사능 때문에 증기는 완전히 기수분리를 해야 한다.
② 열교환기가 필요하다.
③ 기포에 의한 자기 제어성이 있다.
④ 순환 펌프로서는 급수 펌프뿐이므로 펌프동력이 작다.

해설 비등수형 원자로(BWR)의 특성
- 원자로 내부 증기를 바로 터빈에 공급하므로 열교환기가 필요 없다.
- 방사능 때문에 증기는 완전히 기수(증기와 물)분리를 해야 한다.
- 가압수형보다 노심의 출력 밀도가 낮다.
- 출력 변화 시 기포에 의한 제어를 할 수 있다.

541 다음에서 가압수형 원자력 발전소에 사용하는 연료 중 감속재 및 냉각재로 적당한 것은?

① 천연 우라늄, 흑연 감속, 이산화탄소 냉각
② 농축 우라늄, 중수 감속, 경수 냉각
③ 저농축 우라늄, 경수 감속, 경수 냉각
④ 저농축 우라늄, 흑연 감속, 경수 냉각

해설 가압수형 원자로(PWR) : 원자로 내에서 압력을 높여 물의 비등을 억제함으로써 증기를 발생시켜서 터빈에 공급하는 방식
- 핵연료 : 저농축 우라늄
- 감속재, 냉각재 : 경수(H_2O)

정답 539.② 540.② 541.③

542 원자로에서 독작용이란?

① 열중성자가 독성을 받는 것을 말한다.
② $_{54}Xe^{135}$와 $_{62}Sn^{149}$가 독성을 주는 작용
③ 열중성자 이용률이 저하되고 반응도가 감소되는 작용을 말한다.
④ 방사성 물질이 생체에 유해 작용을 하는 것을 말한다.

해설 원자로의 독작용 : 원자로 속에 축적되는 분열 생성물 중 특히 중성자 흡수 단면적이 큰 물질이 섞여 있어서 열중성자 이용률이 저하되고 반응도가 감소하는 현상

정답 542.③

전기(산업)기사 시리즈
전력공학

2025년 기출문제

전기기사 전력공학 2025년 1회 기출문제

01 망상(network) 배전방식의 장점이 아닌 것은?

① 전압변동이 적다.
② 인축의 접지사고가 적어진다.
③ 부하의 증가에 대한 융통성이 크다.
④ 무정전 공급이 가능하다.

해설 망상(network) 배전방식의 특징
① 전압강하(변동) 및 전력손실이 경감된다.
② 무정전 전력공급이 가능하다.
③ 공급 신뢰도가 장 좋다.
④ 부하증설 용이

02 전력원선도에서는 알 수 없는 것은?

① 송수전할 수 있는 최대전력
② 선로 손실
③ 수전단 역률
④ 코로나손

해설 전력원선도 : 상차각을 변화시켜 가로축 유효전력, 세로축 무효전력을 벡터궤적으로 그린 선도

구할 수 있는 값	구할수 없는 값
교류전력, 역률, 조상설비용량, 전력손실, 정태안정 극한전력	과도안정 극한전력 코로나 손실

03 전류값이 최소 동작 전류값보다 크거나 같을 때, 일정한 시간에 고장전류의 크기에 관계없이 동작하는 특성을 갖는 계전기는?

① 순한시 계전기
② 정한시 계전기
③ 반한시 계전기
④ 반한시 정한시 계전기

해설 정한시 계전기 : 고장전류의 크기에 관계없이 일정 시간 후 동작하는 계전기

04 화력발전소에서 가장 큰 손실은?

① 송풍기 손실
② 소내용 동력
③ 복수기에서의 손실
④ 연도 배출가스 손실

해설 복수기 : 터빈의 배기 증기를 물로 냉각시키는 설비, 복수기 방열손실은 전체손실의 50~55[%]로서 가장 큰 손실이다.

05 1년 365일 중 185일은 이 양 이하로 내려가지 않는 유량은?

① 갈수량
② 저수량
③ 평수량
④ 풍수량

해설 유량의 구분
• 갈수량 : 1년 하천수위 중 355일간 이 양 이하로 내려가지 않는 수량
• 저수량 : 1년의 하천수위 중 275일간 이양 이하로 내려가지 않는 수량
• 평수량 : 1년의 하천수위 중 185일간 이양 이하로 내려가지 않는 수량
• 풍수량 : 1년의 하천수위 중 95일간 이양 이하로 내려가지 않는 수량

정답 01.② 02.④ 03.② 04.③ 05.③

06 원자력 발전소의 원자로와 일반 화력 발전소의 보일러를 비교할 때 원자로의 운전 및 보수상의 특징에 대한 설명으로 틀린 것은?

① 연료 소모량이 적다.
② 핵분열현상을 이용하여 증기를 만들어 터빈을 돌린다.
③ 원자로는 발전 중에서 핵반응을 통하여 새로운 연료가 생산된다.
④ 원자력발전의 출력밀도는 작으므로 소형화가 어렵다.

해설 원자력발전소는 화력발전소보다 소량으로 큰 에너지를 발생시키므로 에너지 출력밀도가 크다.

07 어느 화력발전소에서 40,000[kWh]를 발전하는데 발열량 860[kcal/kg]의 석탄이 60톤 사용된다. 이 발전소의 열효율(%)은 약 얼마인가?

① 56.7 ② 66.7
③ 76.7 ④ 86.7

해설 발전소의 열효율 $\eta = \dfrac{860W}{mH}$

$\eta = \dfrac{860 \times 400000}{60 \times 10^3 \times 860} \times 100 = 66.7[\%]$

08 정격전압 7.2[kV], 정격차단용량 100[MVA]인 3상 차단기의 정격 차단전류는 약 몇 [kA]인가?

① 4 ② 6 ③ 7 ④ 8

해설 차단기의 정격차단용량
$P_s = \sqrt{3}\,VI_s [\text{MVA}]$

$I_s = \dfrac{P_s}{\sqrt{3}\,V} = \dfrac{100}{\sqrt{3}\times 7.2} = 8[\text{kA}]$

09 부하 전류가 흐르는 전로는 개폐할 수 없으나 기기의 점검이나 수리를 위하여 회로를 분리하거나, 계통의 접속을 바꾸는데 사용하는 것은?

① 차단기   ② 단로기
③ 전력용 퓨즈 ④ 부하 개폐기

해설 단로기(DS)나 유입개폐기, 선로개폐기(LS)는 부하 전류 개폐 능력이 없으므로 차단 능력이 있는 차단기(CB)와 조합하여 사용한다.

10 송전선에 복도체를 사용할 경우, 같은 단면적의 단도체를 사용하였을 경우와 비교할 때 옳지 않은 것은?

① 전선의 인덕턴스는 감소되고 정전용량은 증가된다.
② 고유 송전용량이 증대되고 정태안정도가 증대된다.
③ 전선 표면의 전위경도가 증가한다.
④ 전선의 코로나 개시전압이 높아진다.

해설 복도체를 사용하면 단도체보다 등가 반지름이 증가하므로 전선의
전위경도($G = \dfrac{V}{r}[\text{V/m}]$)가 감소한다.

정답 06.④ 07.② 08.④ 09.② 10.③

11 3상 3선식 송전선로가 있다. 전선 한 가닥의 저항은 8[Ω], 리액턴스는 12[Ω]이고 수전단 전력이 1000[kW], 전압이 10[kV], 역률이 0.8일 때 이 송전선의 전압강하율은 몇 [%]인가?

① 14 ② 15
③ 17 ④ 19

해설 $e = V_s - V_r = \sqrt{3}\,I(R\cos\theta + X\sin\theta)$[V]에서

$$e = \sqrt{3} \times \frac{P_r}{\sqrt{3}\,V_r\cos\theta} \times (R\cos\theta + X\sin\theta)$$

$$= \frac{P_r}{V_r}\left(R + X\,\frac{\sin\theta}{\cos\theta}\right)$$

$$= \frac{1000}{10} \times \left(8 + 12 \times \frac{0.6}{0.8}\right) = 1{,}700\,[\text{V}]$$

전압강하율

$$\epsilon = \frac{e}{V_r} \times 100 = \frac{1700}{10000} \times 100 = 17\,[\%]$$

12 부하전력 및 역률이 같을 때 전압을 n배 승압하면 ⓐ전압강하율과 ⓑ전력손실은 각각 어떻게 되는가?

① ⓐ $\frac{1}{n}$, ⓑ $\frac{1}{n^2}$

② ⓐ $\frac{1}{n^2}$, ⓑ $\frac{1}{n}$

③ ⓐ $\frac{1}{n}$, ⓑ $\frac{1}{n}$

④ ⓐ $\frac{1}{n^2}$, ⓑ $\frac{1}{n^2}$

해설 전압의 n배 승압 시 장점
전력손실 $P_\ell = 3I^2R$ [W]
전류 $I = \frac{P}{\sqrt{3}\,V\cos\theta}$ [A],
전선 저항 $R = \rho\frac{\ell}{A}$ [Ω] 이므로

전력손실

$$P_\ell = 3I^2R = 3\left(\frac{P}{\sqrt{3}\,V\cos\theta}\right)^2 \cdot \rho\frac{\ell}{A}\,[\text{W}]$$

공급전력, 전력공급거리	n^2배 증가
전력손실, 전압강하율	$\frac{1}{n^2}$배 감소
전압강하	$\frac{1}{n}$배 감소

13 중거리 송전선로의 T형 회로에서 일반 회로 정수 C는 무엇을 나타내는가?

① 저항 ② 어드미턴스
③ 임피던스 ④ 리액턴스

해설 B는 임피던스, C는 어드미턴스를 의미한다.

14 송전용량 계수법에 의하여 송전선로의 송전용량을 결정할 때 수전전력과의 관계를 옳게 표현한 것은?

① 수전전력의 크기는 송전거리와 송전전압에 비례한다.
② 수전전력의 크기는 송전거리에 비례하고 수전단 선간 전압의 제곱에 비례한다.
③ 수전전력의 크기는 송전거리에 반비례하고 수전단 선간 전압에 비례한다.
④ 수전전력의 크기는 송전거리에 반비례하고 수전단 선간 전압의 제곱에 비례한다.

해설 송전용량계수법 $P = k\frac{E_r^{\,2}}{\ell}$ 로서 송전거리에 반비례하고 수전단 선간 전압의 제곱에 비례한다.

정답 11.③ 12.④ 13.② 14.④

15 어떤 공장의 수용설비 용량이 1800[kW], 수용률은 55[%] 평균 부하역률은 90[%]라 한다. 이 공장의 수전설비는 몇 [kVA]로 하면 되는가?

① 900
② 990
③ 1100
④ 1800

해설 변압기용량[kVA]
$= \dfrac{수용률 \times 수용\,설비용량}{역률 \times 효율}$
$= \dfrac{1800 \times 0.55}{0.9} = 1100 [kVA]$

16 전원이 양단에 있는 환상선로의 단락보호에 사용되는 계전기는?

① 방향거리 계전기
② 부족전압 계전기
③ 선택접지 계전기
④ 부족전류 계전기

해설 환상식 배전 방식 : 간선을 환상으로 구성하여 양방향에서 전력을 공급하는 방식으로 고장이 발생하면 양방향에 대한 고장 검출이 이뤄져야 하므로 방향거리 계전기를 사용한다.

17 3상 3선식에서 전선 한 가닥에 흐르는 전류는 단상2선식의 경우의 몇 배가 되는가? (단, 송전전력, 부하역률, 송전거리, 전력손실 및 선간전압이 같다.)

① $\dfrac{1}{\sqrt{3}}$
② $\dfrac{2}{3}$
③ $\dfrac{3}{4}$
④ $\dfrac{4}{9}$

해설 단상 2선식 전류 (I_1)과 3상 3선식 전류(I_3)에서 송전전력, 역률, 선간전압, 전력손실이 같을 조건인 경우
송전전력 $P = VI_1 = \sqrt{3}\,VI_3$ 에서
$I_1 = \sqrt{3}\,I_3$ 이 성립하므로 $\dfrac{I_3}{I_1} = \dfrac{1}{\sqrt{3}}$

18 다음 중 그 값이 항상 1 이상인 것은?

① 부등률
② 부하율
③ 수용률
④ 전압강하율

해설 부등률 $= \dfrac{각\;수용가의\;최대수용전력의합}{합성최대수용전력}$
이며 1보다 크다.

19 직류 송전방식에 관한 설명으로 틀린 것은?

① 교류 송전방식보다 안정도가 낮다.
② 직류계통과 연계 운전 시 교류계통의 차단용량은 작아진다.
③ 교류 송전방식에 비해 절연계급을 낮출 수 있다.
④ 비동기 연계가 가능하다.

해설 직류 송전방식의 특징
• 역률이 항상 1이므로 무효전력 발생이 없고 안정도가 좋다.
• 송전 효율이 좋고, 전력 손실이 적어진다.
• 교류에 비해 선로의 절연계급이 낮아진다.
• 비동기 연계가 가능하다.

정답 15.③ 16.① 17.① 18.① 19.①

20 수력발전소에 사용되는 다음 수차 중 특유속도가 가장 높은 수차는?

① 펠톤수차
② 사류수차
③ 프로펠라수차
④ 프란시스수차

해설 특유속도 수차의 특유속도
$N_s = NP^{\frac{1}{2}}N^{-\frac{5}{4}}[\text{rpm}]$

• 가장 낮은 수차 : 펠톤수차(유효낙차
• 가장 높은 수차 : 프로펠러수차

정답 20.③

전기기사 전력공학 2025년 2회 기출문제

01 복도체에서 2본의 전선이 서로 충돌하는 것을 방지하기 위하여 2본의 전선 사이에 적당한 간격을 두어 설치하는 것은?

① 아모로드 ② 댐퍼
③ 아킹혼 ④ 스페이서

해설 스페이서 : 복도체에서 2본의 전선이 서로 충돌하는 것을 방지하기 위해 소도체 간의 간격을 유지하고 고임 현상을 방지하는 설비

02 전력 원선도에서는 알 수 없는 것은?

① 송수전할 수 있는 최대전력
② 선로 손실
③ 정태안정 극한전력
④ 과도안정 극한전력

해설 전력원선도 : 상차각을 변화시켜 가로축 유효전력, 세로축 무효전력을 벡터궤적으로 그린 선도

구할 수 있는 값	구할수 없는 값
교류전력, 역률, 조상설비용량, 전력손실, 정태안정 극한전력	과도안정 극한전력 코로나 손실

03 전류값이 최소 동작전류값보다 크거나 같을 때, 일정한 시간에 고장전류의 크기에 관계없이 동작하는 특성을 갖는 계전기는?

① 순한시 계전기
② 정한시 계전기
③ 반한시 계전기
④ 반한시 정한시 계전

해설 정한시 계전기 : 고장전류의 크기에 관계없이 일정 시간 후 동작하는 계전기

04 전력계통의 전압을 조정하는 가장 보편적인 방법은?

① 발전기의 유효전력 조정
② 부하의 유효전력 조정
③ 계통의 주파수 조정
④ 계통의 무효전력 조정

해설 전력계통의 전압 조정 방법 : 조상설비 또는 동기 조상기에 의한 무효전력을 조정하여 계통전압 조정

05 망상(network)배전방식의 장점이 아닌 것은?

① 전압 변동이 적다.
② 인축의 접촉사고가 적어진다.
③ 부하의 증가에 대한 융통성이 크다.
④ 무정전 공급이 가능하다.

해설 망상(network)배전방식의 특징
- 전압강하(변동) 경감
- 회선수가 증가하므로 인축의 접촉사고가 증가한다.
- 무정전 공급 가능
- 부하증설 용이
- 공급 신뢰도가 가장 좋다.
- 설비비가 비싸다.

정답 01.④ 02.④ 03.② 04.④ 05.②

06 수변전설비에서 1차 측에 설치하는 차단기의 차단용량은 어느 것에 의하여 정하는가?

① 변압기 용량
② 수전계약용량
③ 공급측 전원의 단락용량
④ 부하설비의 단락용량

해설 차단기 용량 결정 시 고려하는 정격차단전류는 계통에서 발생할 수 있는 최대 전류인 예상 최대 단락전류를 기준으로 하여 정해지므로 공급측 전원의 단락용량이 곧 차단기 용량이 된다.

07 전력계통에서 내부 이상전압의 크기가 가장 큰 경우는?

① 유도성 소전류 차단시
② 수차발전기의 부하 차단시
③ 무부하 선로 충전전류 차단시
④ 송전선로의 부하 차단기 투입시

해설 송전선로 개폐 조작시 이상전압이 가장 큰 경우는 무부하 송전 선로의 충전 전류를 차단시 발생한다.

08 고압 배전 선로의 고장 또는 보수 점검 시 정전 구간을 축소하기 위하여 사용되는 기기는?

① 구분개폐기
② 컷 아웃 스위치(COS)
③ 캐치 홀더
④ 단로기

해설 배전선로의 고장 및 보수, 점검 시 정전 구간을 분리하여 정전구간을 축소하여 배전의 안정성을 도모하기 위하여 적당한 간격으로 설치하는 스위치로서 고장전류 차단 능력은 없지만 부하전류를 개폐할 수 있는 개폐기이다.

09 3상용 차단기의 정격전압은 170[kV]이고 정격차단전류가 50[kA]일 때 차단기의 정격차단용량은 약 몇 [MVA] 인가?

① 5,000
② 10,000
③ 15,000
④ 20,000

해설 3상용 차단기의 정격차단용량
$P_s = \sqrt{3} \times$ 정격전압 $\times$ 정격차단전류[**MVA**]
$= \sqrt{3} \times 170 \times 50 = 14,722.43$[MVA]
이므로 정격 용량은 $P_s = 15,000$[MVA]

10 송전 계통에서 자동재폐로 방식의 장점이 아닌 것은?

① 신뢰도 향상
② 공급 지장 시간의 단축
③ 보호계전 방식의 단순화
④ 고장상의 고속도차단, 고속도 재투입

해설 자동 재폐로 방식 : 선로 고장시 고장전류를 고속도로 차단하고 일정 시간 후 차단기를 자동적으로 재투입하여 전력공급을 하는 방식

정답 06.③ 07.③ 08.① 09.③ 10.③

11 배전계통에서 전력용 콘덴서를 설치하는 목적으로 가장 타당한 것은?

① 전력손실 감소
② 개폐기의 차단능력 증대
③ 고장시 영상전류 감소
④ 변압기손실 감소

해설 전력용 콘덴서 설치 목적 : 역률개선
- 전력손실이 감소한다.
- 전압강하가 감소한다.
- 수전 설비 용량이 감소한다.
- 전기요금이 감소한다.(경제성)

12 배전반에 접속되어 운전 중인 계기용변압기(PT) 및 변류기(CT)의 2차측 회로를 점검할 때 조치사항으로 옳은 것은?

① CT만 단락시킨다.
② PT만 단락시킨다.
③ CT와 PT 모두를 단락시킨다.
④ CT와 PT 모두를 개방시킨다.

해설 계기용 변성기(CT)는 점검시 반드시 단락시켜야 하며 만약 개방하면 개방단자에 전압이 모두 걸리므로 감전우려가 있다.

13 전력 퓨즈(Power Fuse)는 고압, 특고압 기기의 주로 어떤 전류의 차단을 목적으로 설치하는가?

① 충전전류
② 부하전류
③ 단락전류
④ 영상전류

해설 전력퓨즈는 고압 또는 특고압의 회로 및 기기의 한류 특성을 가지는 단락 전류에 대한 보호 장치로서 차단기 대신에 사용되는 퓨즈이다.

14 3상 송전계통에서 수전단전압 60,000[V]이고, 전류가 200[A], 1선의 저항이 9[Ω], 리액턴스가 13[Ω]인 송전선이 있다. 송전단 전압 [V]과 전압강하율은 몇 [%]인가? (단, 수전단 역률은 0.6이다.)

① 송전단전압 : 65,473[V],
  전압강하율 : 9.1[%]
② 송전단전압 : 65,473[V],
  전압강하율 : 8.1[%]
③ 송전단전압 : 75,473[V],
  전압강하율 : 9.1[%]
④ 송전단전압 : 85,473[V],
  전압강하율 : 8.1[%]

해설 전압강하 $e = \sqrt{3} I(R\cos\theta + X\sin\theta)$
$= \sqrt{3} \times 200 \times (9 \times 0.6 + 13 \times 0.8)$
$= 5,473.28 [V]$

송전단전압
$V_s = V_r + e = 60,000 + 5,473 = 65,473 [V]$

전압강하율
$\epsilon = \dfrac{e}{V_r} \times 100 = \dfrac{5,473.28}{60,000} \times 100 = 9.12 [\%]$

정답 11.① 12.① 13.③ 14.①

15 수력발전설비에서 흡출관을 사용하는 목적은?

① 압력을 줄이기 위하여
② 물의 유선을 일정하게 하기 위하여
③ 속도변동률을 적게 하기 위하여
④ 낙차를 늘리기 위하여

해설 흡출관은 유효낙차를 높이기 위한 장치이다.

16 중성선 다중접지 3상4선식 배전선로에서 고압측(1차측) 중성선과 저압측(2차측) 중성선을 전기적으로 연결하는 주 목적은?

① 저압측의 단락사고를 검출하기 위함
② 저압측의 접지사고를 검출하기 위함
③ 주상변압기의 중성선측 붓싱(bushing)을 생략하기 위함
④ 고저압 혼촉시 수용가에 침입하는 상승전압을 억제하기 위함

해설 고저압 혼촉시 저압측의 전압상승을 억제하기 위한 목적이다.

17 파동임피던스가 500[Ω]인 가공송전선 1[km] 당의 인덕턴스 L 과 정전용량 C 는?

① L = 1.67[mH/km], C = 0.0067[μF/km]
② L = 2.12[mH/km], C = 0.0067[μF/km]
③ L = 1.67[mH/km], C = 0.0067[μF/km]
④ L = 1.67[mH/km], C = 0.0067[μF/km]

해설 전파속도(광속) $v = 3 \times 10^5 [km/sec]$

$$L = \sqrt{\frac{L}{C}} \times \sqrt{LC} = Z_0 \times \frac{1}{v} = \frac{Z_0}{v} = \frac{500}{3 \times 10^5}$$
$$= 1.67[mH/km]$$

$$C = \sqrt{\frac{C}{L}} \times \sqrt{LC} = \frac{1}{Z_0} \times \frac{1}{v} = \frac{1}{Z_0 v}$$
$$= \frac{1}{500 \times 3 \times 10^5} = 0.0067[\mu F/km]$$

18 1선 지락 시에 지락전류가 가장 작은 송전계통은?

① 비접지식
② 직접접지식
③ 저항접지식
④ 소호리액터 접지식

해설 1선지락사고시 접지방식별 특징

	전위상승	1선 지락전류	과도 안정도
비접지식	최대	–	–
직접접지식	최소	최대	가장 나쁘다
소호리액터	–	최소	가장 좋다

19 출력이 30000[kWh]인 화력발전소에서 6000[kcal/kg]의 석탄을 매시간에 15톤의 비율로 사용하고 있다고 한다. 이 발전소의 종합 효율은 약 몇 [%]인가?

① 28.7   ② 31.7
③ 33.7   ④ 36.7

해설 발전소의 열효율

$$\eta = \frac{806\,W}{mH} \times 100[\%] = \frac{860 \times 30000}{15 \times 10^3 \times 6000} \times 100$$
$$= 28.7[\%]$$

20 배기가스의 여열을 이용하여 보일러에 공급되는 급수를 예열함으로써 연료 소비량을 줄이거나 증방량을 증가시키기 위해서 설치하는 여열회수 장치는?

① 과열기   ② 공기예열기
③ 절탄기   ④ 재열기

해설 보일러 장치의 기능
- 과열기 : 포화증기를 과열 증기로 만들어 증기터빈에 공급
- 공기예열기 : 연소할 공기를 예열하는 설비
- 절탄기 : 배기가스의 여열을 이용하여 보일러 급수를 예열하여 연료를 절약하는 방식
- 재열기 : 증기를 다시 추기하여 재가열하기 위한 설비

정답 19.① 20.③

전기기사 전력공학 2025년 3회 기출문제

01 다음 중 모선보호용 계전기로 사용하면 가장 유리한 것은?

① 재폐로계전기
② 옴형계전기
③ 역상계전기
④ 차동계전기

해설 모선보호용 계전기
- 차동 계전기(전류비율차동방식, 전압차동방식, 위상 비교 방식)
- 방향비교방식
- 차폐모선방식

02 송전선로의 고장전류의 계산에 영상 임피던스가 필요한 경우는?

① 3상 단락   ② 3선 단선
③ 1선 지락   ④ 선간 단락

해설 1선 지락전류

$$I_0 = I_1 = I_2, \quad I_g = 3I_0 = \frac{3E_a}{Z_0 + Z_1 + Z_2}$$

03 발열량 10000[kcal/kg]의 벙커 C 유를 1시간에 75 ton 사용하여 300[MW]를 발전하는 화력발전소의 열효율[%]은?

① 3.16   ② 34.4
③ 36.2   ④ 38.0

해설 발전소의 열효율

$$\eta = \frac{860W}{mH} \times 100 = \frac{860 \times 300 \times 10^3}{75 \times 10^3 \times 10000} \times 100$$
$$= 34.4[\%]$$

04 전력 퓨즈(Power Fuse)는 고압, 특고압 기기의 주로 어떤 전류의 차단을 목적으로 설치하는가?

① 충전전류
② 부하전류
③ 단락전류
④ 영상전류

해설 전력퓨즈는 고압 또는 특고압의 회로 및 기기의 한류 특성을 가지는 단락 전류에 대한 보호 장치로서 차단기 대신에 사용되는 퓨즈이다.

05 수압철관의 안지름이 4[m]인 곳에서의 유속이 4[m/s]이었다. 안지름이 3.5[m]인 곳에서의 유속은 약 몇 [m/s] 인가?

① 4.2   ② 5.2
③ 6.2   ④ 7.2

해설 3물의 연속성의 정리

$$Q = A_1 v_1 = A_2 v_2 [\text{m}^3/\text{sec}]$$

$$v_2 = \frac{A_1}{A_2} \times v_1 = \frac{\frac{\pi}{4} \times 4^2}{\frac{\pi}{4} \times 3.5^2} \times 4 \fallingdotseq 5.22[\text{m/sec}]$$

06 유효낙차가 40%저하되면 수차의 효율이 20% 저하된다고 할 경우 이때의 출력은 원래의 약 몇 %인가? (단, 안내 날개의 열림은 불변인 것으로 한다.)

① 37.2   ② 48.0
③ 52.7   ④ 63.7

정답 01.④ 02.③ 03.② 04.③ 05.② 06.①

해설 수차의 출력 $P = 9.8QH\eta$[kW]에서 출력은 낙차 H에 비례하고 유량 Q 는 $H^{\frac{1}{2}}$ 에 비례하므로

출력 $P \propto H^{\frac{3}{2}} \times$ 효율

낙차가 40% 저하되면 원래 낙차의 0.6배 이므로 $P = (0.6^{\frac{3}{2}} \times 0.8) \times 100 ≒ 37.2$[%]

07 계통의 안정도 증진대책이 아닌 것은?

① 발전기나 변압기의 리액턴스를 작게 한다.
② 선로의 회선수를 감소시킨다.
③ 중간 조상 방식을 채용한다.
④ 고속도 재폐로 방식을 채용한다.

해설 계통의 안정도 향상 대책

향상 대책	상세 대책
계통 전달리액턴스 감소	• 단락비 큰 기기 사용
전압변동을 적게 한다.	• 속응여자방식 • 중간조상방식 채용
계통에 주는 충격 감소	• 소호리액터 접지방식 채용 • 고속차단기 채용
고장발생시 발전기 입출력의 불평형 감소	• 조속기의 성능 개선

08 송전단 전압 161[kV], 수전단 전압 154[kV], 상차각 60도, 리액턴스 45[Ω]일 때 선로손실을 무시하면 전송전력은 약 몇 [MW] 인가?

① 397　② 477
③ 563　④ 624

해설 최대 전송전력

$P = \dfrac{V_s V_r}{X} \sin\delta = \dfrac{161 \times 154}{45} \times \sin 60$
$= 477$[MW]

09 그림과 같은 전력계통의 154[kV] 송전선로에서 고장 지락 임피던스 Z_{gf}를 통해서 1선 지락 고장이 발생되었을 때 고장점에서 본 영상%임피던스는? (단, 그림에 표시한 임피던스는 모두 동일용량 100[MVA]기준으로 환산한 %임피던스 임)

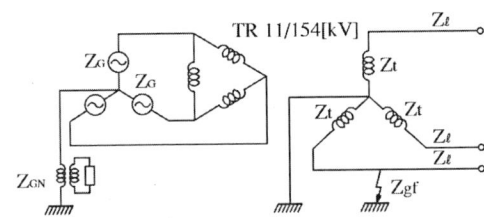

① $Z_0 = Z_\ell + Z_t + Z_G$
② $Z_0 = Z_\ell + Z_t + Z_{gf}$
③ $Z_0 = Z_\ell + Z_t + 3Z_{gf}$
④ $Z_0 = Z_\ell + Z_t + Z_{gf} + Z_G + Z_{GN}$

해설 1선 지락 사고 시 영상분 전류는 변압기 → 선로 → 고장 지락저항 → 접지선 순서로 흐르게 되고 고장 지락저항을 통해서는 3배의 영상분 전류가 흐르므로 고장 지락저항 Z_{gf}에 3배를 하여야 한다.

영상 T임피던스 $Z_0 = Z_t + Z_\ell + 3Z_{gf}$

10 유효낙차 90[m], 출력 103000[kW], 비속도(특유속도) 210[m · kW]인 수차의 회전속도는 약 몇 [rpm]인가?

정답　07.②　08.②　09.③　10.②

① 150　　② 180
③ 210　　④ 24

해설 수차의 특유속도 $N_s = NP^{\frac{1}{2}}N^{-\frac{5}{4}}$[rpm]에서
수차의 회전속도 $N = N_s P^{-\frac{1}{2}} H^{\frac{5}{4}}$
$= 210 \times 103000^{-\frac{1}{2}} \times 90^{\frac{5}{4}} = 181$[rpm]

11 다음 (　)에 알맞은 내용으로 옳은 것은?
(단, 공급 전력과 선로 손실률은 동일하다.)

선로의 전압을 2배로 승압할 경우, 전압강하는 승압 전의 (㉮)배로 되고, 선로 손실은 승압 전의 (㉯)배로 된다.

① ㉮ 4　㉯ $\frac{1}{4}$　　② ㉮ $\frac{1}{4}$　㉯ $\frac{1}{2}$
③ ㉮ $\frac{1}{4}$　㉯ $\frac{1}{4}$　　④ ㉮ $\frac{1}{2}$　㉯ $\frac{1}{4}$

해설 전압을 2배로 승압시킨 경우 효과

전압강하	$P \propto \frac{1}{V} = \frac{1}{2}$
선로 손실	$P_\ell \propto \frac{1}{V^2} = \frac{1}{2^2} = \frac{1}{4}$

12 변압기의 결선 중에서 1차에 제3고조파가 있을 때 2차에 제3고조파 전압이 외부로 나타나는 결선은?

① Y − Y　　② Y − Δ
③ Δ − Y　　④ Δ − Δ

해설 Y − Y 결선은 3고조파 환류통로가 없고 중성점을 접지하므로 대지로 흘러 통신선에 유도장해를 일으킨다.

13 화력발전소에서 재열기의 사용 목적은?

① 공기를 가열한다.
② 급수를 가열한다.
③ 증기를 가열한다.
④ 석탄을 건조한다.

해설 재열기 : 고압 터빈 내에서 팽창된 증기를 다시 추기하여 재가열하기 위한 설비

14 선로 전압 강하 보상기(LDC)에 대하여 옳게 설명한 것은?

① 분로 리액터로 전압 상승을 억제 하는 것
② 직렬 콘덴서로 선로 리액턴스를 보상하는 것
③ 승압기로 저하된 전압을 보상하는 것
④ 선로의 전압강하를 고려하여 모선전압을 조정하는 것

해설 전압강하보상기 : 선로의 전압강하를 보상하여 모선전압을 조정하는 장치

정답 11.④　12.①　13.③　14.④

15 전력원선도에서 구할 수 없는 것은?

① 송·수전할 수 있는 최대 전력
② 필요한 전력을 보내기 위한 송·수전단 전압간의 상차각
③ 선로 손실과 송전 효율
④ 과도극한전력

해설 전력원선도에서 구할 수 있는 값
- 송수전할수 있는 최대전력(유효전력, 무효전력)
- 송전단, 수전단 전압간의 상차각
- 역률과 조상설비 용량
- 송전효율과 전력손실

16 변압기 보호용 비율차동계전기를 사용하여 △-Y 결선의 변압기를 보호하려고 한다. 이 때 변압기 1, 2차측에 설치하는 변류기의 결선 방식은? (단, 위상 보정기능이 없는 경우이다.)

① △-△   ② △-Y
③ Y-△   ④ Y-Y

해설 CT결선은 변압기 결선을 △-Y로 하면 1, 2차 간에 30°의 위상차를 보상하기 위해 변압기와 반대로 결선한다.

변압기 결선	CT결선
△-Y	Y-△
Y-△	△-Y

17 전력선과 통신선이 그림과 같이 근접되었을 때, 통신선의 정전유도전압 $E_0[V]$는 얼마인가?

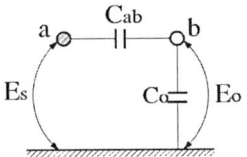

① $\dfrac{C_{ab}}{C_{ab}+C_o} \times E_s$

② $\dfrac{C_o}{C_{ab}+C_o} \times E_s$

③ $\dfrac{C_{ab}+C_o}{C_o} \times E_s$

④ $\dfrac{C_{ab}+C_o}{C_{ab}} \times E_s$

해설 정전유도전압 $E_0 = \dfrac{C_{ab}}{C_{ab}+C_o} \times E_s$

18 직접 접지방식에 대한 설명으로 옳지 않은 것은?

① 변압기 절연이 낮아진다.
② 지락전류가 커진다.
③ 지락고장시의 중성점 전위가 높다.
④ 통신선의 유도장해가 크다.

해설 직접 접지 방식의 특징
- 1선지락시 건전상 전압상승이 거의 없어서 계통에 대한 절연이 낮아진다.
- 큰 전류를 차단하므로 차단기 등의 수명이 짧다.
- 고장시 지락 전류가 커서 보호계전기의 동작이 확실하나 이로 인해 유도장해가 크고 과도안정도가 나쁘다.

정답 15.④ 16.③ 17.① 18.③

19 1상의 대지 정전용량이 0.5μF, 주파수가 60Hz인 3상 송전선이 있다. 이 선로에 소호리액터를 설치한다면, 소호리액터의 공진 리액턴스는 약 몇 Ω이면 되는가?

① 970　　② 1370
③ 1770　　④ 3570

해설 소호리액터 용량은 3상 일괄한 대지정전용량의 리액턴스와 같아야 하므로
$\omega L = \dfrac{1}{3\omega C}[\Omega]$ 이 성립한다.

$\omega L = \dfrac{1}{3\omega C} = \dfrac{1}{3 \times 2\pi \times 60 \times 0.5 \times 10^{-6}}$
$= 1,770[\Omega]$

20 그림과 같은 3상 송전계통에서 송전단 전압은 3300[V] 이다. 점 P에서 3상 단락사고가 발생했다면 발전기에 흐르는 단락전류는 약 몇 [A]인가?

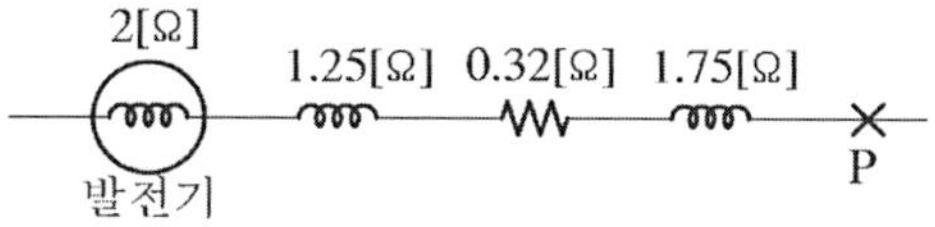

① 320　　② 330
③ 380　　④ 410

해설 단락 전류 $I_s = \dfrac{E(\text{대지전압})}{Z} = \dfrac{\frac{V}{\sqrt{3}}}{Z}[A]$

$\dot{Z} = j2 + j1.25 + 0.32 + j1.75 = 0.32 + j5[\Omega]$

단락전류 $I_s = \dfrac{E}{Z} = \dfrac{\frac{3300}{\sqrt{3}}}{\sqrt{0.32^2 + 5^2}} = 380[A]$

정답　19.③　20.③

전기산업기사 전력공학 2025년 1회 기출문제

01 전력 사용의 변동 상태를 알아보기 위한 것으로 가장 적합한 것은?

① 수용률　　② 부등률
③ 부하율　　④ 역률

해설 부하율 : 어떤 임의의 기간 중의 합성최대수용전력에 대한 그 기간 중의 평균 수용전력과의 비

- 부하율 = $\dfrac{평균수용전력}{최대수용전력} \times 100[\%]$

02 그림에서와 같이 부하가 균일한 밀도로 도중에서 분기되어 선로전류가 송전단에 이를수록 직선적으로 증가할 경우 선로 말단의 전압강하는 이 송전단 전류와 같은 전류의 부하가 선로의 말단에만 집중되어 있을 경우의 전압강하 보다 대략 어떻게 되는가? (단, 부하역률은 모두 같다고 한다.)

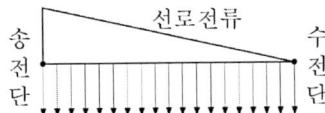

① $\dfrac{1}{3}$로 된다.　　② $\dfrac{1}{2}$로 된다.
③ 동일하다.　　④ $\dfrac{1}{4}$로 된다.

해설 균등부하는 말단부하보다 전압강하는 $\dfrac{1}{2}$배로 감소한다.

03 부하전류의 차단능력이 없는 것은?

① 공기차단기　　② 유입차단기
③ 진공차단기　　④ 단로기

해설 단로기(DS) : 무부하 상태에서 전로를 개폐하거나 기기류 점검, 보수 시 회로를 분리하는 데 사용하는 것으로 부하 전류 개폐 능력은 없지만 극히 미약한 선로의 충전전류나 변압기의 여자 전류는 개폐할 수 있다.

04 송전선에 복도체를 사용할 때의 설명으로 틀린 것은?

① 코로나 손실이 경감된다.
② 안정도가 상승하고 송전용량이 증가한다.
③ 정전 반발력에 의한 전선의 진동이 감소된다.
④ 전선의 인덕턴스는 감소하고, 정전용량이 증가한다.

해설 복도체 채용 효과
- 전선의 인덕턴스 감소, 정전용량 증가
- 특성 임피던스 감소
- 송전용량 증가, 안정도 향상
- 코로나 현상 발생 방지로 인한 손실 감소

05 지중케이블에서 고장점을 찾는 방법이 아닌 것은?

① 머리 루프(Murray loop) 시험기에 의한 방법
② 메거(Megger)에 의한 측정 방법
③ 임피던스 브리지법
④ 펄스에 의한 측정법

해설 메거 : 절연 저항을 측정하는 장치

정답　01.③　02.②　03.④　04.③　05.②

06 정격전압이 7.2[kV]인 3상용 차단기의 차단 용량이 100[MVA]라면 정격차단전류는 약 몇 [kA]인가?

① 2　　② 4
③ 8　　④ 10

해설 3상용 차단기의 차단용량
$P_s = \sqrt{3} \times 정격전압 \times 정격차단전류[\text{MVA}]$
정격차단전류
$I = \dfrac{P_s}{\sqrt{3}\,V} = \dfrac{100 \times 10^6}{\sqrt{3} \times 7.2 \times 10^3} = 8[\text{kA}]$

07 그림과 같이 지지점 A, B, C 에는 고저차가 없으며 경간 AB와 BC사이에 전선이 가설되어 그 이도가 12[cm]이었다. 지금 경간 AC의 중점인 지지점 B에서 전선이 떨어져서 전선의 이도가 D로 되었다면 D는 몇 [cm]인가?

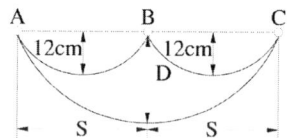

① 18　　② 24
③ 30　　④ 36

해설 이도는 고저차가 없고 양쪽 경간이 같은 점인 B지점에서 전선이 떨어질 경우 이도
$D = 2D_1 = 2 \times 12 = 24[\text{cm}]$

08 차단기의 정격 차단시간은?

① 고장 발생부터 소호까지의 시간
② 가동접촉자 시동부터 소호까지의 시간
③ 트립코일 여자부터 소호까지의 시간
④ 가동접촉자 개구부터 소호까지의 시간

해설 차단기의 정격차단시간 : 트립코일 여자로부터 아크 소호까지의 시간

09 공칭단면적 200[mm²], 전선무게 1.838[kg/m], 전선의 외경 18.5[mm]인 경동연선을 경간 200[m]로 가설하는 경우의 이도는 약 몇 [m] 인가? (단, 경동연선의 전단 인장하중은 7910[kg], 빙설하중은 0.416[kg/m], 풍압하중은 1.525[kg/m], 안전율은 2.0이다.)

① 3.44　　② 3.84
③ 4.28　　④ 4.78

해설 저온계의 합성하중
$W = \sqrt{(전선자중 + 빙설하중)^2 + 풍압하중^2}$
$= \sqrt{(1.838 + 0.416)^2 + 1.525^2}$
$= 2.721[\text{kg/m}]$

수평장력 $T = \dfrac{인장하중}{안전율}$

이도 $D = \dfrac{WS^2}{8T} = \dfrac{2.721 \times 200^2}{8 \times \dfrac{7910}{2.0}} = 3.44[\text{m}]$

10 수조에 대한 설명 중 틀린 것은?

① 수로 내의 수위의 이상 상승을 방지한다.
② 수로식 발전소의 수로 처음 부분과 수압관 아래 부분에 설치한다.
③ 수로에서 유입하는 물속의 토사를 침전시켜서 배사문으로 배사하고 부유물을 제거한다.
④ 상수조는 최대사용수량의 1~2분 정도의 조정용량을 가질 필요가 있다.

[해설] 수조는 무압수로와 수압관 사이에 설치해야 한다.

11 (㉮), (㉯)에 들어갈 내용으로 알맞은 것은?

> "송전선로의 전압을 2배로 승압할 경우 동일조건에서 공급 전력을 동일하게 취하면 공급전력은 승압 전의 (㉮)로 되고, 선로손실은 승압 전의 (㉯)로 된다."

① ㉮ 4배, ㉯ $\frac{1}{4}$배
② ㉮ $\frac{1}{4}$, ㉯ 4배
③ ㉮ 2배, ㉯ $\frac{1}{4}$배
④ ㉮ $\frac{1}{2}$, ㉯ 2배

[해설] 전압의 n배 승압 시 효과

공급전력, 전력공급거리	n^2 배 증가
전력손실률, 전압강하율, 전선단면적	$\frac{1}{n^2}$ 배 감소
전압강하	$\frac{1}{n}$ 배 감소

12 소호각(arcing horn)의 사용 목적은?

① 클램프의 보호
② 전선의 진동 방지
③ 애자의 보호
④ 이상전압의 발생 방지

[해설] 소호각(환) 사용 목적
- 뇌격으로 인한 섬락사고 시 애자련 보호
- 애자련의 전압분담 균등화(소호각으로 인한 정전용량의 균등)
- 전선의 이상 현상으로 인한 열적 파괴방지
- 전기적 접지에 의한 코로나발생 억제

13 3상 3선식 가공송전선에서 1선의 저항이 15[Ω], 리액턴스는 20[Ω]이고 수전단 선간전압 30[kV], 부하역률이 0.8인 경우 전압강하율이 10[%]라 하면 이 송전선로는 몇 [kW]까지 수전할 수 있는가?

① 2500   ② 2750
③ 3000   ④ 3250

[해설] 전압강하 $e = \frac{P}{V\cos\theta}(R\cos\theta + X\sin\theta)$
$= \frac{P}{V}(R + X\tan\theta)$

정답 10.② 11.① 12.③ 13.③

전압강하율 $\epsilon = \dfrac{e}{V} = \dfrac{P}{V^2}(R + X\tan\theta)$

수전전력

$P = \dfrac{\epsilon V^2}{(R + X\tan\theta)} = \dfrac{0.1 \times 30000^2}{\left(15 + 20 \times \dfrac{0.6}{0.8}\right)}$

$= 3000 \times 10^3 [\text{W}] = 3000 [\text{kW}]$

14 소호 원리에 따른 차단기의 종류 중에서 소호실에서 아크에 의한 절연유 분해 가스의 흡부력(吸付力)을 이용하여 차단하는 것은?

① 유입차단기 ② 기중차단기
③ 자기차단기 ④ 가스차단기

해설 차단기 종류 별 소호 매질
- 유입차단기(OCB) : 절연유
- 기중차단기(ACB) : 대기
- 자기차단기(MBB) : 전자력
- 가스차단기(GCB) : 가스 SF_6

15 지상 역률의 부하를 갖는 단거리 송전선로의 전압강하 근사식은? (단, P[kW] : 3상부하전력, E[kV] : 선간전압, R[Ω] : 선로저항, X[Ω] : 선로 리액턴스, θ : 지상 부하 역률각이다.)

① $\dfrac{\sqrt{3}P}{E}(R + X\tan\theta)$

② $\dfrac{P}{\sqrt{3}E}(R + X\tan\theta)$

③ $\dfrac{P}{E}(R + X\tan\theta)$

④ $\dfrac{E}{\sqrt{3}P}(R\cos\theta + X\sin\theta)$

해설 $e = I(R\cos\theta + X\sin\theta)$

$e = \dfrac{P}{\sqrt{3}E\cos\theta}(R\cos\theta + X\sin\theta)$

$= \dfrac{P}{\sqrt{3}E}(R + X\tan\theta)[\text{V}]$

16 전력원선도에서는 알 수 없는 것은?

① 송수전할 수 있는 최대전력
② 선로 손실
③ 수전단 역률
④ 코로나손

해설 전력원선도 : 상차각을 변화시켜 가로축 유효전력, 세로축 무효전력을 벡터궤적으로 그린 선도

구할 수 있는 값	구할수 없는 값
교류전력, 역률, 조상설비용량, 전력손실, 정태안정 극한 전력	과도안정 극한전력 코로나 손실

17 출력 20[kW]의 전동기로서 총양정 10[m], 펌프 효율 0.75일 때 양수량은 몇 [m³/min] 인가?

① 9.18   ② 9.85
③ 10.31 ④ 11.0

해설 전동기의 출력 $P = \dfrac{9.8QH}{\eta}[\text{kW}]$ 이므로

$Q = \dfrac{P\eta}{9.8H} = \dfrac{20 \times 0.75}{9.8 \times 10} = 0.153[\text{m}^3/\text{sec}]$

$= 0.153 \times 60 = 9.18[\text{m}^3/\text{min}]$

정답 14.① 15.③ 16.④ 17.①

18 바깥지름 20[mm]인 경동연선을 2[m] 간격으로 일직선 배치를 연가 하였을 때 1[km]마다 도체의 인덕턴스는 몇 [mH/km] 인가?

① 1.16　② 1.22
③ 1.48　④ 1.68

[해설] 등가선간거리

$$D_o = \sqrt[3]{D \times D \times 2D} = \sqrt[3]{2}\, D = \sqrt[3]{2} \times 2\,[m]$$

작용인덕턴스 $L = 0.05 + 0.4605 \log \dfrac{D_o}{r}$

$$= 0.05 + 0.4605 \log \dfrac{\sqrt[3]{2} \times 2}{10 \times 10^{-3}} = 1.16\,[mH/km]$$

19 전력계통의 안정도 향상 대책과 관련 없는 것은?

① 빠른 고장 제거
② 속응 여자시스템 사용
③ 큰 임피던스의 변압기 사용
④ 병렬 송전선로의 추가 건설

[해설] 계통의 안정도 향상 대책

향상 대책	상세 대책
계통 전달리액턴스 감소	• 단락비 큰 기기 사용
전압변동을 적게 한다.	• 속응여자방식, 중간조상방식채용
계통에 주는 충격 감소	• 소호리액터 접지방식 채용 • 고속차단기 채용
고장발생시 발전기 입출력불평형 감소	• 조속기의 성능 개선

20 변전소에서 수용가로 공급되는 전력을 차단하고 소내 기기를 점검할 경우, 차단기와 단로기의 개폐 조작 방법으로 옳은 것은?

① 점검 시에는 차단기로 부하회로를 끊고 난 다음에 단로기를 열어야 하며, 점검 후에는 단로기를 넣은 후 차단기를 넣어야 한다.
② 점검 시에는 단로기를 열고 난 후 차단기를 열어야 하며, 점검 후에는 단로기를 넣고 난 다음에 차단기로 부하회로를 연결하여야 한다.
③ 점검 시에는 차단기로 부하회로를 끊고 단로기를 열어야 하며, 점검 후에는 차단기로 부하회로를 연결한 후 단로기를 넣어야 한다.
④ 점검 시에는 단로기를 열고 난 후 차단기를 열어야 하며, 점검이 끝난 경우에는 차단기를 부하에 연결한 다음에 단로기를 넣어야 한다.

[해설] 단로기(DS) : 선로로부터 기기를 분리 구분 및 변경할 때 사용되는 개폐기로서 차단기와 단로기 동작순서는 투입과 정전이 서로 반대이다.
• 전원 차단(정전) : CB off → DS off
• 전원 투입(급전) : DS on → CB on

정답 18.① 19.③ 20.①

전기산업기사 전력공학 2025년 2회 기출문제

01 송전선로에서 연가를 하는 주된 목적은?

① 유도뢰의 방지
② 직격뢰의 방지
③ 선로의 미관상
④ 선로정수의 평형

해설 연가의 목적
- 선로 정수 평형
- 유도장해 방지
- 직렬공진 방지

02 송배전 선로의 도중에 직렬로 삽입하여 선로의 유도성 리액턴스를 보상함으로서 선로 정수 그 자체를 변화시켜서 선로의 전압강하를 감소시키는 직렬콘덴서방식의 특성에 대한 설명으로 옳은 것은?

① 최대 송전전력이 감소하고 정태 안정도가 감소된다.
② 부하의 변동에 따른 수전단의 전압 변동률은 증대된다.
③ 장거리 선로의 유도리액턴스를 보상하고 전압강하를 감소시킨다.
④ 송·수 양단의 전달 임피던스가 증가하고 안정 극한 전력이 감소한다.

해설 직렬 콘덴서 : 전압강하를 보상하기 위하여 부하와 직렬로 접속하는 콘덴서
- 목적 : 전압강하 보상
- 역률이 나쁠수록 효율이 크며 안정도가 증가한다.

03 배전선로의 손실을 경감시키는 방법이 아닌 것은?

① 전압 조정
② 역률 개선
③ 다중접지방식 채용
④ 부하의 불평형 방지

해설 배전선로 손실 경감 방법
- 부하의 불평형 방지
- 콘덴서 설치하여 역률개선
- 배전전압의 승압

04 정격전압 24[kV], 정격차단용량 665[MVA]인 3상용 차단기의 정격차단전류는 약 몇 [kA] 정도인가?

① 10
② 16
③ 24
④ 32

해설 정격 차단 용량 P_s[MVA]
$= \sqrt{3} \times$ 정격 전압[kV]$\times$정격차단전류[kA]
이므로 차단기 정격 차단전류
$I_s = \dfrac{665}{\sqrt{3} \times 24} \fallingdotseq 16$[kA]

05 3상 3선식 3각형 배치의 송전선로가 있다. 선로가 연가 되어 각 선간의 정전용량은 0.009[μF/km], 각 선의 대지정전용량은 0.003[μF/km]라고 하면 1선의 작용정전용량은 몇 [μF/km] 인가?

① 0.03
② 0.023
③ 0.012
④ 0.006

정답 01.④ 02.③ 03.③ 04.② 05.①

해설 3상 3선식의 작용정전용량 $C = C_s + 3C_m$
$C = C_s + 3C_m = 0.003 + 3 \times 0.009$
$\quad = 0.03 [\mu F/km]$

06 송전선로의 안정도 향상 대책으로 옳지 않은 것은?

① 고속도 재폐로 방식을 채용한다.
② 계통의 전달 리액턴스를 감소시킨다.
③ 중간조상방식을 채용한다.
④ 조속기의 동작을 느리게 한다.

해설 계통의 안정도 향상 대책

향상 대책	상세 대책
계통 전달리액턴스 감소	• 단락비 큰 기기 사용
전압변동을 적게 한다.	• 속응여자방식, 중간조상방식채용
계통에 주는 충격 감소	• 소호리액터 접지방식 채용 • 고속차단기 채용
고장발생시 발전기 입출력불평형 감소	• 조속기의 성능 개선

07 급수의 엔탈피 130[kcal/kg], 터빈 입구에서의 증기엔탈피 970[kcal/kg], 터빈 출구에서의 증기 엔탈피 550[kcal/kg]일 때 랭킨사이클의 열사이클 효율은?

① 0.3 ② 0.4
③ 0.5 ④ 0.6

해설 랭킨 사이클 효율

$\eta = \dfrac{\text{증기엔탈피 차}}{\text{증기와 급수 엔탈피 차}}$

$\eta = \dfrac{970 - 550}{970 - 130} = 0.5$

08 전력 사용의 변동 상태를 알아보기 위한 것으로 가장 적합한 것은?

① 수용률   ② 부등률
③ 부하율   ④ 역률

해설 부하율 : 어느 일정 기간 중의 부하 변동의 정도를 나타내는 값

• 부하율 = $\dfrac{\text{평균수용전력}}{\text{최대수용전력}} \times 100 [\%]$

09 피뢰기의 제한전압이란?

① 상용주파 전압에 대한 피뢰기의 충격방전 개시전압
② 충격파 침입시 피뢰기의 충격방전 개시전압
③ 피뢰기가 충격파 방전 종료 후 언제나 속류를 확실히 차단 할 수 있는 상용주파 최대전압
④ 충격파 전류가 흐르고 있을 때의 피뢰기 단자전압

해설 피뢰기 제한전압 : 충격파 전류가 흐르고 있을 때의 피뢰기 단자전압의 파고값

10 3상 Y결선된 발전기가 무부하상태로 운전 중 3상단락고장이 발생하였을 때 나타나는 현상으로 틀린 것은?

① 영상분 전류는 흐르지 않는다.
② 역상분 전류는 흐르지 않는다.
③ 3상 단락전류는 정상분 전류의 3배가 흐른다.
④ 정상분 전류는 영상분 및 역상분 임피던스에 무관하고 정상분 임피던스에 반비례한다.

해설 3상 단락 고장 (평형고장)시 $I_0 = 0$, $I_2 = 0$이고 정상분만 존재한다.

11 그림과 같은 평형 3상 발전기가 있다. a상이 지락한 경우 지락전류는 어떻게 표현되는가? (단, Z_0 : 영상임피던스, Z_1 : 정상임피던스, Z_2 : 역상임피던스이다.)

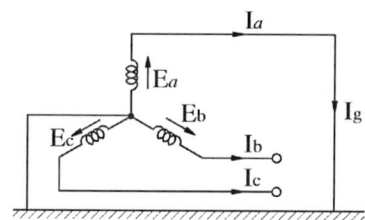

① $\dfrac{E_a}{Z_0 + Z_1 + Z_2}$
② $\dfrac{3E_a}{Z_0 + Z_1 + Z_2}$
③ $\dfrac{-Z_0 E_a}{Z_0 + Z_1 + Z_2}$
④ $\dfrac{2Z_2 E_a}{Z_1 + Z_2}$

해설 1선지락고장시 대칭분 전류
$I_0 = I_1 = I_2$, $I_g = 3I_0 = \dfrac{3E_a}{Z_0 + Z_1 + Z_2}$

12 연간 최대 수용전력이 70[kW], 75[kW], 85[kW], 100[kW]인 4개의 수용가를 합성한 연간 최대 수용전력이 250[kW] 이다. 이 수용가의 부등률은 얼마인가?

① 1.11
② 1.32
③ 1.38
④ 1.43

해설 부등률 = $\dfrac{\text{최대 수용전력의 합}}{\text{합성최대수용전력}}$
= $\dfrac{70+75+85+100}{250} = 1.32$

13 전력계통의 조상설비의 특징에 대한 설명으로 틀린 것은?

① 전력용 커패시터는 진상무효전력 만을 단계적으로 공급한다.
② 동기조상기는 지상무효전력만을 연속적으로 공급한다.
③ 조상설비에는 회전기와 정지형 설비가 있다.
④ 조상설비의 종류에는 동기조상기와 비동기조상기, 전력용 커패시터, 분로리액터 등이 있다.

해설 조상설비 : 무효전력을 조정하여 역률개선하는 설비

종류	공급가능용량	단계조정
분로(병렬)리액터	지상	불연속
진상콘덴서, 직렬콘덴서	진상	
동기조상기	지상, 진상	연속조정

정답 10.③ 11.② 12.② 13.②

14 유효낙차 20[m], 출력 62000[kW]인 수력발전소가 있다. 발전소의 최대사용수량은 몇 [m³/sec]이겠는가?(단 발전기효율은 86[%], 수차효율은 84[%]이다.)

① 316　② 368
③ 438　④ 229

해설 수력발전 출력 $P = 9.8HQ\eta_g\eta_t$[kW]

$$Q = \frac{P}{9.8H\eta_g\eta_t} = \frac{62000}{9.8 \times 20 \times 0.86 \times 0.84}$$

$= 438[\text{m}^3/\text{sec}]$

15 그림과 같은 수전단 전력원선도가 있다. 부하직선을 참고하여 다음 중 전압조정을 위한 조상설비가 없어도 정전압운전이 가능한 부하전력은 대략 어느 정도일 때인가?

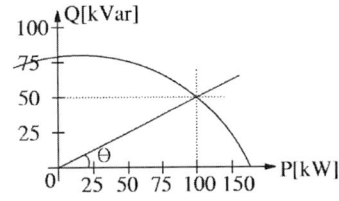

① 무부하일 때
② 50[kW] 일 때
③ 100[kW] 일 때
④ 150[kW] 일 때

해설 조상설비가 없이도 정전압 운전이 가능한 부하 전력은 원의 반지름이 항상 일정하므로 유효전력과 무효전력이 전력원선도의 원주상에 존재해야 한다. 그러므로 유효전력은 100[kW], 무효전력 $P_r = 50$[kVar]가 된다.

16 전력계통의 전압안정도를 나타내는 P-V 곡선에 대한 설명 중 적합하지 않은 것은?

① 가로축은 수전단 전압을 세로축은 무효전력을 나타낸다.
② 진상무효전력이 부족하면 전압은 안정되고 진상무효전력이 과잉되면 전압은 불안정하게 된다.
③ 전압 불안정 현상이 일어나지 않도록 전압을 일정하게 유지하려면 무효전력을 적절하게 공급하여야 한다.
④ P-V 곡선에서 주어진 역률에서 전압을 증가시키더라도 송전할 수 있는 최대전력이 존재하는 임계점이 있다.

해설 전압안정도 : 전력계통에 외란이 발생한 후 정상상태 운전조건하의 모든 모선에서 규정된 전압을 유지할 수 있는 전력계통 능력(가로 유효전력-세로 수전단전압)

17 뒤진 역률 80[%], 1000[kW]의 3상 부하가 있다. 이것에 콘덴서를 설치하여 역률을 95[%]로 개선하려면 콘덴서의 용량은 약 몇 [kVA]인가?

① 240　② 420
③ 630　④ 950

해설 콘덴서의 용량 $Q = P\left(\dfrac{\sin\theta_1}{\cos\theta_1} - \dfrac{\sin\theta_2}{\cos\theta_2}\right)$

$Q = 1000 \times \left(\dfrac{0.6}{0.8} - \dfrac{\sqrt{1-0.95^2}}{0.95}\right)$

$= 421.32$[kVA]

정답　14.③　15.③　16.①　17.②

18 송전단 전압 161[kV], 수전단 전압 155[kV], 상차각 40°, 리액턴스가 49.8[Ω]일 때 선로손실을 무시한다면 전송 전력은 약 몇 [MW]인가?

① 289 ② 322
③ 373 ④ 869

해설 전송 전력 $P_s = \dfrac{E_s E_r}{X} \sin\delta$

$P_s = \dfrac{161 \times 155}{49.8} \times \sin 40° = 322 [\text{MW}]$

19 임피던스 Z_1, Z_2 및 Z_3를 그림과 같이 접속한 선로의 A쪽에서 전압파 E 가 진행해 왔을 때 접속점 B에서 무반사로 되기 위한 조건은?

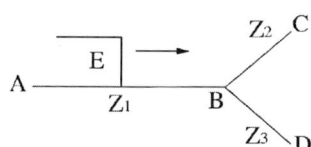

① $Z_1 = Z_2 + Z_3$

② $\dfrac{1}{Z_3} = \dfrac{1}{Z_1} + \dfrac{1}{Z_2}$

③ $\dfrac{1}{Z_1} = \dfrac{1}{Z_2} + \dfrac{1}{Z_3}$

④ $\dfrac{1}{Z_2} = \dfrac{1}{Z_1} + \dfrac{1}{Z_3}$

해설 무반사 조건 : 양쪽 임피던스 동일

$Z_1 = \dfrac{1}{\dfrac{1}{Z_2} + \dfrac{1}{Z_3}}$ 또는 $\dfrac{1}{Z_1} = \dfrac{1}{Z_2} + \dfrac{1}{Z_3}$

20 3상 1회선과 대지간의 충전전류가 0.3[A/km]일 때 길이가 35[km]인 선로의 충전전류는 몇 [A] 인가?

① 30.5 ② 10.5
③ 13.5 ④ 40.5

해설 충전전류(I_c) : 선로 상에 존재하는 대지정전용량과 상호정전용량으로 인해 발생하는 전류

$I_c = 0.3 \times 35 = 10.5 [\text{A}]$

정답 18.② 19.③ 20.②

전기산업기사 전력공학 2025년 3회 기출문제

01 유량을 구분할 때 매년 1 ~ 2회 발생하는 출수의 유량을 나타내는 것은?

① 홍수량 ② 풍수량
③ 고수량 ④ 갈수량

해설 해마다 한두 번 발생하는 홍수시 넘치는 최대 유량

02 전력선 1선의 대지전압을 E, 통신선의 대지정전용량을 C_b, 전력선과 통신선 사이의 상호정전용량을 C_{ab} 라고 하면 통신선의 정전유도전압은?

① $\dfrac{C_{ab}+C_b}{C_b} \cdot E$

② $\dfrac{C_{ab}+C_b}{C_{ab}} \cdot E$

③ $\dfrac{C_{ab}}{C_{ab}+C_b} \cdot E$

④ $\dfrac{C_b}{C_{ab}+C_b} \cdot E$

해설 등가회로에서 전압은 정전용량에 반비례하므로 통신선의 정전유도전압은 다음과 같다.

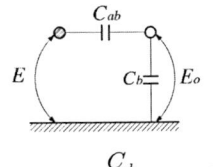

$E_o = \dfrac{C_{ab}}{C_{ab}+C_b} \cdot E[V]$

03 뇌해 방지와 관계가 없는 것은?

① 댐퍼   ② 초호환
③ 가공지선 ④ 매설지선

해설 소호각 : 뇌격으로 인한 섬락 사고 시 애자련의 보호
- 매설지선 : 철탑의 접지저항을 감소시켜 직격뢰 등에 의한 애자련의 역섬락을 방지
- 가공지선 : 직격뇌로부터 송전선로를 보호하기 위하여 시설

04 송전선로의 단락보호계전방식이 아닌 것은?

① 과전류계전방식
② 방향단락계전방식
③ 거리계전방식
④ 과전압계전방식

해설 송전선로의 단락보호계전방식
- 방사상식 : 과전류 계전방식, 방향단락 계전방식, 거리 계전방식.
- 환상식 : 방향단락 계전방식, 방향거리 계전방식(전원 2곳)
- 평형 2회선식 : 선택단락 계전방식

05 피뢰기의 구비조건이 아닌 것은?

① 속류의 차단능력이 충분할 것
② 충격 방전 개시 전압이 낮을 것
③ 상용 주파 방전 개시 전압이 높을 것
④ 피뢰기 제한전압이 높을 것

해설 피뢰기의 구비 조건
- 속류차단능력이 있을 것
- 충격방전개시 전압은 낮을 것
- 상용 주파 방전개시전압은 높을 것
- 피뢰기 제한전압이 낮을 것

정답 01.③ 02.③ 03.① 04.④ 05.④

06 송전선의 전압변동률의 식은 $\dfrac{V_{R1} - V_{R2}}{V_{R2}} \times 100[\%]$ 로 표현된다.

이 식에서 V_{R1}은 무엇인가?

① 무부하시 송전단전압
② 부하시 송전단전압
③ 무부하시 수전단전압
④ 부하시 수전단전압

해설 V_{R1} : 무부하 시 수전단 전압, V_{R2} : 전부하 시 수전단 전압

07 가공전선로의 전선에 오프셋을 주는 이유로 옳은 것은?

① 불평형 전압의 유도 방지
② 전선의 상간단락방지
③ 전선의 진동 방지
④ 지락 사고 방지

해설 오프셋(off-set) : 전선의 도약 단락사고를 방지하기 위해 전선의 배열을 상하 수평간격을 두어 설치

08 전력용 퓨즈를 차단기와 비교할 때 옳지 않은 것은?

① 과도전류에 의해 쉽게 용단되지 않는다.
② 고속도 차단이 가능하다.
③ 밀폐형은 차단 시 소음이 없다.
④ 큰 차단 용량을 갖는다.

해설 전력 퓨즈의 특성
- 소형으로 차단 용량이 크다.
- 보수가 간단하다.
- 차단기에 비해 가격이 저렴하다.
- 밀폐형은 차단 시 소음이 없다.

과도 전류에 의한 용단으로 결상 사고를 일으킬 수 있다.

09 송전전력, 송전거리, 전선의 비중 및 전력 손실률이 일정하다고 할 때, 전선의 단면적 $A[mm^2]$와 송전전압 $V[kV]$의 관계로 옳은 것은?

① $A \propto V$
② $A \propto \sqrt{V}$
③ $A \propto \dfrac{1}{V^2}$
④ $A \propto V^2$

해설 전압의 n배 승압시 나타나는 효과

전선의 단면적은 $\dfrac{1}{n^2}$ 배로 감소하므로

$A \propto \dfrac{1}{V^2}$ 이 성립한다.

10 고압 가공 배전선로에서 고장, 또는 보수 점검시, 정전 구간을 축소하기 위하여 사용되는 것은?

① 구분 개폐기
② 컷아웃 스위치
③ 캐치홀더
④ 공기 차단기

정답 06.③ 07.② 08.① 09.③ 10.①

11 전압이 정정치 이하로 되었을 때 동작하는 것으로서 단락시 고장 검출용으로도 사용되는 계전기는?

① 재폐로 계전기
② 역상 계전기
③ 부족 전류 계전기
④ 부족 전압 계전기

12 주상변압기의 1차측에 시설하는 개폐기는?

① 컷아웃스위치
② 부하개폐기
③ 리클로저
④ 캣치홀더

해설) 개폐기 종류에 따른 기능
• 컷아웃 스위치(COS) : 주상변압기의 고장이 배전선로에 파급되는 것을 방지하고 변압기의 과부하 소손을 예방하기 위해 변압기 1차측에 사용되는 개폐기

13 개폐서지를 흡수할 목적으로 설치하는 것의 약어는?

① SA
② CT
③ GIS
④ ATS

해설) 서지흡수기(SA):개폐서지를 흡수할 목적으로 발변전소 인입구에 설치하는 방호장치

14 전력계통에 안정도 향상 대책과 관련 없는 것은?

① 임피던스가 큰 변압기를 사용한다.
② 속응 여자 방식을 채용한다.
③ 조속기의 성능을 빠르게 한다.
④ 고장 시 발전기 입·출력의 불평형을 작게 한다.

해설) 안정도 향상 대책 그외
• 단락비가 큰 기기를 채용한다.
• 병행다회선 방식이나 복도체를 채용한다.
• 직렬콘덴서를 설치한다.

15 단상 2선식을 기준으로 하여 3상 3선식의 부하 전력, 전압을 같게 하였을 때 단상 3선식 전류는 단상 2선식의 몇 배인가?(단, 중성선에 전류는 흐르지 않는다.)

① $\dfrac{1}{2}$
② $\dfrac{3}{2}$
③ $\dfrac{1}{3}$
④ $\dfrac{\sqrt{3}}{2}$

해설) 동일 전압, 동일 전력 시 선로 전류 비
단상 2선식 $P_1 = VI_1$[W],
단상 3선식 $P_2 = 2VI_2$[W]
$VI_1 = 2VI_2$ 이므로 $I_2 = \dfrac{1}{2}I_1$

16 송전선에 코로나가 발생하면 전선이 부식된다. 다음 무엇에 의하여 부식되는가?

① 산소
② 오존
③ 수소
④ 질소

정답 11.④ 12.① 13.① 14.① 15.① 16.②

해설 코로나 방전 중에 공기 중에 O_3(오존) 및 NO(산화질소)가 생기고 여기에 물이 첨가되면 NHO_3(질산)이 되어 전선을 부식시킨다.

17 어느 발전소의 발전기의 정격 용량이 93,000[kVA], 정격 전압 13.2[kV], %Z는 95[%]라고 명판에 씌어 있다. 이 발전기의 임피던스는 몇 [Ω]인가?

① 1.2　　② 1.8
③ 1200　　④ 1780

해설 $\%Z = \dfrac{ZP_n}{10V^2}[\%]$

Z로 정리하면 $Z = \dfrac{\%Z \cdot 10V^2}{P_n}[\Omega]$ 이므로

$Z = \dfrac{\%Z \cdot 10V^2}{P_n} = \dfrac{95 \times 10 \times 13.2^2}{93,000} = 1.8[\Omega]$

18 다음중 계기용 변성기가 아닌 것은?

① 과전압 계전기
② 계기용 변류기
③ 계기용 변압기
④ 영상 변류기

해설 계기용 변성기 : 계기용 변류기, 계기용 변압기, 접지형 계기용 변압기, 영상변류기

19 1[BTU]는 몇 [cal]인가?

① 0.24　　② 242
③ 232　　④ 252

해설 1[BTU] : 1파운드를 단위온도 상승시키는데 필요한 에너지
1[kcal] = 3.968[BTU]
1[BTU] = 252[cal]

20 길이가 37[km]인 단상 2선식 전선로의 작용 인덕턴스가 1.5[mH/km]일 때 유도리액턴스는 몇 [Ω]인가?(단, 정격 전압 100[V], 주파수 60[Hz]이다.)

① 100　　② 50
③ 40　　④ 30

해설 $X_L = 2\pi f L = 2\pi \times 60 \times 2 \times 1.5 \times 10^{-3} \times 37$
$= 40[\Omega]$

정답　17.②　18.①　19.④　20.③

전력공학 2
(전기기사 · 산업기사 핵심시리즈)

1판1쇄 인쇄 2026년 01월 10일
1판1쇄 발행 2026년 01월 20일

지은이 | 전기검정연구회
펴낸이 | 이주연
펴낸곳 | **명인북스**
등 록 | 제 409-2021-000031호

주 소 | 인천시 서구 완정로65번안길 10, 114동 605호
전 화 | 032-565-7338
팩 스 | 032-565-7348
E-mail | phy4029@naver.com
정 가 | 22,000원

ISBN 979-11-94269-11-3 (13560)

이 책에서 내용의 일부 또는 도해를 다음과 같은 행위자들이 사전 승인없이 인용할 경우에는 저작권법 제93조 「손해배상청구권」에 적용 받습니다.
① 단순히 공부할 목적으로 부분 또는 전체를 복제하여 사용하는 학생 또는 복사업자
② 공공기관 및 사설교육기관(학원, 인정직업학교), 단체 등에서 영리를 목적으로 복제 · 배포하는 대표, 또는 당해 교육자
③ 디스크 복사 및 기타 정보 재생 시스템을 이용하여 사용하는 자

※ 파본은 구입하신 서점에서 교환해 드립니다.